活用数据

驱动业务的数据分析实战

陈哲◎著

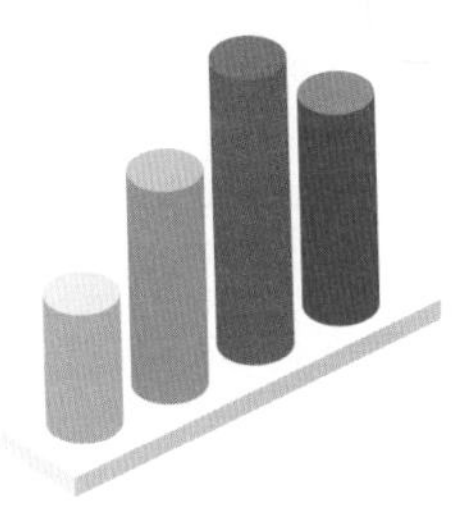

電子工業出版社
Publishing House of Electronics Industry
北京•BEIJING

内容简介

这是一本用数据来帮助企业破解业务难题的实操书，有理论、有方法、有实战案例。

本书第1~3章首先对“怎么想”进行了解答，通过明确分析问题、开启分析思路、打开分析视角，依次回答数据思维的3个核心问题：解决什么问题、分析哪些内容、分析到何种程度。第4~8章对企业常见的9项业务需求进行案例解析，回答“怎么做”的问题。这9项业务需求包括战略选择、用户偏好、客户分类、品牌建设、规模预测、产品设计、价格制定、渠道评价、促销配置。通过对具体案例的思考和操作，提升读者的业务理解力、逻辑思维力和动手实践力，加强读者分析和解决问题的水平。

本书具有业务驱动、案例闭环、思维先导、实战还原4大特色，同时在思路上清晰连贯，在表达上深入浅出，既能帮助数据分析从业者入门和提升，也能辅助企业各业务部门和各级管理人员做量化决策。

图书在版编目（CIP）数据

活用数据：驱动业务的数据分析实战 / 陈哲著. —北京：电子工业出版社，2019.2
ISBN 978-7-121-35620-9

Ⅰ. ①活… Ⅱ. ①陈… Ⅲ. ①数据处理 Ⅳ. ①TP274

中国版本图书馆CIP数据核字（2018）第263650号

策划编辑：张慧敏
责任编辑：葛　娜
印　　刷：三河市华成印务有限公司
装　　订：三河市华成印务有限公司
出版发行：电子工业出版社
　　　　　北京市海淀区万寿路173信箱　　邮编：100036
开　　本：720×1000　1/16　　印张：13.75　　字数：383千字　　彩插：35
版　　次：2019年2月第1版
印　　次：2019年3月第2次印刷
印　　数：4001~8000册　　定价：69.00元

凡所购买电子工业出版社图书有缺损问题，请向购买书店调换。若书店售缺，请与本社发行部联系，联系及邮购电话：（010）88254888，88258888。

质量投诉请发邮件至zlts@phei.com.cn，盗版侵权举报请发邮件至dbqq@phei.com.cn。
本书咨询联系方式：（010）51260888-819，faq@phei.com.cn。

推荐语

活用数据的前提是懂业务，本书通过各种业务场景的案例将各知识点融入数据分析的理论之中，既容易理解又能把数据分析和业务分析结合起来思考。同时，大量的分析图表又将知识点体系化、理论化和模型化，便于读者的实际操作、应用和收藏。推荐这本好书给正在路上的分析师、业务高手和感兴趣的朋友们。

——黄成明

《数据化管理》作者

之前就读过陈哲老师的《数据分析：企业的贤内助》，细节写得很好，具有实操性，看完一些案例可以直接借鉴，上手操作。现在《活用数据：驱动业务的数据分析实战》这本书也延续了陈哲老师一贯的务实风格，看完获益良多，特别是一些战略模型，给出了很多丰富的案例，有传统行业的，也有互联网方面的，又给我很多启发。作为一名合格的分析师，还是需要多看书、多学习的，同时又必须结合实践，不断总结，把知识真正变成自己的能力，不然看过就忘实在可惜。

——李梅花

腾讯高级数据分析师，"玩转数据分析"公众号作者

作为一个游戏行业的数据分析工作者，我赶上了数据分析从起步到大热的时代。虽然陈哲与我所处的行业不同，但是数据分析工作的思路相通，她积累了10余年的工作经验，提炼得出的数据分析方法论适用于各个行业，能帮助指导大部分公司数据部门的工作思想。

——黎湘艳

《游戏数据分析实战》作者

凭借丰富的战略咨询和数据实践背景，陈老师通过层层深入的讲解，用抽丝剥茧的方式，结合一系列的精彩案例，给出了数据分析最正确的打开方式。无论你是营

销人员、运营人员还是数据从业者，都一定能从本书中找到“数据驱动业务增长”的秘籍。

——孟嘉

北京嘀嘀无限科技发展有限公司（滴滴出行）运营专家

以数据为基础的技术决定了我们的未来，但并不是数据本身，而是我们从数据中拥有的更多可用知识的增加。《活用数据：驱动业务的数据分析实战》以通俗易懂的方式回答了数据分析师“怎么想”和“怎么做”的问题，并且通过对具体案例的思考和操作，可以提升读者的业务理解力、逻辑思维力和动手实践力，加强分析和解决问题的水平。

——沈浩

中国传媒大学新闻学院教授 博士生导师

中国传媒大学调查统计研究所所长/大数据挖掘与社会计算实验室主任

《活用数据：驱动业务的数据分析实战》是从明确问题这个点切入的。当业务方抛出一个问题时，我们首先要做的是问题的定义和识别，只有这样，才能解决业务方的痛点。同时，以MECE原则、结构与时间思维等方法论为中心，配合传统企业、互联网企业案例，非常具有实操性。

——Spring

某知名互联网企业数据分析专家

《活用数据：驱动业务的数据分析实战》系统讲解了数据分析思路及方法的应用，是一本可读性非常强的诚意之作。不仅可以让我们学到解决业务问题的思路、方法，并且将各知识点在一条分析流程的链条上实现有序分布和融会贯通。从业务需求中来，到业务需求中去，实现案例闭环和思维落地，非常值得对数据分析感兴趣的朋友和从业者认真研读。

——宋星

互联网营销数据分析与优化专家/“纷析数据”创始人

数据是精准洞察的基础，也是高效决策的依据，在推动业务层面意义非凡。

——王泽蕴

《不做无效的营销》作者

数据的价值不是用多么复杂的技术去处理、去计算、去建模，而是在真正理解明确业务问题的基础上，“懂业务痛点”，然后“活用数据”去解决问题，这才是数据在企业中的价值体现。本书的案例和框架都值得数据应用者去学习！

——王颖祥（数据海洋）
中国统计网创始人

随着大数据时代的到来，越来越多的数据出现在我们面前，如何能够充分将数据利用好，挖掘出其中的价值成为数据分析师需要解决的首要工作。如同本书书名《活用数据：驱动业务的数据分析实战》，将数据“用活”也是数据分析师工作中的一项重要技能。本书也围绕“用活”这个概念，多方位剖析数据分析的思路、方法，能够帮助读者梳理完善分析思维。

——徐麟
“数据森麟”公众号作者

自从有了大数据，数据分析就逐渐从课本转向商业实战，商业数据分析——让数据产生价值的分析如雨后春笋般走向千万家企业，大家纷纷设立数据分析师岗位，希望从数据金矿中给企业带来效益，而方法，可以从这本书中来寻找！

——赵坚毅
CDA数据分析师理事

数据分析已成为现代职场人必备技能之一，并受到广大企业和职场人的重视。《活用数据：驱动业务的数据分析实战》结合实际案例，从分析思路到各种分析方法实战应用进行了介绍，助你轻松玩转数据分析，开启职场进阶大门。

——张文霖
《谁说菜鸟不会数据分析》作者

推荐序

企业最看重数据分析师的能力是什么？

先来讲讲我自己经历的事。

我是来自农村的孩子，记得很小的时候，父亲为了养家，在镇上做卖水果的生意，虽然当时的生意不是最好的，但也不是最差的。起初看到父亲每天晚上都会用笔来记录每一种水果的销量和剩余状态，还会记录多少人询问，多少人去了别人家的水果店，那时候特别不理解这样做的目的是什么。

我把我的疑问告诉了父亲，父亲是这样回答的：

首先，我要知道每天每种水果的销量，好去进货。我要清楚地知道，今天什么水果卖得最多，什么水果是这段时间大家喜欢的，如果别人家都是在最热销的时候去进货，那么进货的价格肯定已经上涨了，所以要提前备货。

其次，我要清楚地了解每种水果对镇上人的“诱惑”是什么。

父亲拿一些低价而且质量好的水果去引起更多的人关注其水果店，这样他们才有可能在父亲这里买更多其他种类的水果，让一些价格高但利润很好的水果有推荐的机会。即使客人不愿意买高价水果，那也可以对一些性价比高的水果进行推荐，送他们一点品尝一下，这样他们慢慢就会觉得父亲这里的水果是镇上最好的，这样父亲的生意才能坚持下去。如果都没有人来，那父亲的生意就没法做。

其实父亲每天记录人流和各种水果的销量也是为了更好地去“估计”，以减少赔钱的风险。比如苹果进货多了，但是人流太少，大家在这个时间段不喜欢吃苹果，苹果卖不出去，那就赔钱了，因为水果都是有保质期的。

我大学毕业后在某知名电商企业担任数据分析师，回头想一想，父亲不是一个专业的数据分析师，但却是一个洞察数据的生意人，如果那时候我会用Excel记录、分析数据的话，也许就可以提高父亲分析数据的效率，而不是用笔去记录、用计算器去处理数据了。但这个真的很重要吗？在我看来，未必。数据分析的工具可能会过时落伍，但分析的思维和对数据的敏感性不会，这才是值得我们深思的地方。

相信大家看完我的这段经历已经很清楚，企业到底看重数据分析师的什么能力？

就是如何用数据做决策的能力，培养自己的数据思维方式。工欲善其事，必先利其器。但数据分析本身就是一个决策辅助工具，而你学的只是工具+工具，所以当看完很多数据分析的书籍、学完很多数据分析的课程，再去面对很多数据和业务问题时，仍然不能很好地发现数据中的价值，甚至无从下手，陈哲的《活用数据：驱动业务的数据分析实战》这本书能很好地帮你读懂数据分析师的价值所在。

2017年年初，我找到了陈哲，邀请她撰写一本从场景、案例、思维出发的数据分析书籍，让大家从业务场景和应用价值去理解数据分析，以便更好地去领悟数据驱动业务的价值。为什么要邀请陈哲来写？相信很多人都看过陈哲的第一部作品《数据分析：企业的贤内助》，当时我看到这本书感触很深，只是那个时候大数据还没有现在这么火。

第一次讨论这本书，我、陈哲和张慧敏一起相约在回龙观地铁站的咖啡厅，开始一起思考这本书的定位和价值，从定位、框架、内容、撰写风格等多方面去碰撞，不知不觉5小时过去了。陈哲老师的认真态度和对数据分析的痴狂使我们感动。在之后的时间中，我们不断去打磨、讨论、修正，整整两年的时间，才最终出版，相信《活用数据：驱动业务的数据分析实战》会给你带来不一样的数据分析体验。

数据分析未来可能不再是一种职业，而是职场中人人都应该具备的工作技能，这样才能让数据发挥最大的价值。

邓凯
爱数圈创始人，知名大V，大数据行业布道者

前　　言

初为数据分析师，你可能会面临这样的困境：当一项业务需求摆在面前，你的脑子一片空白，不知道该怎么想、怎么做。然后你开始搜肠刮肚，拼命思考，可惜你发现脑海里闪现的只是一些零散的知识点：概念、方法、工具、技能……

这个局，该怎么破？

既然你是卡在“怎么想”和“怎么做”两个环节上的，那么，本书就从这两个环节入手，帮你破局。

1. 业务驱动

要知道“怎么想”，首先要明确业务需求。

因为业务需求决定了数据分析要研究的问题，是数据分析目的和价值的体现。

而要明确业务需求，需要回答以下两个问题：

- 数据分析具体有哪些业务需求？
- 满足这些业务需求需要哪些数据分析专题？

企业面临的所有经营难题，都可能成为数据分析的业务需求。完整的企业经营包括投融资、采购、生产、物流、营销等环节。其中营销环节最接近市场，数据化需求最旺盛，因此，本书着眼于企业营销环节的业务需求。

企业面临的营销难题概括起来有三项：做什么、做给谁、怎么做。其所对应的五项业务需求和数据分析专题见下表。本书第1章对这三者的关系进行了概述，第4~8章的案例解析与各类数据分析专题相对应，体现了业务驱动的思想，帮你明确分析问题。

<table>
<tr><th>营销难题</th><th>业务需求</th><th>数据分析专题</th><th colspan="2">对应章节</th></tr>
<tr><td>做什么</td><td>业务方向选择</td><td>战略分析（或环境分析）</td><td>第4章</td><td rowspan="6">第1章</td></tr>
<tr><td rowspan="2">做给谁</td><td>充分了解用户</td><td>用户偏好分析</td><td>第5章</td></tr>
<tr><td>有效选择用户</td><td>STP分析</td><td>第6章</td></tr>
<tr><td rowspan="2">怎么做</td><td>形象上天：提升人心占有率</td><td>品牌建设分析</td><td>第7章</td></tr>
<tr><td>业务落地：搞好产品、定好价格
铺好渠道、打好促销</td><td>营销组合分析</td><td>第8章</td></tr>
</table>

2. 思维先导

要知道"怎么想"，还需要回答下面两个问题：

- 为满足这项业务需求，你需要分析哪些内容？
- 这些内容分析到什么程度，才能满足业务需求？

要回答第一个问题，需要开启分析思路，通过提问、模型、结构化思维等方法将抽象的业务需求转化为具体的分析内容，对应本书第2章。

要回答第二个问题，需要打开分析视角，从对比、分类、相关和描述等多个视角入手，增加数据分析的深度，提升数据分析的价值，对应本书第3章。

开启分析思路、打开分析视角合称数据思维，对应本书的第1~3章，先于第4~8章的案例解析，体现了思维先导的思想。因此，本书将第1~3章归为思维篇。

3. 实战还原

世上最远的距离是"知道"和"做到"的距离。

"怎么想"是"知道"：当面临业务需求时，"知道"该分析什么内容，实现什么目标。

而如何由内容实现目标，这就属于"怎么做"的范畴。在"知道"内容和目标的基础上，"做到"获取有效的数据，选择合适的方法，使用恰当的工具，运用熟练的技能，通过科学的分析，满足企业的业务需求。而在此过程中，需要数据、方法、工具、技能等多个知识点的支撑。因此，要"做到"并非易事，本书通过第4~8章对此进行了详细介绍。

那么，如何介绍才有效呢？

对于数据、方法、工具、技能等知识点，若只是简单地罗列介绍，就像在构建一座座知识孤岛，建时简单、粗暴，用时难以企及。要实现这些知识点的有效链接和全景应用，需要找到通往各座知识孤岛的路径，这条路径就是实战还原：通过案例解析，融合各个知识点，还原数据分析项目实战的本来面目。因为，如果把各知识点看成是鱼网上的一个个网眼，那么案例解析就是这个鱼网的大绳，鱼网的大绳一提，网眼都能张开；同样，案例贯穿于其中，知识点的讲解也能纲举目张。

因此，本书第4~8章分别使用网上商城、彩电企业、保险公司、手机品牌、厨电公司五个数据分析案例，通过案例解析进行实战还原。因此，本书将第4~8章归为实战篇。

4. 案例闭环

回答"怎么做"的问题，一个优秀的案例解析应该是闭环的，即：不论面对何种业务需求，你都要首先明确分析思路（确定分析目的和内容），然后知道如何获取、处理、分析和解读数据，最后通过数据的分析和解读，实现分析目的，满足业务需求（见下图）。

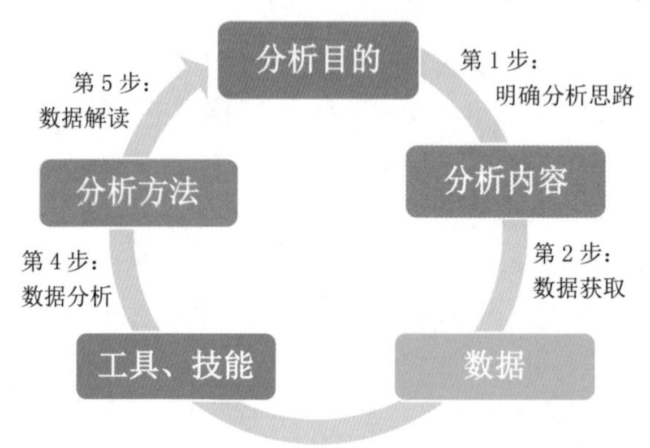

因此，本书第4~8章均按上述步骤进行案例解析，使各个知识点在一条分析流程的链条上实现有序分布和融会贯通；从业务需求中来，到业务需求中去，实现案例闭环。

综上所述，本书在解答数据分析师“怎么想”、“怎么做”两大痛点问题时，具有业务驱动、思维先导、实战还原、案例闭环四个特色（见下图）。通过本书的学习，你的业务理解力、逻辑思维力和动手实践力将会同时得到提升。

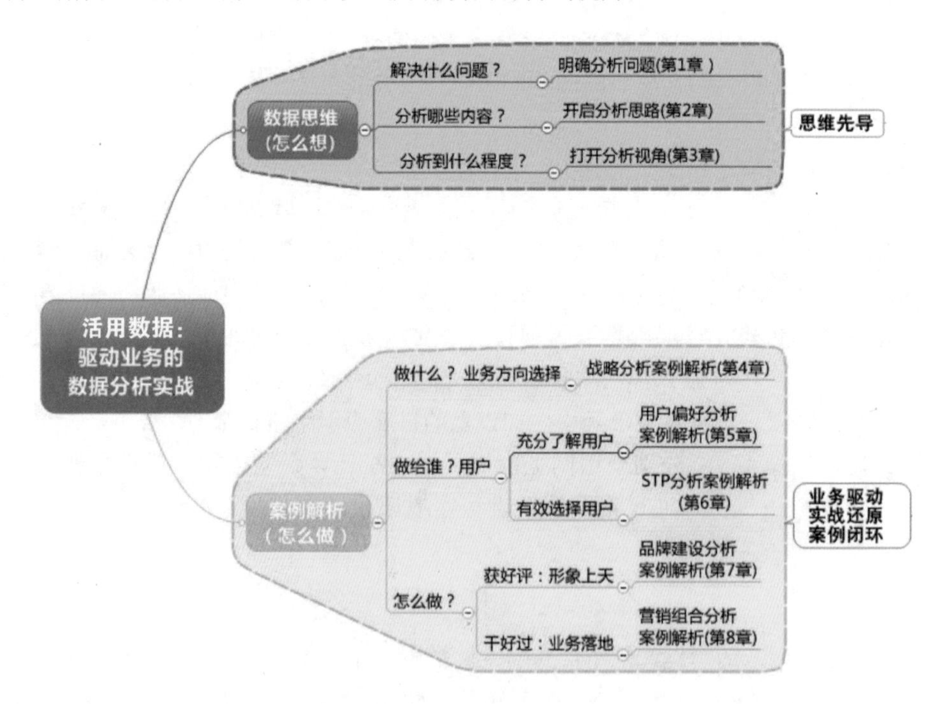

本书读者对象

- 大专院校数据分析相关专业师生；
- 想进入数据分析行业的有志之士；
- 从事咨询、研究、分析等数据分析工作的专业人士；
- 企业战略、客服、品牌、产品、市场、运维、渠道等部门的数据分析从业者；
- 经常阅读行业分析、市场研究、经营分析报告的企业各部门和各级管理人员；
- 对数据分析及其业务应用感兴趣者。

勘误与支持

尽管我们对书稿进行了多次修改，但仍然不可避免地会有疏漏和不足之处，恳请读者批评指正。如果你有更多的宝贵意见，也欢迎发送邮件至arzel@163.com。期待得到大家的反馈，我们会在适当的时间进行修订。

书中全部的数据文件可以从作者的微信公众号获取，微信公众号搜索“数据小宇军”，关注后回复“活用数据”即可。

数据文件也可以从博文视点网站下载，地址如下：

http://www.broadview.com.cn/35620

致谢

感谢邓凯的鼓励和支持，让我下定决心写这本书。自从当上妈妈，我大部分时间忙乱于尿布和奶瓶之间，对于数据分析的交流与分享，虽心中热爱，却投入甚少。于是，我的博客荒芜了，《数据分析：企业的贤内助》一书也因无暇顾及而绝版。2017年年底，邓凯找到了我，对《数据分析：企业的贤内助》一书有很高的评价，并和我讨论了该书的优缺点。这唤起了我的斗志，于是我想再写一本书，在表达方式、思维引导、案例解析等方面对《数据分析：企业的贤内助》一书进行改进。邓凯对此非常支持，并在我后续的写作中给予指导和鼓励，使我熬过艰苦岁月，守得云开见月明。此外，邓凯作为一个超级奶爸和数据分析大V的合体，给予我精神力量，让我意识到看娃不能成为懈怠的借口，花开复见却飘零，残憾莫使今生留。可以说，邓凯是这本书的推动者和引路人。

感谢电子工业出版社张慧敏编辑对书稿的修改提议和在写作过程中的督促与支持。

感谢黄成明、李梅花、黎湘艳、孟嘉、沈浩、Spring、宋星、王泽蕴、王颖祥、徐麟、赵坚毅、张文霖等数据分析专家为本书提出建议和撰写书评。

最后，感谢我的家人，没有家人的爱与支持、理解与付出，就没有这本书。

陈哲

读者服务

轻松注册成为博文视点社区用户（www.broadview.com.cn），扫码直达本书页面。

- **下载资源**：本书提供数据文件，可在“下载资源”处下载。
- **提交勘误**：你对书中内容的修改意见可在“提交勘误”处提交，若被采纳，将获赠博文视点社区积分（在你购买电子书时，积分可用来抵扣相应金额）。
- **与我们交流**：在页面下方“读者评论”处留下你的疑问或观点，与我们和其他读者一同学习交流。

页面入口：http://www.broadview.com.cn/35620

目　录

思　维　篇

实 战 篇

思维篇

第1章

明确分析问题

要明确数据分析所要解决的企业业务难题，需要回答三个问题：

Why 为什么企业需要开展数据分析？

What 具体分析哪些内容？

How 如何开展数据分析？

本章就来系统地回答这三个问题（即2W1H）。

1.1 Why：为什么分析

第一个问题：为什么企业需要开展数据分析？

大家知道，在市场经济条件下，企业要想生存和发展，就要达成交易，就要把自己的产品和服务卖出去，但面对激烈的竞争、差异化的市场、多变的环境，企业运营并非易事，常常会面临各种难题。比如，市场机会在哪里，如何规避风险，企业发展瓶颈是什么以及如何打破瓶颈……诸如此类的问题不能光凭经验、拍脑袋来解决，往往需要数据分析。换句话说，数据分析是用来解决企业业务难题的。下面举例说明。

1.1.1 识别机会

企业面临的第一个难题是：市场机会在哪里？

市场机会往往存在于消费者尚未被满足的需求里。想一想，如果消费者的需求已

经被满足了，这时除非你做得非常好，否则很难被关注。但是，如果你通过量化分析找到那些尚未被满足的需求，那么就会发现市场的空白点，收获一片蓝海。

例如，你知道第一台复印机是哪个公司推出的吗？施乐。

施乐发明了复印机，但却未打开复印机市场。当时只有那些对复印有较高需求的大型企业才使用复印机。为什么复印机没有在市场上得以普及呢？因为施乐没做数据分析，只是简单地认为市场的需求少。

那么谁做了数据分析呢？佳能。

佳能走访了那些没有购买复印机的用户，问他们为什么没有购买；又走访了那些购买了复印机的用户，问他们对现在的复印机有哪些不满意的地方。基于对调查数据的整理和分析，佳能总结出复印机之所以未被普及开，原因有三：太大、太难、太贵。

太大，如果企业办公面积小，则没地方放它。

太难，即操作复杂，这就意味着要买台复印机，还要再雇个技工，增加了成本。

太贵，当时的复印机多少钱一台？上百万元！为什么施乐把价格搞得这么贵呢？因为施乐特别强调复印的质量，但佳能调查发现，很多用户复印是为了自己看，只要能看就行，并没有那么高的质量要求。

正是基于这样的量化分析结果，佳能找到了消费者尚未被满足的需求，也就找到了市场机会。佳能针对上述三个问题一一进行改进：

第一，把复印机的体积变小，推出小型复印机。

第二，减小操作难度，推出傻瓜式操作，谁都会用。

第三，降低对复印质量的要求，复印机的价格迅速降低。

经过以上改进，佳能的复印机迅速打开了市场，像中国就是在佳能推出小型复印机之后引进复印机的。施乐发明了复印机，却丢掉了复印机市场，而佳能却后来者居上，其原因在于，佳能重视数据分析，通过数据分析找到了市场机会。

1.1.2 规避风险

企业面临的第二个难题是：如何规避风险？

这里以壳牌为例来说明。

壳牌是荷兰的公司，属于石油行业。

20世纪80年代，在荷兰，石油的价格是30美元/桶，成本则是11美元/桶。对于石油的未来，业内普遍看好，认为到了90年代，石油的价格将上涨到50美元/桶。

但是壳牌没有人云亦云，而是根据自己所掌握的信息资料，使用一种数据分析方法对石油价格的未来走向进行了判断。这种数据分析方法就是脚本法。

什么是脚本法？脚本法是指列举出一系列使未来发生悲观变化的事件，并分析这些事件发生的可能性以及对公司的影响程度。通过脚本法，壳牌发现有一个重大事件会直接影响石油未来的价格。这个重大事件就是指当时正在进行OPEC石油供应协议的谈判，如果谈判破裂，北海和阿拉斯加对石油的需求量就会大幅下降。

需求下降，什么会变？价格，价格会下降。当成本不变时，就会挤压利润空间。因此，为了保住利润，就要降低成本。

于是，壳牌采取了一系列降低成本的举措，比如，关闭低利润的服务站、采取先进的开采技术等。而此时，其他石油公司仍然采用粗放的经营模式。结果到了1996年，OPEC石油供应协议的谈判果真破裂。

由于壳牌及早地预测到了谈判破裂将会导致石油价格下跌的市场威胁，并且采取了相应的行动加以规避，使得其相对于竞争对手避免了一场危机。

这样的结论可以从一组数据中看出：1998年，荷兰石油行业的平均资产净收益率只有3.8%，而壳牌的平均资产净收益率达到8.4%。壳牌通过数据分析做出了正确的市场预测，从而规避了这场市场风险。

1.1.3 问题诊断

企业面临的第三个难题是：如何进行问题诊断？

以我的亲身经历为例。

我曾在一家市场研究公司做微波炉监测研究，当时根据监测数据，发现有一家微波炉企业当年的市场份额同比下降了4个百分点。通过多方面排查分析，发现该企业市场份额下降的原因是它在1000~1200元价位上的产品线工作没做好，老产品退市后，新品在上市数量和上市时间方面都没跟上。我把这一发现告诉了这家企业的产品经理，他听后恍然大悟，并告诉我，他们从当年开始，要实现从低端品牌向高端品牌的转变，企业将主要精力都花在了高端产品上，而1000~1200元价位属于中端价位，在转型过程中被忽视，造成新老产品接替时出现断档。但是这个价位却是影响销量的核心价位，这个价位做不好，会直接丧失市场份额。

于是，这位产品经理在数据引导下，在该价位补充了两款新品，挽救了市场份额。这个例子说明，数据分析可以帮助企业进行问题诊断，为企业后续工作的改进提供方向。

此外，数据分析还能帮助企业评价营销效果、实现量化管理等。正如比尔 · 盖茨所说的，任何事情，如果不能量化它，就不可能真正了解它；如果不能真正了解它，就不可能真正控制它；如果不能真正控制它，就不可能真正改变它。

如果说企业是一架战斗机，那么数据分析就是雷达，为战斗机掌握制空权保驾护航。

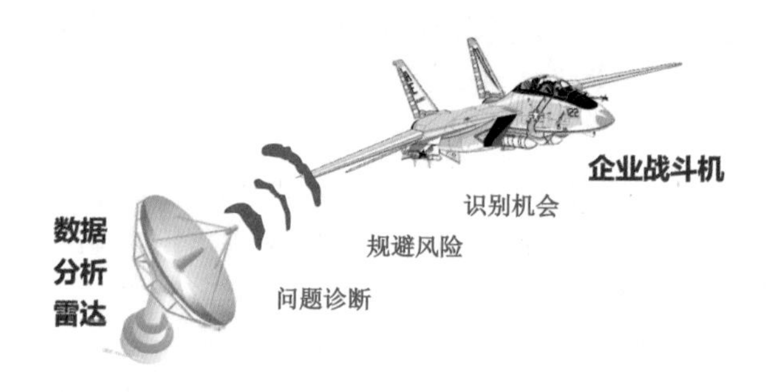

1.2 What：分析什么

第二个问题：具体分析哪些内容？

显然，数据分析要发挥对企业营销业务的驱动作用，其分析内容必然围绕企业市场营销展开，因此首先需要知道什么是市场营销。

根据现代市场营销学之父菲利普 · 科特勒的思想，所谓市场营销，是指企业在现有营销环境下，根据目标消费者的需求，利用现有的资源和能力，比竞争对手更快捷、更有效地向目标消费者提供产品和服务，实现企业赢利以及可持续发展的生产和经营活动。我们来共同解读这个定义。

1.2.1 战略分析

首先去掉定义中的所有修饰语，市场营销就是企业的生产和经营活动。

那么，企业如何确定自己从事哪些生产和经营活动呢？或者说，企业的战略方向该如何选择？

由定义可知，根据企业目前所处的营销环境来确定。

什么是企业的营销环境？营销环境泛指一

切影响和制约企业营销活动的内部和外部环境的总和。进一步细分，企业的营销环境包括企业所处的宏观环境（如政治、经济、文化、科技等）、市场环境（如行业规模、行业利润、行业生命周期等）和竞争环境（如竞争对手、市场份额、市场集中度等）三个部分。

通过分析自己所处的宏观环境和市场环境，企业可以把握市场的机会和威胁；通过分析自己所处的竞争环境，企业可以知晓自身的优势和劣势。综合评估市场的机会、威胁和自身的优势和劣势（常用的方法为SWOT分析和内外因素评价矩阵），企业就可以做出判断：哪些业务领域有吸引力；哪些业务领域自己更擅长，从而选择正确的战略方向，确定自己要从事哪些生产和经营活动。

因此，做好战略分析是企业抓住机会、规避威胁、扬长避短、正确选择业务方向的关键所在，是支持企业营销业务的第一项分析内容（该内容将在第4章中进行详细讲述）。

1.2.2　用户偏好分析

再回到定义上来。从定义来看：

市场营销是从企业的主观判断还是从消费者的客观需求出发的呢？

市场营销是从消费者的客观需求出发的。定义指出，要根据消费者的需求提供产品和服务。

现在产品同质化严重，不管你在做什么，放眼望去，几乎总能看到和你争夺同样市场的竞争者，这就意味着如果你做得不好，用户就会转而投入竞争者的怀抱。于是，企业要想“抱得美人归”，就要走进用户的心里，满足用户的需求和偏好。

因此，用户偏好分析是企业留住老用户、开拓新用户的关键所在，是支持企业营销业务的第二项分析内容（该内容将在第5章中进行详细讲述）。

1.2.3　STP分析

企业提供产品和服务的对象是所有的消费者吗？不是！是目标消费者。

首先，消费者的需求是差异化的。

例如，同样是购买手机，年轻人和老年

人在品牌、功能和外观上的需求就有很大的不同，而要满足各类消费者的需求，企业就不能搞“一刀切”“大锅饭”，而是要开展差异化营销。

其次，企业的资源是有限的，很少有企业能满足所有类型消费者的需求。

于是，你会发现，一方面，消费者是不同的，企业需要针对不同的消费者开展差异化营销；另一方面，企业没有足够精力照顾各类消费者，所以选择适合自己的目标消费者就很重要。

因此，在定义中明确指出企业提供产品和服务的对象是“目标消费者”。

那么，如何选择目标消费者呢？

首先，通过市场细分（Segmentation）将市场分成几类。

然后，企业从吸引力和竞争力两个角度选择最适合自己的目标市场（Targeting）。

最后，企业根据目标市场的需求，明确市场定位并提供相配套的营销组合（Positioning）。

上述三项工作合称STP分析，是企业明确营销服务对象的关键所在，是支持企业营销业务的第三项分析内容（该内容将在第6章中进行详细讲述）。

1.2.4 品牌建设分析

企业要想让目标消费者选择自己，就要在自己的脑门上贴一个标签，告诉目标消费者：“选我，选我，选我，我就是你的菜！”这就是品牌建设。

比如，中国移动选择年轻人做自己的目标群体，就要迎合年轻人的心理——追求个性和独立。因此，中国移动推出动感地带，宣传广告是“我的地盘我做主，我的地盘听我的”。广告是品牌建设的体现，通过品牌建设把自己塑造成目标消费者喜欢的“菜”。

品牌建设是企业建立有效市场区隔、获取品牌溢价的关键所在，是支持企业营销业务的第四项分析内容（该内容将在第7章中进行详细讲述）。

1.2.5 营销组合分析

同样的产品和服务，往往有多家企业提供，这些企业就构成了竞争对手。

企业要想在竞争中获胜，就要如定义中所说的，提供产品和服务时要比竞争对手更快捷、更有效。

那么，企业如何做到比竞争对手更快捷、更有效呢？

企业需要做好营销组合，包括算好规模、搞好产品、定好价格、选好渠道、做好促销；实现人力、物力、财力等资源的优化配置等。

营销组合是企业提升自身竞争力的关键所在，是支持企业营销业务的第五项分析内容（该内容将在第8章中进行详细讲述）。

综上所述，营销数据分析共有5项分析专题。这些分析专题从市场营销的概念中分解出来，体现了企业面临的营销难题，对应企业的5项业务需求。本书第4~8章将从营销难题和业务需求出发，对这些分析专题进行案例解析（见表1-1）。

表 1-1 企业的营销难题、业务需求与数据分析专题和本书相关章节对比表

营销难题	业务需求	数据分析专题	对应章节	
做什么	业务方向选择	战略分析（或环境分析）	第4章	第1章
做给谁	充分了解用户	用户偏好分析	第5章	
	有效选择用户	STP分析	第6章	
怎么做	形象上天：提升人心占有率	品牌建设分析	第7章	
	业务落地：做好产品、定好价格 铺好渠道、打好促销	营销组合分析	第8章	

1.3 How：如何分析

第三个问题：如何开展数据分析？

什么是数据分析？从过程来看，数据分析是实现研究目的与研究内容的闭环。首先将研究目的分解为研究内容，然后再用研究内容实现研究目的。

于是，要搞清楚如何开展数据分析，就要回答下列两个问题：

第一，如何将研究目的分解为研究内容？

第二，如何用研究内容实现研究目的？

要想将研究目的分解为研究内容，需要开启分析思路；要想用研究内容实现研究目的，需要打开分析视角。

1.3.1 开启分析思路

如何开启分析思路？我总结出主要有3种方法：

学会提问、熟悉模型、掌握结构化思维。

第2章将用案例详细讲述这3种开启分析思路的方法。

1.3.2 打开分析视角

如何打开分析视角？我总结出主要有4种视角：

对比视角、相关视角、分类视角和描述视角。

第3章将用案例详细讲述这4种分析视角。

这4种分析视角会派生出多种分析方法：频数统计、均值分析、SWOT分析、内外因素评价矩阵、变异系数、KANO模型、回归分析、方差分析、交叉分析、因子分析、标准化、聚类分析、矩阵分析、对应分析、比较均值、对比分析、归因分析、线性规划等。这些方法的具体操作见第4~8章。

1.4 本章结构图

本章结构图如图1-1所示。

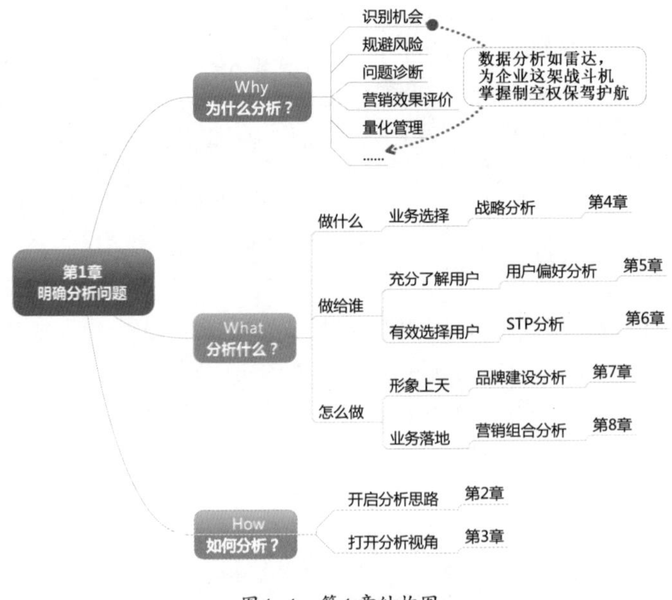

图1-1 第1章结构图

第2章

开启分析思路

如果你刚刚从事数据分析工作，则可能会面临这样的问题：需求方将其困境和需求很明确地告诉你了，但你却非常迷茫，不知道如何入手，脑子一片空白，不知道具体该研究什么。

为什么会这样？因为你的分析思路没有开启。

什么是分析思路？分析思路是从研究目的到研究内容的分解过程，是对需求的细化。

如何开启分析思路？

我总结出3种方法：学会提问、熟悉模型、掌握结构化思维。其中结构化思维包括结构思维、时间思维、演绎思维和重要性思维4条逻辑线索。

2.1 学会提问

提问，看似简单，其能量却不可小觑。它就像一双翅膀，带动我们的思维冲出牢笼，自由飞翔。现代管理之父德鲁克最核心的武器就是提问，通过提问，德鲁克帮助很多企业找到了解决问题的突破口。

例如，通用电气CEO韦尔奇就指出，是德鲁克的两个简单提问引起他的思考，从而帮他做出了惊人的成绩。这两个问题很简单："如果你还没有涉足某个商业领域，那么今天你会进入吗？如果答案是否定的，那么你又将如何处理已经涉足的这个领域呢？"

连续两个问题其实足够形成一条逻辑线索，构建一个思考脉络。这两个提问促使韦尔奇对公司进行精简，取消了不赚钱的业务部门，由此取得巨大的成功，将通用电气的市值提升了24倍。

在给企业出谋划策方面，数据分析师与德鲁克扮演相同的角色，提问是开启分析思路的一把钥匙。我们来看下面的案例。

【案例1】轻松撰写投资项目分析报告

如何撰写投资项目分析报告？

不要急于动笔，先问问自己，若手里有一笔资金，自己会投资这个项目吗？如果投资，自己会担心什么问题呢？你所担心的问题，就是在报告中要写的内容。

你会担心什么呢？

第一，你把钱投资在这个项目上，而不是放在银行里，为什么？因为你想得到更高的收益。所以，你会担心这个项目的收益到底高不高、是否能达到自己的期望水平。高收益往往伴随着高风险。所以，你还会担心项目的风险，想知道存在哪些风险、具体是什么、发生的可能性有多大、对收益会带来多大的影响、如何加以防范，等等。

于是，在报告中就要有项目收益和项目风险的内容。

第二，投资项目的现金流发生在过去、现在还是未来？答案是：发生在未来。而你所能采集到的数据是过去的和现在的，因此，需要基于过去的和现在的数据，对未来进行推断。

于是，在报告中就要有预测的内容。

第三，投资项目是孤立存在的吗？不是。比如同样是做洗发水的，奥妮遭遇滑铁卢；而宝洁却长盛不衰，这说明项目具有公司属性。公司的实力、定位、战略等方面的差异都会对项目的表现产生影响。

于是，在报告中就要有介绍项目公司的内容。

第四，对于一个项目，今天投资和明天投资，效果一样吗？往往不一样，环境变了，投资的机会和风险都会发生改变。巴菲特投资坚持寻找那些价值被低估的公司，购买富国银行会选择1990—1991年的经济衰退期、加利福尼亚的经济受房地产市场影响而极其萧条的时机。这说明投资项目要看天时、地利、人和，要分析项目所在的环境属性。

于是，在报告中就要有环境分析的内容。

这样，当你把关键问题提出来，报告的框架就出来了（见图2-1）。问题提得越细，报告的内容就越具体。

但是，一个新的问题产生了：在麦肯锡的金字塔原理中讲过MECE（Mutually Exclusive Collectively Exhaustive）原则——分解出的各项内容要相互独立，交集是空集；汇总在一起要完全穷尽，并集是全集。提问法能做到符合MECE原则吗？

显然，提问法是帮助我们发散思维的，而发散思维想出的要点往往杂乱无章，难以做到MECE原则要求的不重不漏。

怎么办？解决这个问题有两种方法：熟悉模型和掌握结构化思维。

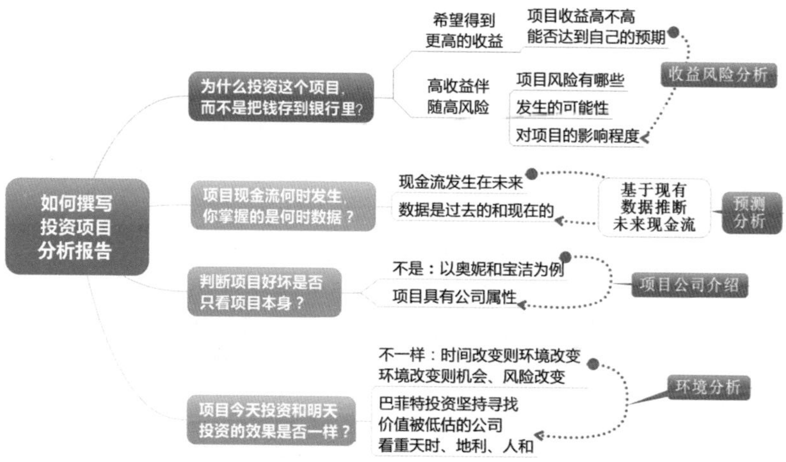

如何撰写投资项目分析报告
为什么投资这个项目，而不是把钱存到银行里？
希望得到更高的收益
项目收益高不高
能否达到自己的预期
高收益伴随高风险
项目风险有哪些
发生的可能性
对项目的影响程度
收益风险分析
项目现金流何时发生，你掌握的是何时数据？
现金流发生在未来
数据是过去的和现在的
基于现有数据推断未来现金流
预测分析
判断项目好坏是否只看项目本身？
不是：以奥妮和宝洁为例
项目具有公司属性
项目公司介绍
项目今天投资和明天投资的效果是否一样？
不一样：时间改变则环境改变
环境改变则机会、风险改变
巴菲特投资坚持寻找
价值被低估的公司
看重天时、地利、人和
环境分析

图2-1 用提问构建投资项目分析报告框架

2.2 熟悉模型

模型是什么？模型是经过岁月积淀和检验的成熟的分析思路。

一般而言，经典模型符合MECE的不重不漏原则。如果能够熟悉一些经典模型，那么你的思考会更快速、有效，你不需要另起炉灶，就能达到事半功倍的效果。我们来看下面的案例。

【案例2】构建某地产公司客户满意度指标体系

假设让你测评某地产公司的客户满意度，你如何构建其客户满意度指标体系？

如果你熟悉RATER指数模型，那么就可以从Reliability（信赖度）、Assurance（专业度）、Tangibles（有形度）、Empathy（同理度）、Responsiveness（反应度）五大要素（见图2-2），构建出某地产公司的客户满意度指标体系。

Reliability
信赖度
Assurance
专业度
Tangibles
有形度
Empathy
同理度
Responsiveness
反应度

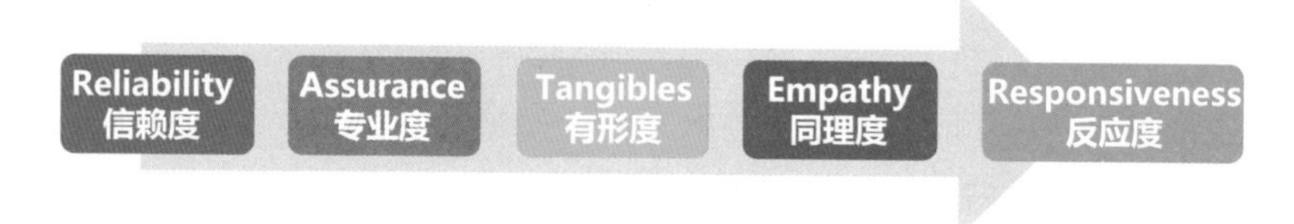

图2-2 RATER指数

为什么说RATER指数模型符合MECE的不重不漏原则呢？

首先，RATER指数模型是全美最权威的客户服务研究机构——美国论坛公司投入数百名调研人员用近十年的时间，对全美零售、信用卡、银行、制造、保险、服务维修等共14个行业的近万名客服人员和客户进行细致深入的调研后，所发现的可以有效衡量客户服务质量的客户满意度指标体系。RATER指数自推出以来，被众多企业广泛使用，经受了实践的检验。

然后，我们以某地产公司的客户满意度为例，用二分法解析这个模型（见图2-3）。

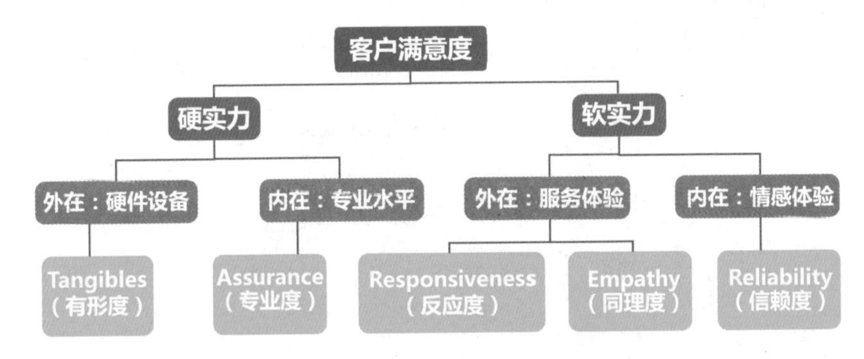

图2-3 RATER指数的MECE检验

假设你代表某地产公司，客户对你的评价既会看你的硬实力，也会看你的软实力。

硬实力是指你的硬性指标，包括外在的硬件设备和内在的专业水平，类似于智商，看你能不能把活干得漂亮。

软实力是指客户对你的消费体验，包括外在的服务体验和内在的情感体验，类似于情商，检验你能不能让客户舒心愉悦。

硬件设备即RATER指数中的Tangibles（有形度），对客户而言能看到的硬件无外乎人员、物品和环境。因此，硬件设备可进一步细化为人员仪表、设施设备、服务环境。

专业水平即RATER指数中的Assurance（专业度），客服人员的专业性体现在专业知识、专业技能和职业素养三个方面。

服务体验反映在客服人员用心和动情两个方面。其中，用心程度对应RATER指数中的Responsiveness（反应度），衡量客服人员对客户需求的反应是否及时、主动、积极、有效；动情程度对应RATER指数中的Empathy（同理度），衡量客服人员内心设身处地为客户着想的程度。

情感体验即客户对你的认同感和信赖感，是否相信你并选择你，其对应RATER指数中的Reliability（信赖度）。

经过解析可知，RATER指数主要是从“软”和“硬”、“内”和“外”的角度细化指标的，而“软”和“硬”、“内”和“外”的二分法不重不漏，符合MECE原则。

开启分析思路的第3种方法是掌握结构化思维。结构化思维最经典的是麦肯锡金字塔模式，它体现了一个人面临问题时的逻辑思维线索。将其应用于数据分析，就是从研究目的出发，按某条逻辑线索不断分解，分解成第一层指标、第二层指标、第三层指标，依此类推，直到分解成可以满足客户需求的最具体的研究内容（见图2-4）。

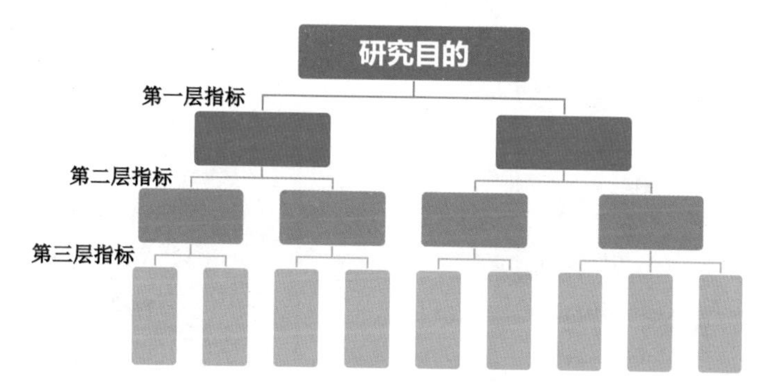

图 2-4 结构化思维示意图

那么，在结构化思维中逻辑线索具体有哪些呢？

最常用的有4条逻辑线索：结构思维、时间思维、演绎思维和重要性思维。

2.3 结构与时间思维

结构与时间这两条逻辑线索常常并用，我们来看下面的案例。

【案例3】如何做用户偏好分析

假设要为某彩电企业做用户偏好调研，你将调研哪些内容呢？

由于用户偏好体现在用户行为上，因此调研内容取决于你如何描述用户行为。具体分解为两个小问题：

问题1：用户在购买和使用产品的过程中具体有哪些行为？

问题2：你会从哪些方面对用户行为进行描述？

如图2-5和图2-6所示是某项目组的各个成员对这两个问题发散出来的要点。

可以看到，这些要点是零散的、杂乱的。需要找到一些逻辑线索，把这些要点串联起来。那么逻辑线索应该是什么呢？

中国有句古话叫“天地四方为宇，古往今来为宙”。

“天地四方”是结构线索，而“古往今来”是时间线索。这句古话告诉我们，任何事物，若能从结构和时间两条线索把它搞清楚，就能知道该事物的全貌，因为时间和结构构成宇宙。因此，综合运用结构和时间线索，可以帮助我们构建出符合MECE原则的用户行为分析体系。

图2-5　针对问题1发散出来的要点

图2-6　针对问题2发散出来的要点

正是基于这种考虑，我设置了上述两个小问题。

来，验证一下。

问题1：用户在购买和使用产品的过程中具体有哪些行为？

这个问题是从结构线索还是时间线索进行提问的？

“过程”指的是事物的发展阶段，所以它是从时间线索进行提问的。

问题2：你会从哪些方面对用户行为进行描述？

这个问题是从结构线索还是时间线索进行提问的？

“方面”体现了事物的构成要素，所以它是从结构线索进行提问的。

所以，这两个小问题本身就蕴含了结构和时间两条线索。那么如何用这两条线索把思路梳理清楚呢？

首先，在时间线索上，可以应用用户行为五阶段理论。

如何理解这个理论呢？我们举个例子。

假设你要买一台彩电，你会有哪些行为呢？

你首先要想买。可能是因为新房入住，可能是想赠送亲朋，可能是要更新换代，总之，要有个理由。因为如果你压根没有购买彩电的需求，则不可能有购买彩电的行为。所以，产生需求是第一个阶段。

有了需求后，放眼望去，你会发现有各种各样的彩电可供选择，有不同的品牌、型号、价格、外观等。到底要买哪种呢？你会把各种彩电信息收集起来，然后对这些信息进行比较。所以，就有了信息收集阶段和方案比选阶段。

方案比选是一个过程，经历了这个过程后最终要找到自己最中意的一款，找到了就完成了购买决策。所以，购买决策是第四个阶段。

假设你买的彩电自己用，就会有一系列购后行为：把彩电放在客厅还是卧室；壁挂还是放在电视柜上；经常什么时间看电视，喜欢看哪些节目，观看体验如何，是否满意；如果下次再买，会不会还买这款；若朋友想买彩电，你是否会推荐这款等。这些使用习惯、使用体验、满意度、忠诚度等都是购后行为的范畴，购后行为是第五个阶段。

所以在时间线索上，用户行为包括产生需求、信息收集、方案比选、购买决策和购后行为5个阶段（见图2-7）。

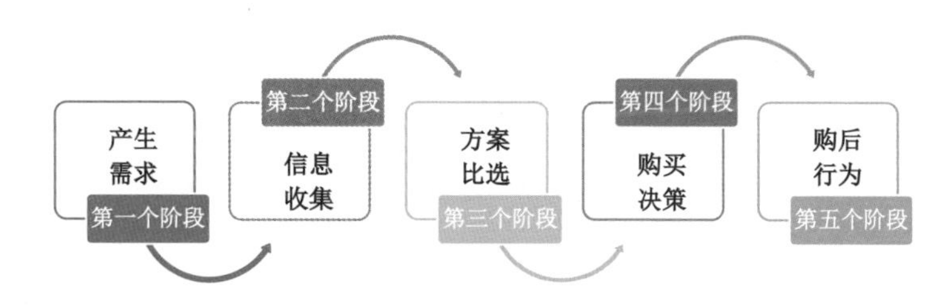

图 2-7　用户行为五阶段理论

用户行为五阶段理论细致全面地考虑了用户购买和使用产品的全流程，符合MECE的不重不漏原则。有了该理论为时间线索，就可以对问题1发散出来的要点（见图2-5）进行归纳，从而梳理出问题1的分析思路（见图2-8）。

图 2-8　用时间线索归纳用户行为的要点

其次，在结构线索上，询问用户行为的构成要素。

用户行为具体包括哪些构成要素呢？

时间、地点、人物、事件、原因、方式方法、程度七要素，它们对应的英文分别为When、Where、Who、What、Why、How和How much，一共是5个W和2个H，简称5W2H分析法（见图2-9）。

图2-9 5W2H分析法

5W2H分析法是从结构线索反映事物的构成要素的，应用范围很广。套在用户行为分析上，就是回答谁（Who），在什么时间（When），在什么地点（Where），购买什么东西（What），为什么买（Why），如何买（How），买了多少、花了多少钱、买过多少次（How much）。

同样，5W2H分析法细致全面地考虑了用户行为的构成要素，符合MECE的不重不漏原则。有了该分析法作为结构线索，就可以对问题2发散出来的要点（见图2-6）进行归纳，从而梳理出问题2的分析思路（见图2-10）。

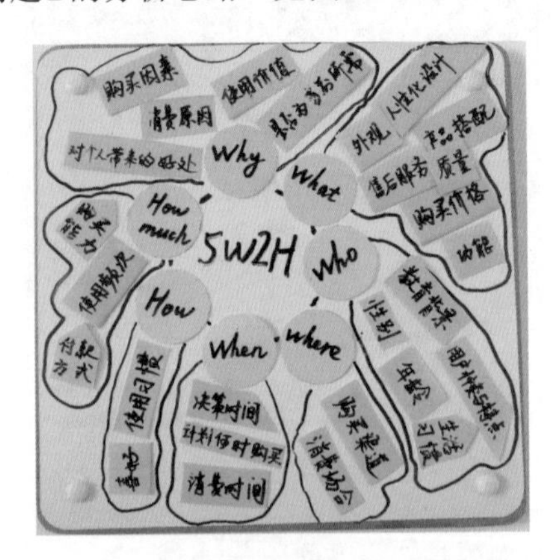

图2-10 用结构线索归纳用户行为的要点

于是，从时间和结构两条线索出发，应用用户行为五阶段理论和5W2H分析法，并结合彩电行业的特点，本案例的调研内容如图2-11所示，形成了彩电用户偏好分析体系。

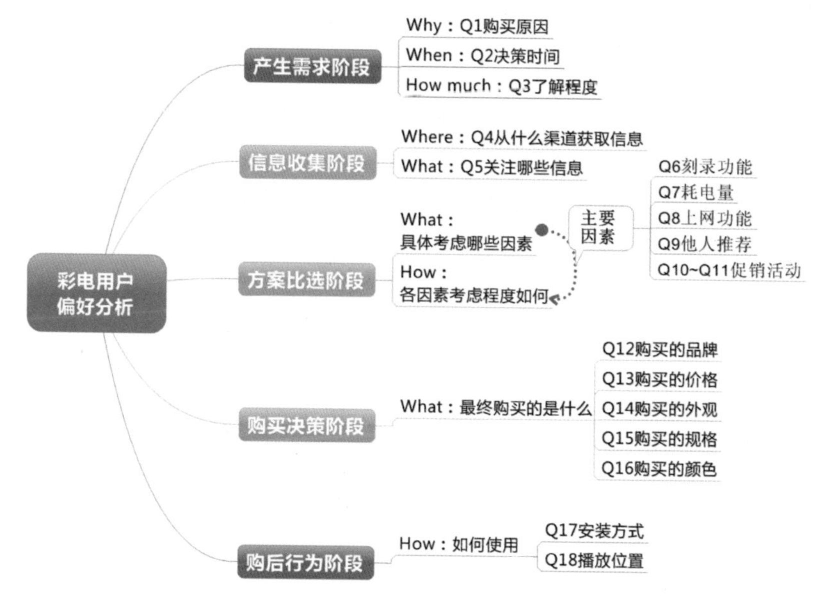

图2-11　彩电用户偏好分析体系

综合考虑时间和结构两条线索，还能帮助我们理解和完善现有的研究模型。

还记得前面提到的RATER指数吗？请思考一下，RATER指数用的是结构线索还是时间线索？

RATER指数包括Reliability（信赖度）、Assurance（专业度）、Tangibles（有形度）、Empathy（同理度）、Responsiveness（反应度）五大要素，回答的是客户满意度的构成要素，因此用的是结构线索。

但仅从结构线索考虑问题不够全面，需要结构和时间两条线索并举。由于RATER指数仅从结构线索构建客户满意度指标，因此在继续细化指标时，可以考虑增加时间线索。比如，将Responsiveness（反应度）分解为售前、售中和售后三个阶段，这样分析就会更加全面。

2.4　演绎思维

演绎是结构化思维常用的第三条逻辑线索，是由共性原理（或假设）推演出个性结论的方法。具体的推演逻辑包括标准式和常见式两种形式。

2.4.1 标准式演绎

标准式演绎的基本形式是三段论。

（1）大前提：已知共性原理（或假设），该原理（或假设）具有一般性和普遍性。

（2）小前提：关于对所研究对象的个性情况的描述，小前提应与大前提有关。

（3）结论：从共性原理（或假设）推出的，对所研究的对象个性情况的具体判断。

例如：我国通常认为60岁及以上为老年人，他已经68岁了，所以他是老年人。

这个句子的表述采用的就是标准式演绎法。

- 大前提：我国通常认为60岁及以上为老年人。
- 小前提：他已经68岁了。
- 结论：所以他是老年人。

为了表达简洁，三段论多采取省略形式。例如句子“语文课是中等专业学校的文化基础课，文化基础课一定要学好”。这里有两个前提，结论“语文课一定要学好”不言而喻，就省略了。

2.4.2 常见式演绎

常见式演绎最主要的形式是4W模式。

4W模式是由美国兰德公司提出的一种分析问题的演绎法。美国兰德公司认为，要深入剖析一个问题，需要回答4个问题：

What's going on?（目前发生了什么事情?）

Why did this happen?（这件事情为什么发生?）

What lies ahead?（未来如何发展?）

Which course of action should I take?（如何应对?）

由于这4个问题的英文首字母均为W，故名4W模式。

概括来说，4W模式就是分4步走：描述现象、分析原因、判断趋势、提出对策。通过这4个步骤逐层深入地剖析问题，并最终找到解决方案。

4W模式容易理解，行之有效，因此被广泛应用。下面举一个4W模式应用的例子。

【案例4】应用4W模式进行爱情战略分析

如何基于4W模式，对爱情进行战略分析?

我曾看到一篇由20477团队撰写的《爱情战略分析》文章，觉得很有趣，仔细研究发现，这篇文章是按照4W模式进行分析的，同时又运用了很多经典模型。具体分析思路如下。

按照4W模式，爱情战略分析需要回答4个问题（见表2-1）。

表2-1　4W模式与爱情战略分析思路

分析思路的4W模式	爱情战略分析需回答的4个问题
目前发生了什么事情？(What's going on?)	选择谁？
这件事情为什么发生？(Why did this happen?)	为什么选择他/她？
未来如何发展？(What lies ahead?)	爱情发展的轨迹是什么？
如何应对 (Which course of action should I take?)	如何赢得爱情？

1. 选择谁（What's going on?）

既要考虑对方的吸引力，也要考虑自身的竞争实力。因此，GE矩阵模型是不二的选择。如图2-12所示是网名为“旺旺”的“单身狗”的爱情选择GE矩阵分析结果。从图中可以看出，Eve、Mar和Kris是最吸引旺旺的，同时也是旺旺最具竞争力的人选，因此是最需要争取的对象。

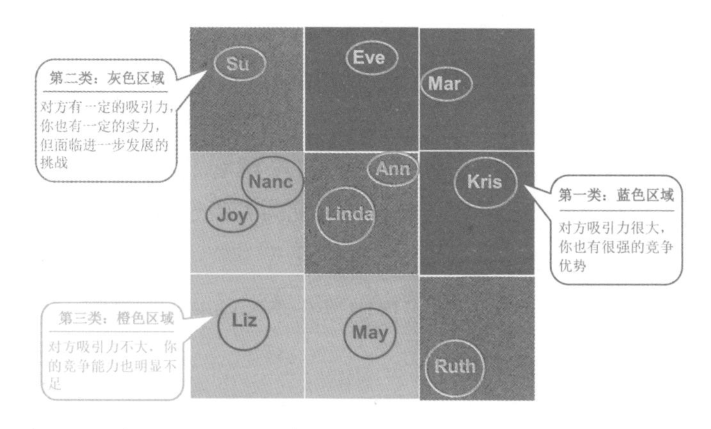

注：以上人名为虚拟的，圆圈大小表示投入成本（如时间成本和物质成本等）多少。

图2-12　爱情选择GE矩阵分析

2. 为什么选择他/她（Why did this happen?）

从哪些方面对恋爱对象进行评价？可以考虑爱情7S模型（见图2-13）。

- Shared Value：共同的价值观。体现在对生活、金钱、后代、亲人等重要问题的看法上。例如，享乐者和节约者如果结合，则常常会因为钱该花不该花的问题而争吵不休。

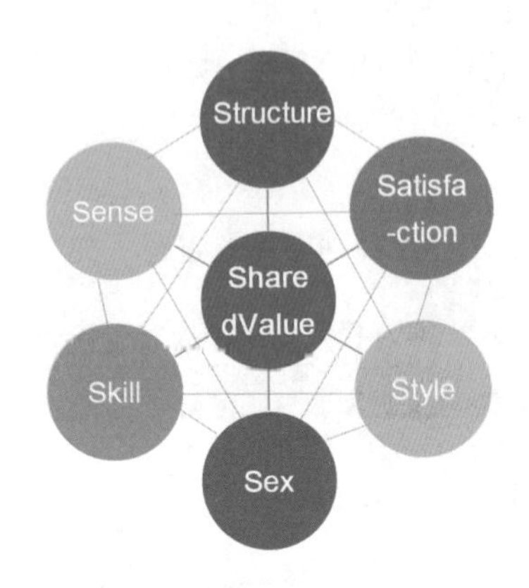

图 2-13　爱情7S模型示意图

- Structure：结构。双方如何平衡家庭、工作、生活、亲人、朋友等关系，能否实现多种关系结构的和谐。
- Satisfaction：满意。不同的人选择标准不同，比如外表、性格、家庭出身等，当对方的条件达到甚至超过你的标准时，你就会感到满意。
- Sense：感觉。也就是常说的“来电”。
- Style：风格。体现在饮食、兴趣、爱好、习性等方面。
- Sex：性。
- Skill：技能。引起对方注意的独特能力，比如沟通的技能、生存的技能等。

在利用GE矩阵模型进行选择时，可以从这7个维度来考虑，根据自身的偏好，为这7个维度设置权重，并对自己和对方打分，从而得到吸引力和竞争实力的具体得分。

3. 爱情发展的轨迹是什么（What lies ahead?）

有些爱情走入结婚的殿堂；有些爱情则以分手的痛苦而告终。常见的爱情往往以友情开始，其发展轨迹如图2-14所示。

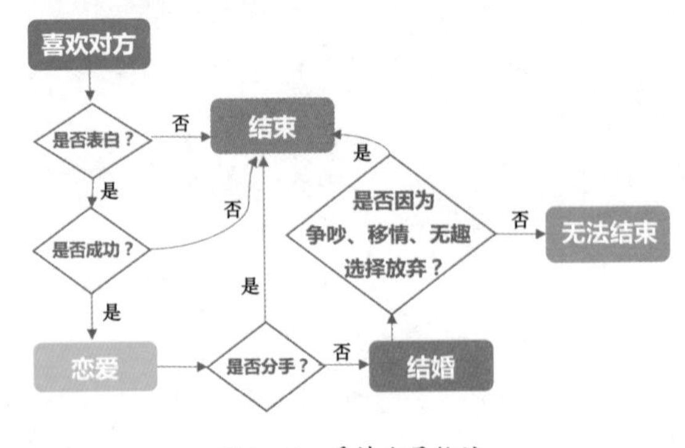

图 2-14　爱情发展轨迹

4. 如何赢得爱情（Which course of action should I take?）

$$爱情成功值 = \frac{（自身资源 + 努力程度）\times 运气}{择偶标准}$$

- 自身资源：比如，如果你貌若西施，则不用努力，自会有追求者踏平门槛。
- 努力程度：需要反问自己是否了解自己的优势，扬长避短；是否了解对方的需求，对症下药；是否勤于思考和创新，制造机缘；是否细心、敏感和关爱，打动人心。
- 运气：就是我们常说的缘分。
- 择偶标准：期望越高，失望越大，爱情成功值往往越低。

2.5　重要性思维

除结构、时间、演绎以外，结构化思维还有一条逻辑线索——重要性。

大家知道，一方面，企业资源是有限的，需要把资源用在刀刃上；另一方面，消费者的关注点存在优先级，企业不需要面面俱到，做好消费者最关注的，往往就能打动消费者。

因此，从纷繁复杂中找到重点，对于企业而言具有事半功倍、举重若轻的意义。重要性成为企业找到关键改进点常用的一条逻辑线索。

【案例5】KANO模型的重要性思维

在开发新产品时，设计者常常会遇到这样的困境：在最终的产品中，应该包含哪些产品属性？日本学者KANO从重要性出发，将诸多属性分成必备属性、一维属性、魅力属性、可有可无属性四类（关于KANO模型的详细介绍，请参见8.4节）。

- 必备属性：产品或服务的最核心的属性。具备该属性，只能使用户不会产生不满情绪。
- 一维属性：与用户态度线性正相关的属性。若具备该属性，则用户满意；若不具备该属性，则用户不满意。
- 魅力属性：用户期望的属性。具备该属性会让用户满意，不具备该属性也不会招致不满。
- 可有可无属性：无论是否具备该属性，用户都无所谓，这是多余的属性。

显然，按照重要性原则，必备属性最重要，接下来依次是一维属性、魅力属性和可有可无属性。于是，产品设计者就清楚产品属性开发的优先级了。如图2-15所示是某微波炉企业产品部从重要性角度，基于KANO模型进行用户调研，明确微波炉产品属性开发优先级的分解图。

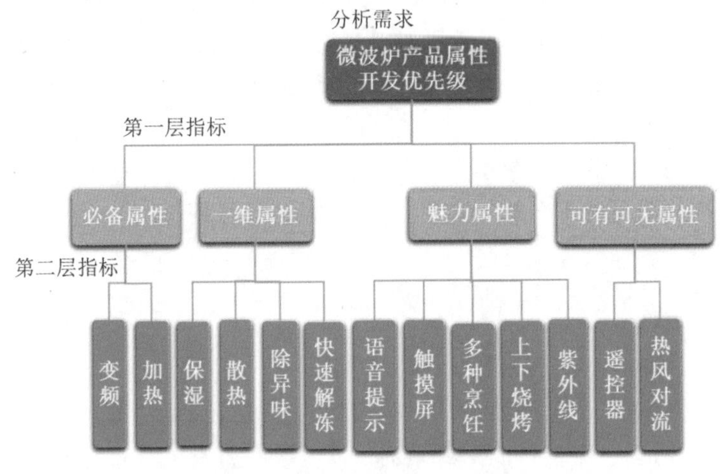

图2-15　微波炉产品属性开发优先级分解图

在实际的研究项目中，结构、时间、演绎、重要性这四条逻辑线索常常会并行使用。

2.6　综合案例：如何研究某餐饮企业的顾客满意度

假设要研究某餐饮企业的顾客满意度，你将如何构建其顾客满意度指标？

按照结构化思维，金字塔顶端是“某餐饮企业顾客满意度指标”的分析需求。接下来，你要考虑该如何将此分析需求分解为细化的研究指标。

首先，你可以从演绎线索出发，比如使用4W模式，将该分析需求分解为描述现象、分析原因、判断趋势和提出对策4项内容，这4项内容构成第一层指标。

然后，分解第一层指标。比如，如何描述“某餐饮企业顾客满意度现状”这一现象？你可以从时间线索出发，将顾客对某餐饮企业的满意度分解为交易前的期望、交易中的质量与价值感知、交易后的满意度/抱怨度/忠诚度（即ACSI模型）。这样进入到第二层指标。

继续分解第二层指标。比如，如何研究顾客在交易中对价值和质量的感知？可以从结构线索出发，将顾客的感知分解为顾客对某餐饮企业的信赖度、专业度、有形度、同理度、反应度五项要素的感知（即RATER指数）。这样进入到第三层指标。

接下来，分解第三层指标。RATER指数的五项要素是抽象的潜在变量，需要继续分解为具体的可观测变量。因此，结合某餐饮企业的特点，从结构线索继续分解，将信赖度分解为口碑、卫生、价格、品质；将专业度分解为食材、口味、品类、创意；将有形度分解为位置、环境、设施、员工仪表；将同理度分解为自助、外卖、订座、促销；将反应度分解为客服沟通、出餐速度、投诉处理。这样进入到第四层指标。

最后，分解第四层指标。如前所述，由于企业的资源存在有限性，顾客关注点存在优先级，因此，企业对于顾客感知的各项细化指标不可能也不需要同等对待，而是需要找出重点问题来重点解决。因此，从重要性线索出发，对第四层的各细化指标的重要性进行排序。比如，基于KANO模型将第四层指标归类为必备属性、一维属性、魅力属性和可有可无属性，这样就可以找到那些不具备就会引起顾客不满的必备属性，作为某餐饮企业需要优先改进的关键指标。

如图2-16所示是结构化思维4条线索的综合运用。

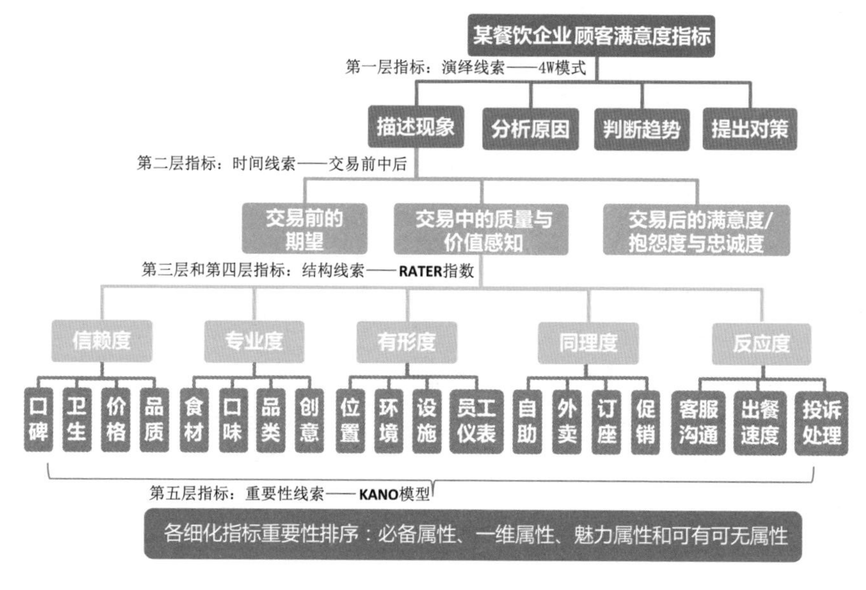

图 2-16　结构化思维4条线索的综合运用

2.7　本章结构图

本章结构图如图2-17所示。

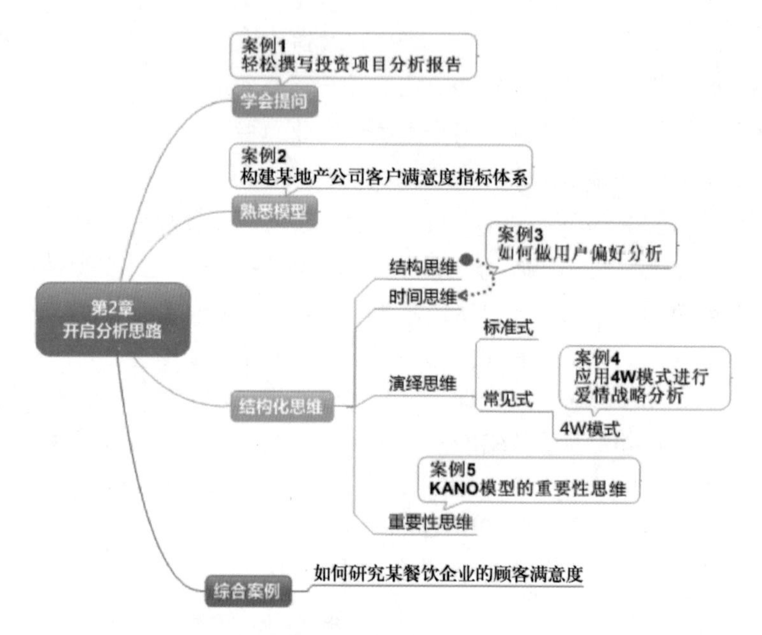
案例1
轻松撰写投资项目分析报告
学会提问
案例2
构建某地产公司客户满意度指标体系
熟悉模型
案例3
如何做用户偏好分析
结构思维
时间思维
第2章
开启分析思路
标准式
案例4
应用4W模式进行
爱情战略分析
演绎思维
常见式
结构化思维
4W模式
案例5
KANO模型的重要性思维
重要性思维
如何研究某餐饮企业的顾客满意度
综合案例

图2-17　第2章结构图

第3章

打开分析视角

有了分析思路，你就能把研究目的分解为细化的研究内容，于是就可以开展分析了。但是可以分析并不意味着你的分析有效，如果你只是简单地描述研究内容，那么你的分析对企业来说就是“白开水”，一点味道都没有。如果你遭到业务需求方的抱怨，说你的分析太浅了或者没啥价值，那么就说明你需要提升分析价值，因此需要做第二项修炼：打开分析视角。

分析视角有哪些呢？请看引例中的文章，并思考其中运用的分析视角。

3.1 引例：新浪微博访问量分析

从下面这篇《访问量的启示》博文中，你能看到哪些分析视角？

从4月在新浪安家到现在，数据小宇军博客已经长到一个多月大了。在大家的支持下，数据小宇军博客在这片土地上生根、发芽、快乐地分享和成长。

虽然数据小宇军博客尚且稚嫩，但毕竟积攒了一个月的访问量。有数据不分析手痒！分析一下吧，或许能挖出一些有价值的东西来。

1. 日访问量

4月23日至5月21日，博客的平均日访问量为394次，日访问量如图3-1所示。

图3-1给我们最直观的印象是波动，明显的波动！

如何理解这种波动？波动是由波峰和波谷构成的。在波峰处，访问量提高；在波谷处，访问量下降。为了有效区分，我们用红点表示波峰，用蓝点表示波谷（见图3-2）。

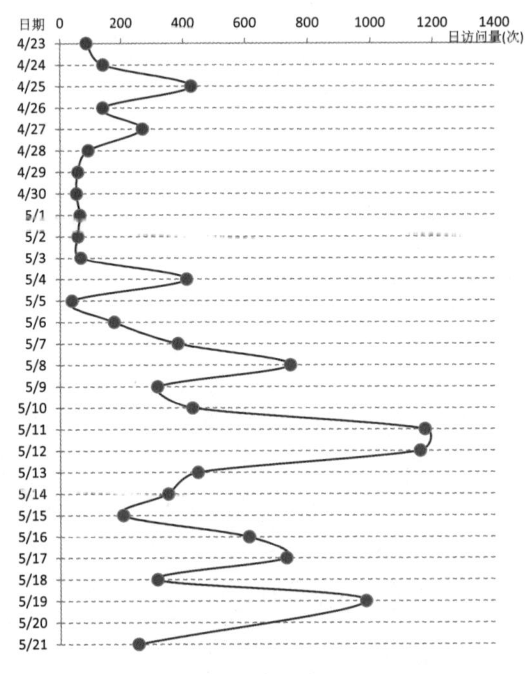

图 3-1　数据小宇军博客日访问量

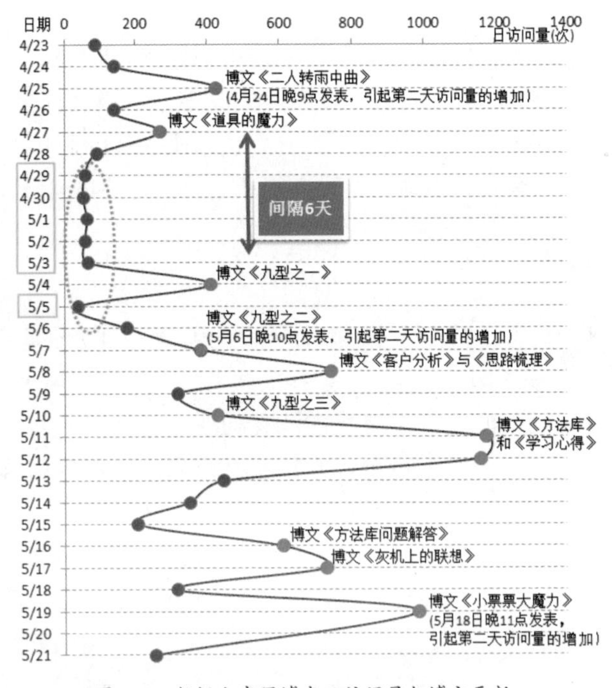

图 3-2　数据小宇军博客日访问量与博文更新

首先看波峰。为什么在红点处访问量会提高呢？反观博文发布的时间，不难发现，红点所在的时间附近恰逢博文发布。这说明更新博文会带来博客访问量的快速增加（见图3-2）。

再来看波谷。在众多波谷中，4月29日至5月3日以及5月5日的日访问量最低（见图3-2）。原因主要有三个：

首先是季节性变化。4月29日至5月1日是“五一小黄金周”，而5月5日又是周日，在没有博文发布（见图3-2）或前期博文延续影响力不强的情况下，访问量会下降。这可以理解：上了一周的班，谁不想在节假日好好休息呢？

其次是博文更新间隔的时间过长。5月2日和5月3日虽然不是节假日，但从4月27日的《道具的魔力》算起，已经连续6天没有更新博文了（见图3-2），博文更新间隔的时间是有史以来最长的。没有更新，就没有关注。

最后是前期博文延续影响力不强。新发博文影响力越强，则博客访问量越高。图3-3量化了这种相关关系。

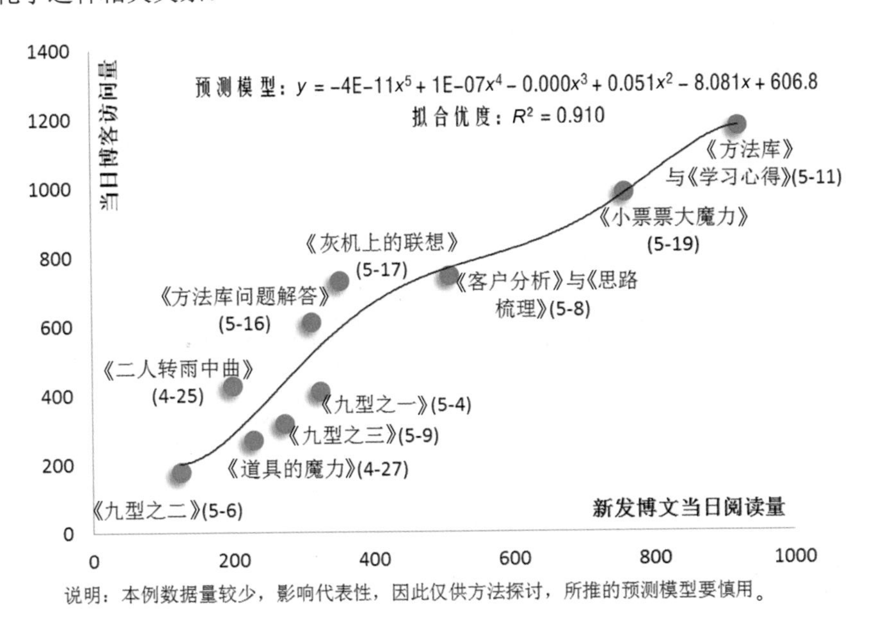

图3-3　新发博文当日阅读量与当日博客访问量

从图3-3可以看出，4月25日、4月27日发表的《二人转雨中曲》和《道具的魔力》相对阅读量不高，因此对后期博客访问量的延续影响力不强，这也是造成4月29日至5月3日博客访问量低的重要原因。

2. 博文访问量分析

看完博客访问量，我们再来分析博文访问量，从中找出规律。截至5月21日，数据小宇军博客的博文共有26篇，访问量高高低低，从高低不平的访问量中，我们可以找出3个规律。

（1）原创博文的访问量高于转载博文

数据小宇军博客转载博文的平均阅读量为156次，不到原创博文平均阅读量的一半（见图3-4）。

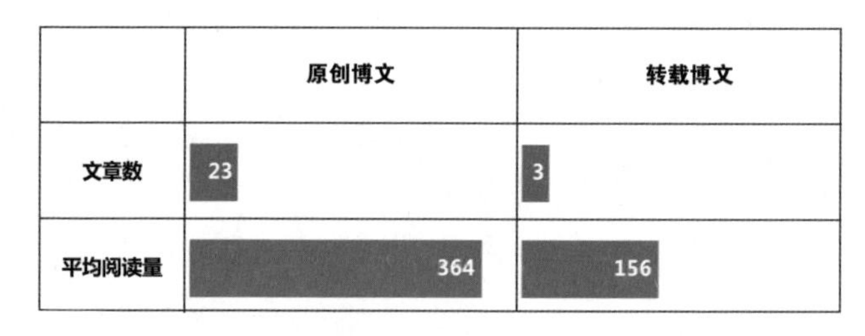

图3-4　数据小宇军博客的原创博文与转载博文阅读量对比

（2）名博推荐效应

在这一个多月里，数据小宇军博客的访问量突破1万次。这是一个令人欣慰的成绩，取得这个成绩，不仅依赖于网友的支持，而且还依赖于名博的推荐。网友的支持效果显而易见，这里就不分析了。下面分析名博推荐效应（见表3-1）。

表3-1　名博推荐效应

博文	自己推荐效果	名博推荐效果
哆啦A梦数据分析百宝箱	在微博发了消息，没人理我	小蚊子推荐 24条转发量，5条评论量
二人转雨中曲	15条转发量，8条评论量	郑来轶推荐 70条转发量，8条评论量
九型之二	28条转发量，8条评论量	数据挖掘与数据分析推荐 97条转发量，21条评论量
思路梳理	52条转发量，12条评论量	数据分析精选推荐 260条转发量，18条评论量

3. 启示

总结前面的分析，对自己和同样的初建博客者有以下几点启示：

- 多更新博文。
- 增加名博推荐。
- 坚持原创。

3.2　对比视角

显然上面这篇博文运用了对比视角：图 3-1 通过对比，发现日访问量有波动；图 3-4 通过对比，知道原创博文比转载博文的访问量高；表 3-1 通过对比，看出还是名博推荐效果好。

凡事都是相对的，骑自行车比走路速度快，但与汽车相比速度则是慢的，参照物不同，则结论不同。因此，对比分析实际上是基于参照物得出的一种相对关系。

3.2.1　对比的类型

1. 按照参照物：纵向对比与横向对比

按照所选参照物的不同，对比分为纵向对比与横向对比。

你可以和自己纵向对比，对比过去和现在，总结自己的发展变化，形成时间序列。

你可以和别人横向对比，对比各自表现，判断自己的优势和劣势，形成截面数据。

在上面这篇博文中，图 3-1 对比的是自己每天的访问量，为纵向对比；而表 3-1 把自己和其他博客进行对比，为横向对比。

企业会大量使用对比分析来支持运营决策。以业绩对比为例，通过纵向对比自己各年的业绩，进行规模预测；通过横向对比各部门的业绩，进行各部门考核；通过纵向对比营销活动前后的业绩，评估活动效果；通过横向对比自己和竞争者的业绩，判断市场地位。

2. 按照对比指标性质：频数统计与均值分析

按照对比指标性质的不同，对比分为频数统计与均值分析。

例如，假设某调研列举出购买彩电的多种考虑因素，让受访者从中选出最关注的因素（见 Q1 题），则受访者的选择就构成分类型数据（每个选择是一类因素）。

Q1. 您在购买彩电时，最关注下列哪种因素？【单选】

A 外观　B 功能　C 耗电量　D 价格　E 品牌　F 其他＿＿＿＿＿＿【请注明】

如果让受访者根据自己的考虑程度，对各因素打分（见 Q2 题），受访者给出的分数就构成数值型数据（每个分数是一个数值）。

Q2. 您在购买彩电时，对下列因素的考虑程度如何？1～7 分，分值越高表示越重视。

A 外观	1	2	3	4	5	6	7
B 功能	1	2	3	4	5	6	7

续表

C耗电量	1	2	3	4	5	6	7
D价格	1	2	3	4	5	6	7
E品牌	1	2	3	4	5	6	7
F其他________【请注明】	1	2	3	4	5	6	7

分类型数据，运用频数统计（统计各因素被选的人数占比）进行对比；而数值型数据，运用均值分析（统计各因素的平均分值）进行对比（见图3-5）。

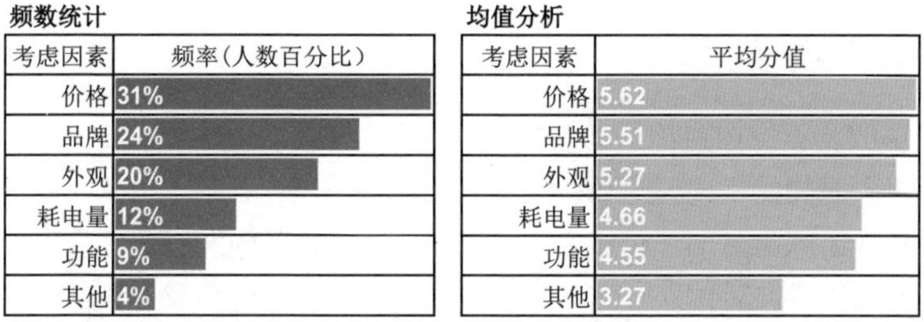

频数统计

考虑因素	频率（人数百分比）
价格	31%
品牌	24%
外观	20%
耗电量	12%
功能	9%
其他	4%

均值分析

考虑因素	平均分值
价格	5.62
品牌	5.51
外观	5.27
耗电量	4.66
功能	4.55
其他	3.27

图3–5 频数统计与均值分析

3.2.2 对比的可信度

在使用对比分析时，要注意对比的可信度。因为我们身边充斥着大量不具有可比性的对比分析。具体表现为时间上的不可比、空间上的不可比和数量关系上的不可比。

1. 时间上的可比性

例如，某零售企业想计算2018年3月前10天的销量比2017年同期增长了多少。从表面上看，这两个数据的时间跨度一致，可以对比。但实际上，零售业每周具有明显的淡旺季之分：在一周之内，工作日为淡季；周六和周日为旺季。

翻开日历，你会发现2018年3月前10天比2017年同期多一个“星期六”，这个多出的“星期六”必然会抬高2018年3月的销量，造成对比结果的失真。所以，零售业的对比周期通常为周。这个例子说明，对比的对象在时间分布上要有可比性。

2. 空间上的可比性

在美国和西班牙交战期间，美国海军的死亡率是9‰，美国居民的死亡率是16‰。于是，美国海军在征兵时就对比这两个数据证明参军更安全。但事实上，这两个数据不可比——海军死亡率的统计对象都是身强力壮的年轻人，居民死亡率的统计对象除年轻人以外，还有老人和小孩，而老人和小孩的自然死亡率要比年轻人高得多，这会把居民死亡率抬高。

统计口径的不同造成“参军更安全”这个错误的结论。正确的做法应是对比同样年龄段的海军和居民的死亡率。这个例子说明，对比的对象在空间（即外延）上要有可比性。

3. 数量上的可比性

在数量上具有可比性有两层含义：

第一，对比指标要定量。

第二，对比对象要同量纲。

如何理解对比指标要定量？

定量是相对定性而言的。如果你说这个人真“高”，这是对身高指标的定性描述；如果你说这个人身高“2米”，这是对身高指标的定量描述。

要有效对比，指标需要定量。例如，假设你对某企业是否应该做跨境电商进行SWOT分析，列举出跨镜电商的机会有8个、威胁有6个，该企业做跨境电商的优势有9个、劣势有8个，那么你能否得出机会>威胁、优势>劣势，所以该企业应该做跨境电商的结论呢？

不能！因为每个机会和威胁的重要性和表现水平不同；同样，每个优势和劣势的重要性和表现水平也不同。SWOT分析是定性研究，只能用于战略梳理，不能用于战略选择。做战略选择就要定量，对SWOT分析中的机会、威胁、优势、劣势进行量化，根据最终量化的分值做出战略决策。这种对SWOT分析的量化方法叫作内外因素评价矩阵（具体操作见第4章）。

如何理解对比对象要同量纲？下面通过两个案例来说明。

【案例 1】如何比较员工工资与工龄的差异

某公司员工的月平均工资水平为5000元，标准差为800元；该公司员工的平均工龄为20年，标准差为5年。请比较该公司员工工资与工龄哪个差异更大？

该案例有两个指标：平均数（$\bar{x}$）和标准差（σ）。对平均数我们并不陌生，那标准差是什么？

以工资为例，平均工资水平刻画的是所有员工工资的一般水平；而工资标准差则刻画的是各员工之间的工资差异。

于是，你会说，既然标准差用于刻画差异，那么直接比较员工工资和工龄的标准差就好了！

但是工资的标准差是800元，工龄的标准差是5年，单位都不统一，怎么对比？

单位不统一，这是量纲不同的一个表现。既然单位不统一，影响对比，那么就剔除单位吧！

如何剔除？计算变异系数V。

变异系数$V=\sigma/\bar{x}$，刻画的是单位平均水平下的差异。由于σ和$\bar{x}$的单位相同（例如平均工龄和工龄标准差的单位都是“年”），两者做除法就剔除了单位，从而具有了可比性。工资的变异系数V_1=800/5000=16%，工龄的变异系数V_2=5/20=25%，于是，可以得出该公司员工的工龄差异大于工资差异的结论。

量纲不同，还表现为分类维度间的数量差异。我们来看案例2。

【案例2】如何处理分类维度

某运营商想对手机用户进行分类，为此其调查了3395个手机用户在各种场景中的通话时长：工作日上班时期电话时长、工作日下班时期电话时长、周末电话时长、国际电话时长、总通话时长和平均每次通话时长。通过描述统计，得到它们的数据特征（见图3-6）。请问能否直接以这6个变量为维度，对手机用户进行分类？

	N	极小值	极大值	均值	标准差
工作日上班时期电话时长	3395	5.77	2846.40	708.3469	515.25799
工作日下班时期电话时长	3395	3.20	1058.40	301.8049	195.33152
周末电话时长	3395	.66	205.00	54.1649	35.26109
国际电话时长	3395	.01	1014.82	172.3492	146.68342
总通话时长	3395	54.81	3423.30	1064.3168	560.80133
平均每次通话时长	3395	.63	53.58	4.1267	3.80400
有效的 N（列表状态）	3395				

图3-6　各类通话时长描述统计输出结果

从图3-6可以看出，这6个变量的数量差异很大。以均值为例，平均每次通话时长的均值为4.1267分钟/月，而总通话时长的均值为1064.3168分钟/月，是平均每次通话时长均值的200多倍。该如何理解这种数量差异呢？

总通话时长=平均每次通话时长×通话次数。一年有上百次通话，当然总通话时长要高很多。所以，平均每次通话时长与总通话时长的数量差异是客观现实。

但问题是，现在对手机用户进行分类，依据是各个手机用户距离的远近，而距离远近要用这些变量的数量特征进行刻画，数量太小的变量对分类结果的影响就会很小。比如，对比其他变量，平均每次通话时长的均值太小，它对手机用户分类的影响微乎其微。但事实上，不同人的平均每次通话时长是不一样的，比如闺蜜间或情侣间常常爱“煲电话粥”，而男性或同事之间的通话时间则会短些。平均每次通话时长实际上是影响用户分类的。因此，若直接用这6个变量对手机用户进行分类，就会由于各变量在数量上的不可比造成分类结果的偏差。

因此需要剔除这6个变量的数量差异，使之在数量上具有可比性。那如何剔除呢？

如果你学过统计学就会知道，描述事物数量特征的指标有两个：反映一般水平的均值和反映变异水平的标准差。因此，要剔除数量差异，就要使各个变量的均值相等且标准差相等。如何实现呢？通过对变量的标准化来实现。

标准化的计算公式为：$Z=\frac{\chi-\mu}{\sigma}$，其中$Z$为标准化结果，$\chi$为观察值，$\mu$为平均值，$\sigma$为标准差。

本例6个变量的标准化结果为如图3-7所示的红框数据。

	产品偏好	本月实际使用费用	Z（工作日上班时期电话时长）	Z（工作日下班时期电话时长）	Z（周末电话时长）	Z（国际电话时长）	Z（总通话时长）	Z（平均每次通话时长）
1	1	55	-1.29593	-1.44872	-1.50112	-1.14448	-1.78967	-.74550
2	2	60	-1.24253	-1.37164	-1.29975	-1.08346	-1.70110	-.80321
3	2	53	-1.18028	-1.38383	-1.28087	-1.14185	-1.64696	-.64450
4	1	50	-1.26645	-1.45294	-.99160	-1.13665	-1.73202	-.17934
5	2	58	-1.26095	-1.49856	-1.21542	-1.14047	-1.75693	-.49125
6	2	49	-1.28414	-1.52869	-.90656	-1.02057	-1.76930	-.51056
7	2	41	-1.30528	-1.45400	-1.50131	-1.12822	-1.80012	.71622
8	2	54	-1.24665	-1.36079	-.83846	-1.07797	-1.67210	-.20901

图3-7 6个变量的标准化结果（部分数据）

通过标准化，各变量的均值均为0，标准差均为1（见表3-2），从而消除了各变量的数量差异，实现了各变量在数量上的统一和可比。

表3-2 描述统计量

	N	极小值	极大值	均值	标准差
Z(工作日上班时期电话时长)	3395	−1.36354	4.14948	0.0000000	1.00000000
Z(工作日下班时期电话时长)	3395	−1.52869	3.87339	0.0000000	1.00000000
Z（周末电话时长）	3395	−1.51751	4.27766	0.0000000	1.00000000
Z（国际电话时长）	3395	−1.17491	5.74345	0.0000000	1.00000000
Z（总通话时长）	3395	−1.80012	4.20645	0.0000000	1.00000000
Z（平均每次通话时长）	3395	−0.92033	12.99993	0.0000000	1.00000000
有效的N（列表状态）	3395				

3.3 相关视角

回到博文《访问量的启示》中，你还能看出哪些分析视角？

图3-3反映了新发博文当日阅读量与当日博客访问量之间的正向相关关系，新发博文当日阅读量越高，当日博客访问量也越高，这运用了相关视角。

相关视角探索的是事物间的某种联系。这种联系可能是因果关系，也可能是共存关系。利用相关视角，企业可以开展规模预测和精准营销。

3.3.1 规模预测

利用相关视角可以帮助企业进行规模预测。

例如，企业想有产出，就要有生产要素的投入。生产要素包括技术、资本和劳动力。企业的技术越高、资本实力越雄厚、劳动力越多，产出量往往越大。技术、资本和劳动力是影响产出的关键因素，存在正向因果关系。因此，企业可以建立回归模型，根据技术、资本和劳动力的投入预测自己的产出规模。这个模型就是道格拉斯生产函数——$y = AK^{\alpha}L^{\beta}\mu$（其中，$y$表示产出，$A$、$K$、$L$分别表示技术、资本和劳动力，$\alpha$为资本弹性系数，$\beta$为劳动力弹性系数，$\mu$为随机干扰项）。

3.3.2 精准营销

利用相关视角还可以帮助企业开展精准营销。

【案例3】从颜色偏好看精准营销

假设设置了下面的题目。

请问你最喜欢以下哪种颜色？

A灰色　B黄色　C绿色　D橙色　E紫色　F其他________【请注明】

根据这个题目对受访者进行调查，统计结果如图3-8所示。

这样的结果能支持精准营销吗？显然不能！

这个统计结果只能告诉我们受访者整体的颜色偏好，却不能告诉我们到底什么人喜欢什么颜色。而当我们不知道什么人喜欢什么颜色时，就无法开展精准营销。换句话说，要开展精准营销，就要搞清楚用户特征与用户态度偏好的相关关系。

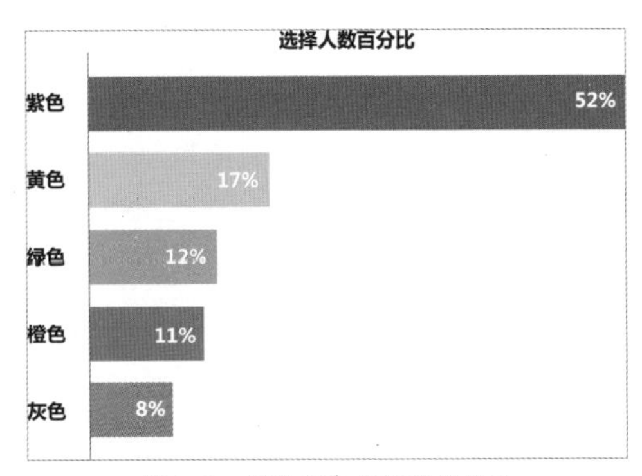

图 3–8　整体颜色偏好统计结果

以性别和颜色偏好为例，需要回答两个问题：

- 用户性别是否会影响用户对颜色偏好的选择？
- 如果有影响，男性偏好什么颜色、女性偏好什么颜色？

于是，我对受访者的性别进行调查，并将受访者的性别与颜色偏好做交叉分析，得到如表 3-3 所示的结果。

表 3-3　性别和颜色偏好交叉分析结果

性别中的 %

		颜色偏好					合计
		灰色	黄色	绿色	橙色	紫色	
性别	男	70.0%	10.0%	10.0%	3.3%	6.7%	100.0%
	女	41.2%	21.6%	13.7%	15.7%	7.8%	100.0%
合计		51.9%	17.3%	12.3%	11.1%	7.4%	100.0%

从表 3-3 中能得出什么结论？男性更喜欢灰色，而女性更喜欢黄色、绿色、橙色和紫色。

这个结论严谨吗？

不严谨！因为在判断男性和女性各喜欢什么颜色之前，首先要判断性别是否会对颜色偏好产生影响，即颜色偏好是否与性别相关。若不相关，那么就不存在不同性别的用户在颜色偏好上的对比。

如何判断相关性？可能你会想到相关系数 r，但是相关系数要求变量是数值型数据，而这里性别和颜色偏好都是分类型数据，不适合计算相关系数。可以使用方差分析。

什么是方差分析？以表 3-3 为例，该表中的数据是总体信息（SST），它由两部分构成：组间差异（SSR）和组内差异（SSE），三者的关系是：SST=SSR+SSE。

什么是组间差异？顾名思义，组间差异就是指组和组之间的差异。在本例中是用性别分组的，因此，组间差异反映的是由于性别的不同引起用户对颜色偏好的差异。

什么是组内差异？顾名思义，组内差异就是指每组内部的差异。比如，同为男性的颜色偏好差异或者同为女性的颜色偏好差异。所以，组内差异不是由性别引起的，而是由性别以外的其他因素引起的，比如收入、年龄、职业、抽样等。

在什么情况下，才能说不同性别者对颜色偏好存在显著性差异，即性别与颜色偏好相关？

试想，如果组内差异很大、组间差异很小，则说明颜色偏好的不同不是由性别引起的，即性别不是产生颜色偏好差异的主要因素。因此，若要得出性别与颜色偏好相关的结论，则需要组间差异足够大、组内差异足够小。

而同时刻画组间差异和组内差异的指标是F统计量。你不需要记住F统计量的计算公式，只需知道F统计量的伴随概率为P，P表示组间差异SSR=0发生的可能性即可。

如前所述，若性别与颜色偏好相关，则组间差异要足够大，这意味着SSR=0是一个小概率事件，即P的值很小。小到什么程度？在统计学中，要比显著性水平α还小。所以，方差分析的检验标准是$P<\alpha$（α的默认值为0.05）。

如表3-4所示是本例方差分析的结果。从该表可知，P（即表中的显著性）=0.047，小于α（α的默认值为0.05）。通过方差分析检验，表明性别与颜色偏好相关，不同性别者在颜色偏好上存在显著性差异。所以，在颜色上，应该针对不同性别者开展精准营销。

表3-4　单因素方差分析结果

颜色偏好

	平方和	*Df*	均方	*F*	显著性
组间	6.979	1	6.979	4.089	0.047
组内	134.824	79	1.707		
总数	141.802	80			

结合前面交叉分析的结果（见表3-3），可以果断地得出结论：

针对男性，应主打灰色的产品；而针对女性，则可推出黄色、绿色、橙色和紫色的产品。

3.4　分类视角

回到博文《访问量的启示》中，你还能看出哪些分析视角？

如图3-4所示，把博文分为原创博文和转载博文两类，体现了分类视角。

3.4.1　分类的价值

很多企业会进行客户分类。为什么要进行客户分类呢？

因为客户是由成千上万个个体构成的，如果企业把目光放在每个个体身上，由于个体间的差异是细微复杂的，则会使营销工作变得艰难、低效，捉襟见肘。怎么办？“物以类聚、人以群分”。如果能把个体按其特点分成几类，同类之间具有共性，不同类之间差异显著，那么企业就可以针对同类人群出相同的营销组合拳，针对不同人群出不同的营销组合拳。这样企业的营销对象就再不是大量的个体，而是少数的几个类别。难度和强度都会大大降低，这就是分类的价值所在，用类别代替个体，复杂问题简单化。

3.4.2　分类的步骤与方法

那么如何进行客户分类呢？

若用一个维度就能把客户的差异分出来，那么就用一个维度分好了。比如食品客户用地域分；服装客户用性别分，此时分类很简单。

但若单一维度细分效果不佳，则需要增加分类维度。例如，我曾做过一个彩电用户分类项目，用收入做维度细分彩电用户，却发现用户的收入水平与购买彩电没有明显关系。月薪过万元的白领可能会由于高强度工作而不买电视，因为根本没时间看；农民却可能会购买最贵的电视，因为在不忙时可以看电视消遣。因此，买什么电视，除和收入有关外，还和价值观、生活状态、需求程度、年龄、职业等多种因素有关。因此，需要增加分类维度。

分类维度增加了，分类的步骤和方法就相对复杂。一般而言，当采取多个维度对客户进行分类时，分类步骤及其对应的主要分析方法如图3-9所示（分类具体操作详见第6章）。

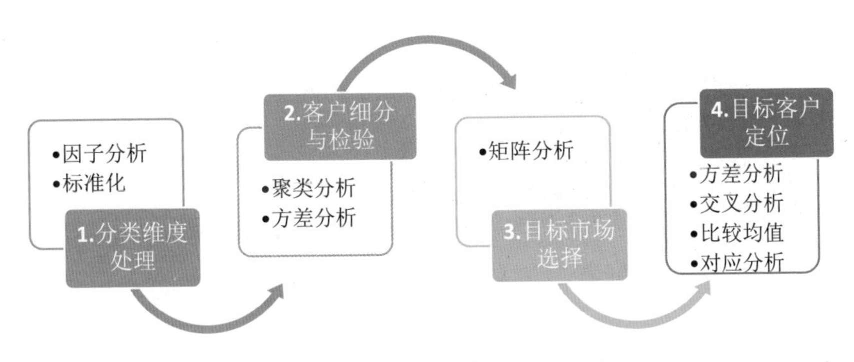

图3-9　客户分类分析步骤与主要方法

3.5 描述视角

回到博文《访问量的启示》中，你还能看出哪些分析视角？

3.5.1 集中趋势与离中趋势

在博文中先计算了日访问量的平均数，然后展示了日访问量的波动情况。平均数刻画的是一般水平，是集中趋势；波动情况刻画的是变异程度，是离中趋势。而集中趋势和离中趋势属于描述统计的范畴，所以该博文还运用了描述统计视角，简称描述视角。

3.5.2 个体波动的研究价值

刚开始做数据分析时，往往很容易想到用平均数描述研究对象，但要想把研究对象描述全面，别忘了研究个体波动。

首先，研究个体波动能够帮助企业进行问题诊断。例如，博文《访问量的启示》通过对个体波动的研究，分析出日访问量低的三个原因，为博客运营提出了相应的改进建议。

其次，研究个体波动还能帮助企业找出欺诈行为（见案例4）。

最后，如果只看平均数，则往往会掩盖个体间的差异。尤其当波动很大时，平均水平对个体的代表性就会很差。例如，网上有一首打油诗（见图3-10）：一个富翁上千万，邻居都是穷光蛋，平均数据一核算，人人都是上百万。这首打油诗很贴切地揭露了平均工资掩盖的个体间贫富差距的问题。

图3-10 揭露平均数弊端的打油诗

【案例4】疑似车险欺诈的"标的车"分析

某保险公司对半年内"标的车"的出险次数、换牌次数以及更换驾驶员的次数进行统计，发现累计有98%的"标的车"在半年内的出险次数、换牌次数以及更换驾驶员的次数均少于3次。

换句话说，出险、换牌或更换驾驶员的次数超过3次的"标的车"是少数的离异值，疑似存在车险欺诈（见图3-11）。

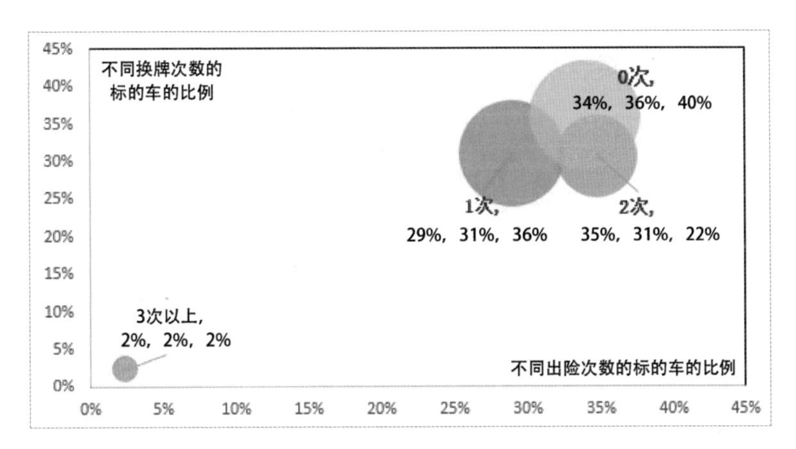

注：气泡大小表示不同驾驶员个数的"标的车"比例。

图3-11　疑似车险欺诈的"标的车"分析

3.6　如何在业务应用中选择分析视角

读到这里，也许你会说：前面这些案例虽然对选择视角有所启发，但是真正要完成一项分析任务，不能仅停留在选择上，还要基于业务应用场景，会使用具体的分析方法。

3.6.1　视角与方法

说的没错！前面介绍分析视角，是为了让大家在面对一个业务难题时，知道该从哪个角度切入。而在实际业务分析中所用到的看似纷繁复杂的分析方法，其基本思想都逃不出4种分析视角（见图3-12）。这些分析方法将会在后面的第4~8章中结合具体的业务场景进行介绍，请大家在阅读相关章节时，对照图3-12来理解和体会这些视角和方法内在的对应关系。

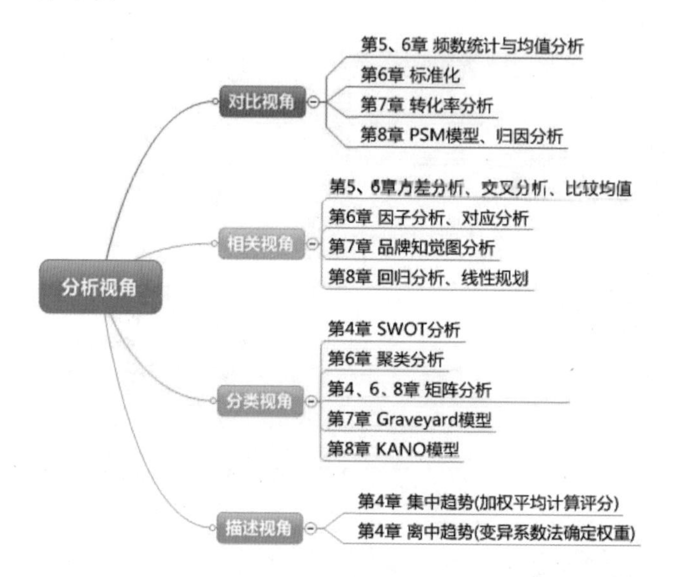

注：实际上，每种方法都是多种视角的综合运用。比如矩阵分析和KANO模型分成4个象限体现了分类视角，而4个象限的优先级和战略不同则体现了对比视角；再比如均值分析是数值型数据间在一般水平上的对比，因此既体现了对比视角，又体现了描述视角。该图仅显示了各种分析方法最主要的视角，其余视角请读者自行体会。

图3-12　分析视角与分析方法的对应关系

3.6.2　方法与应用

分析方法用来解决业务问题，因此还需要梳理分析方法与业务应用之间的关系（见表3-5）。在表3-5中还列举了相应的统计工具。这些分析方法的具体思路和操作会在第4~8章中进行详细介绍。

表3-5　分析方法与业务应用对应表

<table>
<tr><th>应用场景</th><th>章节</th><th>分析思路</th><th colspan="2">分析方法</th><th>统计工具</th></tr>
<tr><td rowspan="3">战略分析</td><td rowspan="3">第4章</td><td>战略梳理</td><td colspan="2">SWOT分析</td><td></td></tr>
<tr><td rowspan="2">战略选择</td><td rowspan="2">内外因素评价矩阵</td><td>均值分析</td><td rowspan="2">Excel</td></tr>
<tr><td>变异系数</td></tr>
</table>

续表

<table>
<tr><th>应用场景</th><th>章节</th><th>分析思路</th><th colspan="2">分析方法</th><th>统计工具</th></tr>
<tr><td rowspan="3">用户偏好分析</td><td rowspan="3">第5章</td><td>用户整体偏好分析</td><td colspan="2">频数统计与均值分析</td><td rowspan="3">SPSS</td></tr>
<tr><td rowspan="2">各类用户偏好分析</td><td>差异检验</td><td>方差分析</td></tr>
<tr><td>差异对比</td><td>交叉分析
比较均值</td></tr>
<tr><td rowspan="15">STP分析</td><td rowspan="15">第6章</td><td rowspan="4">客户细分</td><td rowspan="2">分类维度处理</td><td>因子分析</td><td rowspan="4">SPSS</td></tr>
<tr><td>标准化</td></tr>
<tr><td rowspan="2">客户细分与检验</td><td>聚类分析</td></tr>
<tr><td>方差分析</td></tr>
<tr><td rowspan="6">目标客户选择</td><td rowspan="4">计算客户吸引力</td><td>频数统计</td><td rowspan="5">SPSS</td></tr>
<tr><td>均值分析</td></tr>
<tr><td>标准化</td></tr>
<tr><td>加权平均</td></tr>
<tr><td>计算企业竞争力</td><td>交叉分析</td></tr>
<tr><td>绘制矩阵图</td><td>矩阵分析</td><td>Excel</td></tr>
<tr><td rowspan="5">目标客户定位</td><td rowspan="2">特征描述</td><td>方差分析</td><td rowspan="5">SPSS</td></tr>
<tr><td>对应分析</td></tr>
<tr><td rowspan="3">需求定位</td><td>方差分析</td></tr>
<tr><td>交叉分析</td></tr>
<tr><td>比较均值</td></tr>
<tr><td rowspan="3">品牌建设分析</td><td rowspan="3">第7章</td><td>品牌形象分析</td><td colspan="2">品牌知觉图分析</td><td>SPSS</td></tr>
<tr><td>品牌知名度分析</td><td colspan="2">Graveyard模型</td><td rowspan="2">Excel</td></tr>
<tr><td>品牌流转分析</td><td colspan="2">转化率分析</td></tr>
<tr><td rowspan="6">营销组合分析</td><td rowspan="6">第8章</td><td rowspan="2">产品属性分析</td><td>产品计划</td><td>回归分析</td><td rowspan="6">Excel</td></tr>
<tr><td>产品设计</td><td>KANO模型</td></tr>
<tr><td>定价决策分析</td><td colspan="2">PSM模型</td></tr>
<tr><td rowspan="2">流量渠道价值评价</td><td colspan="2">矩阵分析</td></tr>
<tr><td colspan="2">归因分析</td></tr>
<tr><td>促销资源分析</td><td colspan="2">线性规划</td></tr>
</table>

注：SWOT分析只用于对信息资料进行整理，不需要统计工具。

3.7 综合案例：航空公司项目分析价值的提升

以上介绍的就是常用的4种分析视角：对比视角、相关视角、分类视角和描述视角。运用这些分析视角可以提升分析价值。

下面以某航空公司旅客满意度分析项目为例来进行说明。

甲航空公司曾请A咨询公司做旅客满意度研究，但是觉得A咨询公司的分析不够深入，于是找到B咨询公司，并提供了A咨询公司的分析报告，要求B咨询公司给出研究方案。假如你是B咨询公司的分析师，负责该项目。通过研究A咨询公司的分析报告，你总结出甲航空公司的需求，以及A咨询公司的现有分析，如表3-6所示。请考虑如何提升该项目的分析价值。

表3-6　甲航空公司的需求和A咨询公司的现有分析

甲航空公司的需求	A咨询公司的分析内容	A咨询公司的分析示例
站点考核	各站点满意度得分	见图3-13
	各站点满意度排名	见表3-7
旅客维护	指标表现分析	见图3-14
	发展趋势分析	见图3-15

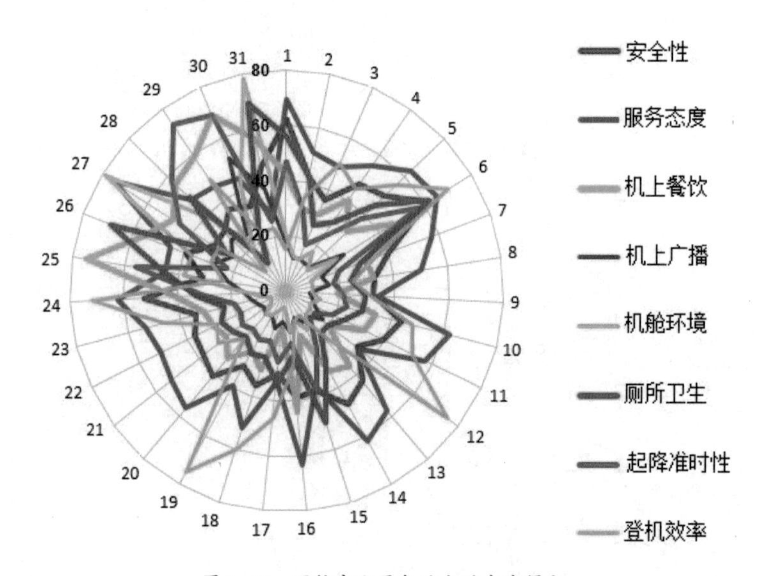

图3-13　甲航空公司各站点满意度得分

表3-7　甲航空公司各站点满意度排名

排名	站点号	总体满意度平均分		总体满意度平均分变动	
		Q1/2018	Q2/2018	增长量	增长率
1	5	93	100	7	7.5%
2	12	98	100	2	2.0%

续表

排名	站点号	总体满意度平均分		总体满意度平均分变动	
		Q1/2018	Q2/2018	增长量	增长率
3	2	100	100	0	0.0%
4	7	100	100	0	0.0%
5	14	98	100	2	2.0%
6	4	95	99	4	4.2%
7	1	94	99	5	5.3%
8	6	100	98	−2	−2.0%
9	15	95	98	3	3.2%
10	11	77	95	18	23.4%
11	9	90	95	5	5.6%
12	13	93	94	1	1.1%
13	3	95	93	−2	−2.1%
14	8	70	90	20	28.6%
15	10	70	90	20	28.6%

注：按2018年Q2季度总体满意度平均分排名。

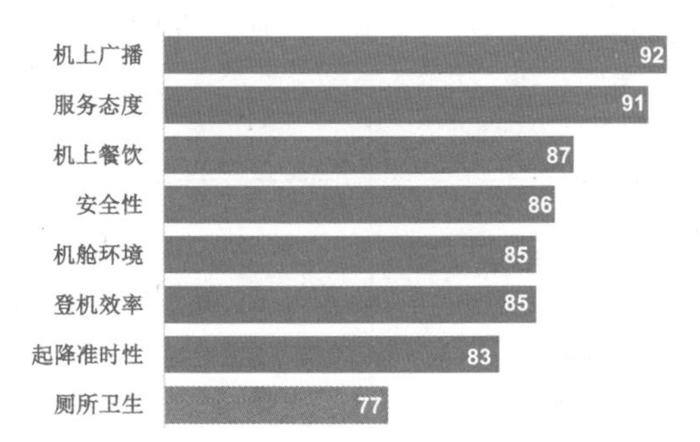

图 3−14　甲航空公司满意度指标平均得分表现

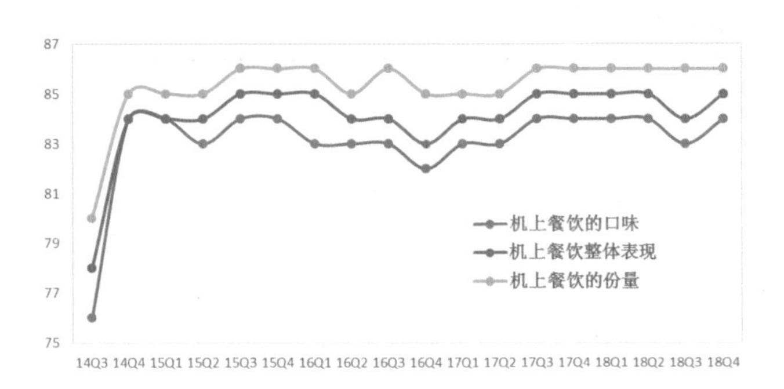

图 3−15　甲航空公司满意度指标平均得分趋势

1. 对比视角

首先，你可以看出A咨询公司的分析运用了对比视角：各站点满意度得分（见图3-13）和公司满意度指标表现（见图3-14）是横向对比；各站点满意度排名（见表3-7）和公司满意度发展趋势（见图3-15）是纵向对比。

然后，你会发现这4项对比，比的都是客户满意度。但是结构化思维告诉你，有一条逻辑线索叫作“重要性”。那么是否要关注甲航空公司各项指标的重要性呢？

当然要关注！因为毕竟甲航空公司的资源有限，而且旅客有自己的偏好。所以，并不是你想到什么指标就调查什么指标，而是要先把所想到的指标筛一筛，只有那些旅客看重的指标，才值得去关注、调查和改进。

什么方法可以作为重要性的筛子呢？你可能会想到我们前面讲过的KANO模型。

首先通过焦点小组座谈会发散思维，确定待测的满意度指标。在本案例中，假设你通过发散思维又设定8项指标：价格合理、空乘形象好、传统节日提供传统美食、提供婴儿摇篮、提供充气枕头、提供音乐和电影、爱心捐款、提供商品销售，然后通过调研分析，针对16项指标做出了KANO模型（见图3-16）。

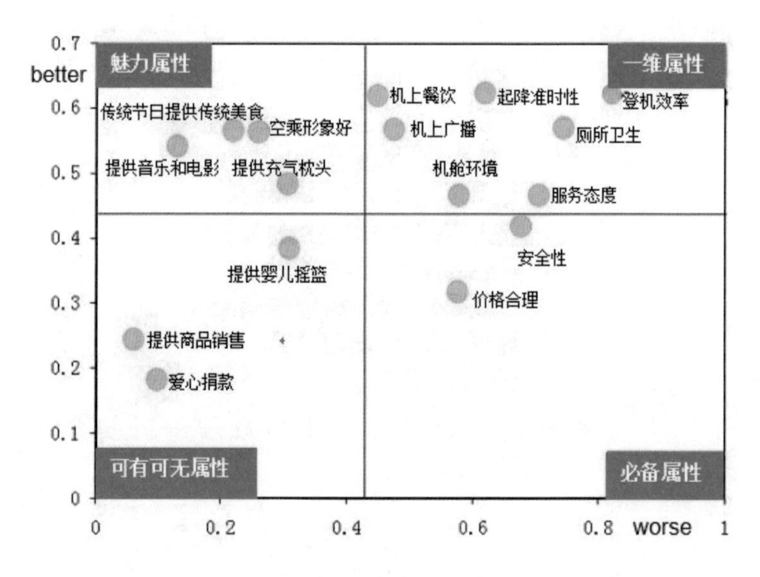

图3-16　甲航空公司满意度指标KANO模型

按照KANO模型，属性改进优先级为：必备属性>一维属性>魅力属性>可有可无属性。

从图3-16可知，除A咨询公司设定的指标外，价格合理、空乘形象好、传统节日提供传统美食、提供充气枕头、提供音乐和电影也重要。这是从对比视角对A咨询公司分析的补充。

2. 分类视角

有了重要性和满意度两个维度，你就会思考：这两个维度是单独使用还是综合使用？

当然要综合使用！这样才能帮助甲航空公司找到关键的改进指标。而一旦综合使用，就会从重要性和满意度两个维度对各项指标进行分类，从而做出四分图模型（见图3-17）。

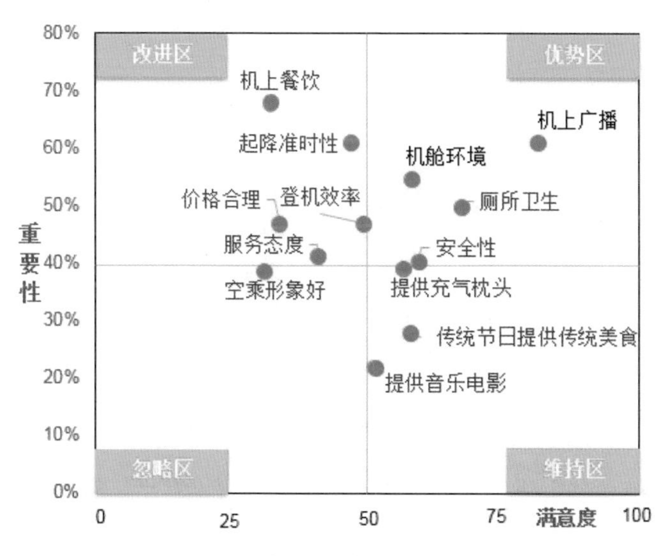

图3-17　甲航空公司满意度指标四分图模型

- 优势区：重要性和满意度都高，是甲航空公司的优势所在，可继续投入。具体包括“机上广播”“机舱环境”“厕所卫生”“安全性”4项指标。
- 维持区：重要性不高，但满意度很高，虽然也是甲航空公司的优势所在，但是因为旅客并不看重，因此在资源有限的情况下，只要维持就好，不需要过度投入。具体包括“提供充气枕头”“传统节日提供传统美食”“提供音乐和电影”3项指标。
- 忽略区：重要性和满意度都低，在资源有限时可以忽略，这里只有“空乘形象好”指标。
- 改进区：重要性很高，但满意度却很低，是旅客很看重的而甲航空公司却没有做好的事情，应是公司急需改进的关键指标，优先级最高。具体包括“机上餐饮”“起降准时性”“登机效率”“服务态度”“价格合理”5项指标。

所以，通过引入分类视角，你为甲航空公司提升满意度提供了方向性指导。

3. 描述视角

继续观察，你发现A咨询公司的4项分析计算的都是满意度平均分。平均分是描述视角中的集中趋势。而通过学习，你知道描述视角不仅要看集中趋势，还要看离中趋势。

由于甲航空公司关注站点考核和旅客维护，所以就要分别分析站点和旅客的波动水平。

首先，分析各站点各个时期的波动情况。如图3-18所示是2017年4个季度站点1和站点2在机上餐饮指标上的满意度波动情况，该波动情况反映出某站点提供服务的稳定水平。显然，站点1比站点2所提供的机上餐饮服务水平更为稳定。

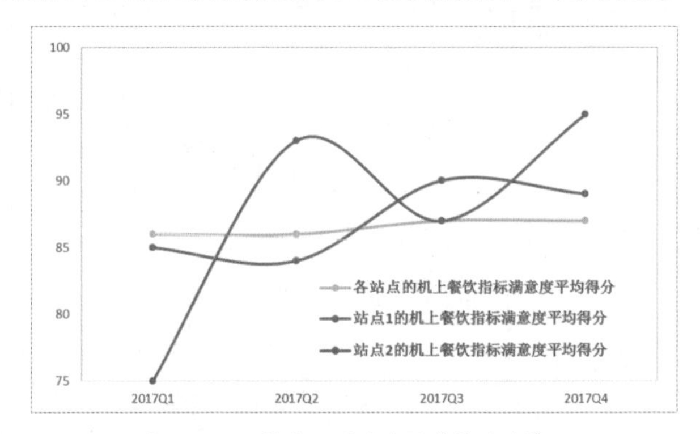

图3-18　甲航空公司站点的季节波动情况

其次，通过波动分析找出离群旅客。从图3-19可以看出，旅客满意度与推荐度之间存在正相关关系，即旅客满意度打分越高，旅客越倾向于向他人推荐。但是红圈标注的离群旅客对满意度打分很高，却不愿意向他人推荐。这类离群点恰恰是我们需要特别关注的，可以通过对这些点的深入挖掘，了解旅客对服务总体很满意但却不愿意推荐的深层原因。

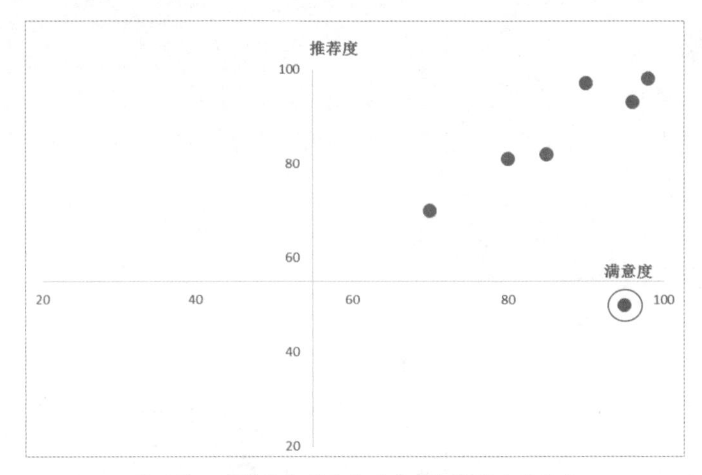

图3-19　甲航空公司旅客满意度与推荐度的关系

4. 相关视角

你已经从对比视角、分类视角和描述视角对A咨询公司的分析进行了深化。还有相关视角，其主要用于规模预测和精准营销。

甲航空公司所开展的旅客满意度研究不涉及市场规模，但针对不同旅客开展精准营销，对提升旅客满意度是有意义的。

于是，你会问：A咨询公司现有的分析能否支持甲航空公司开展精准营销？

显然不能！因为A咨询公司仅研究旅客整体满意度，没有分析旅客特征和旅客偏好、态度之间的相关性，即没有判断不同特征（比如性别）的旅客在对某项指标的满意度上是否存在显著性差异；如果存在显著性差异，差异具体是什么。判断不出这两点，就不知道什么样的旅客喜欢什么样的服务，因此无法开展精准营销。

那么这两点要通过什么分析进行判断呢？通过方差分析和交叉分析可以探讨旅客特征和旅客偏好、态度的相关性。

于是，基于调研数据，你做出了方差分析（见表3-8）和交叉分析（见表3-9）。

表3-8 单因素方差分析

		平方和	*Df*	均方	*F*	显著性
对机上餐饮的满意度	组间	6.697	3	2.232	3.243	0.031
	组内	30.976	45	0.688		
	总数	37.673	48			

从表3-8可知，F统计量的伴随概率P=0.031，小于α（α的默认值为0.05），表明不同性别的旅客对机上餐饮的满意度是存在显著性差异的。

表3-9 交叉分析

	很不满意	不太满意	一般	比较满意	很满意
男性	0%	16.70%	33.30%	16.70%	33.30%
女性	14.30%	28.60%	28.60%	14.30%	24.30%

从表3-9可知，相对于男性旅客，女性旅客对机上餐饮的要求更高。因此，如果考虑提高机上餐饮的服务水平，则应重点关注满足女性旅客的需求。

因此，从以上4个视角切入，你就能为甲航空公司提供比A咨询公司更具价值的分析。

3.8 本章结构图

本章结构图如图3-20所示。

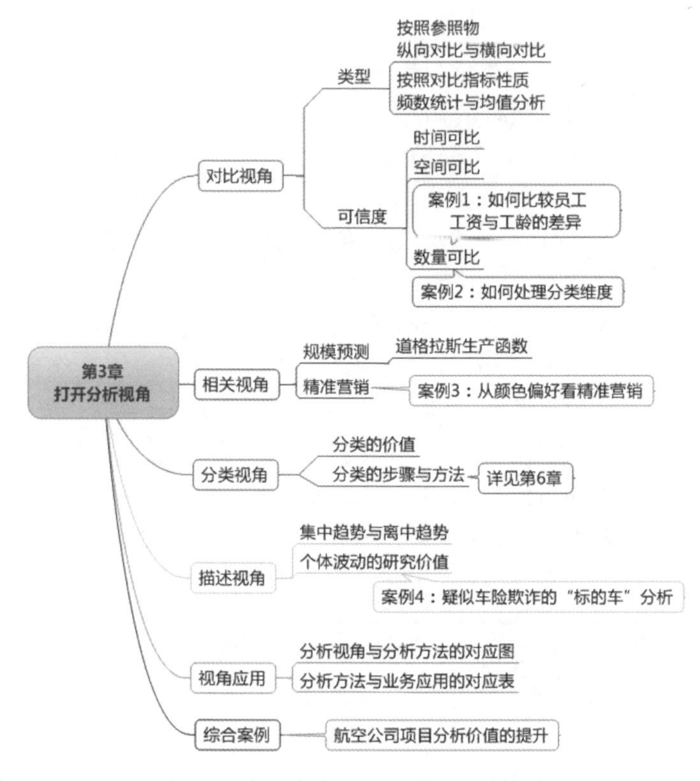

图3-20　第3章结构图

前面3章帮助大家建立数据思维，但仅有数据思维还不够，一个合格的数据分析师还要具有解决问题的能力。即针对企业的各种业务需求场景，首先要明确分析思路（确定研究目的、研究内容和分析方法），然后知道如何获取数据、处理数据、分析数据和解读数据。这些步骤构成了数据分析的一般流程（见图3-21），不管面对哪种业务需求，你的分析基本都遵循这个流程。

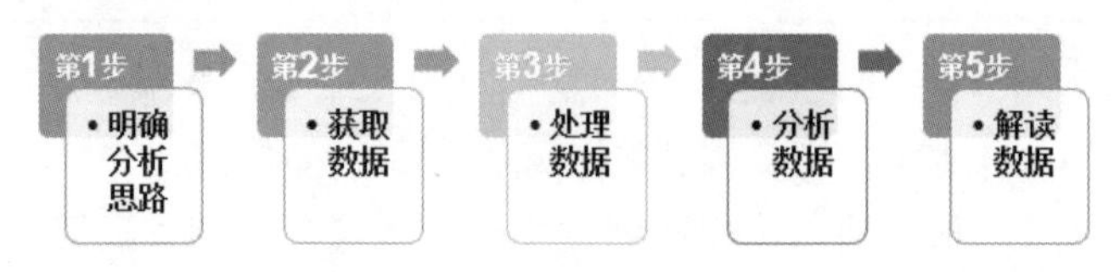

图3-21　数据分析的一般流程

因此，本书第4~8章将按照这个分析流程，从企业业务需求出发，对分析项目进行案例解析。通过案例解析，从业务中来，到业务中去，将分析思路、研究方法以及操作技能融会贯通，打通知识孤岛，实现项目闭环，还原实战情境。在解决问题的实战情境中，你的业务理解能力、逻辑思维能力、动手实践能力都将得到提升。

实战篇

第4章　战略分析案例解析——某购物中心网上商城战略分析

第5章　用户偏好分析案例解析——某彩电企业用户偏好分析

第6章　STP分析案例解析——甲保险公司客户分类分析

第7章　品牌建设分析案例解析——某手机品牌建设分析

第8章　营销组合分析案例解析——甲厨电公司的营销决策

第4章

战略分析案例解析——某购物中心网上商城战略分析[1]

某购物中心计划开展网上商城业务，为此需要进行网上商城战略分析。如果你是该企业的分析师，你的分析思路是什么？如前所述，分析思路是从研究目的到研究内容的分解过程，是对需求的细化。因此，你需要考虑两个问题：战略分析的研究目的和战略分析的研究内容。

4.1 研究目的：战略选择

战略分析的研究目的，显然是帮助企业进行战略选择。

什么是战略？迈克尔·波特说：战略的本质是抉择、权衡和各适其位。对于企业来讲，战略实际就是做选择，选择自己的目标市场。

那如何选择目标市场呢？需要回答两个问题。

第一，市场吸引力：这个市场好不好，进入这个市场有没有钱赚？

第二，企业竞争力：企业能不能做得来，进入这个市场是能吃到肉还是只能喝口汤？

4.2 研究内容：环境分析

如何判断市场吸引力？要分析宏观环境和市场环境。

1　本章数据资料见本书配套资源中名为“第4章战略分析”的文件夹。

如何判断企业竞争力？要分析竞争环境。

因此，战略选择的分析内容即环境分析，具体包括宏观环境、市场环境和竞争环境分析。

4.2.1 宏观环境分析

为什么说宏观环境分析可以帮助企业判断市场吸引力呢？

宏观环境是指影响市场的各种宏观因素，这些因素可归纳为PEST，即从政治环境（Political）、经济环境（Economic）、技术环境（Technological）和社会文化环境（Social）这四类因素，研究宏观环境对市场的影响（见图4-1）。

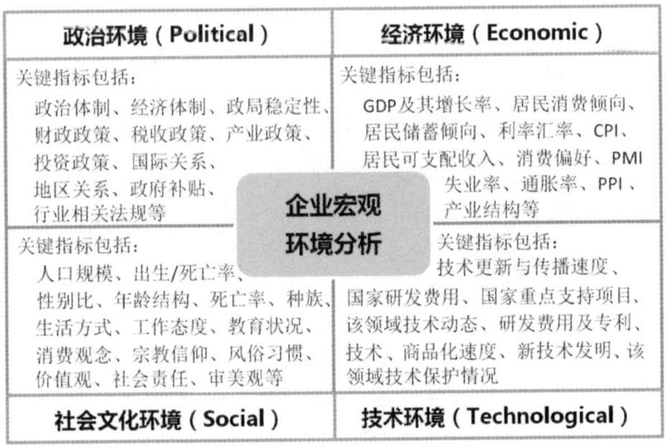

政治环境（Political）	经济环境（Economic）
关键指标包括：政治体制、经济体制、政局稳定性、财政政策、税收政策、产业政策、投资政策、国际关系、地区关系、政府补贴、行业相关法规等	关键指标包括：GDP及其增长率、居民消费倾向、居民储蓄倾向、利率汇率、CPI、居民可支配收入、消费偏好、PMI、失业率、通胀率、PPI、产业结构等
关键指标包括：人口规模、出生/死亡率、性别比、年龄结构、死亡率、种族、生活方式、工作态度、教育状况、消费观念、宗教信仰、风俗习惯、价值观、社会责任、审美观等	关键指标包括：技术更新与传播速度、国家研发费用、国家重点支持项目、该领域技术动态、研发费用及专利、技术、商品化速度、新技术发明、该领域技术保护情况
社会文化环境（Social）	技术环境（Technological）

企业宏观环境分析

图4-1　PEST分析

如果宏观环境中的某个因素对市场产生正向影响，推动市场的发展，则说明该因素是这个市场的机会；反之则是威胁。显然，若宏观环境给市场提供的机会超过威胁，则表明该市场是具有吸引力的。

例如，我国的家电下乡政策推动了家电企业对农村市场的开拓，这是政治环境为家电企业的市场开发带来的机会。

再如，现在很少有家庭使用缝纫机了，衣服即便没破，穿腻了也会扔掉。因此，缝纫机市场不像20世纪70年代那么红火了。这是经济发展给缝纫机市场造成的威胁。

电磁炉相对灶具而言，方便、安全，但它在中国的销售却存在瓶颈，很多人觉得电磁炉做饭不香，因为看不到火！这是因为5000多年的饮食文化使明火烹饪深深扎根在老百姓心里。这是社会文化给电磁炉市场造成的威胁。

此外，技术的发展也会使几家欢喜几家愁。例如，手机的问世使呼机市场萎缩；平板电视的出现使CRT电视生产线减少；数码相机的诞生使胶卷相机淡出市场。

总之，通过宏观环境分析，企业可以判断出对于某市场而言，哪些因素是机会，哪些因素是威胁，若机会大于威胁，则表明市场是具有吸引力的。

4.2.2 市场环境分析

判断一个市场的吸引力，除了分析宏观环境，还要分析市场环境。

什么是市场环境呢？市场环境是指市场的具体现状。衡量市场环境的指标有很多，比如市场规模、利润水平、增长速度、成长潜力、所处的生命周期等。

显然，从市场环境来看，企业倾向于寻找那些规模足够大、利润足够高、增速足够快、成长性足够强，以及处于成长期的市场，因为这样的市场会让企业有更大的赢利空间，对企业而言更具有吸引力。因此，市场环境分析也是用来判断市场吸引力的。

但是一个市场不可能在上述指标上都表现完美。比如，一个成长性足够强的市场，往往处于导入期或成长期，规模不会很大；而一个规模足够大的市场，往往处于成熟期，成长性不够好，而且利润空间有限。所以，企业需要根据自身资源与定位进行取舍。

4.2.3 竞争环境分析

企业通过分析宏观环境和市场环境，发现某市场具有吸引力，是否要马上进入呢？

不要！企业还要掂量自己的实力，看看自己是否具有足够的优势可以驾驭这个市场。

优势是绝对的，还是相对的？相对的。相对于谁？相对于竞争环境。因此，企业还要做竞争环境分析。

企业的竞争环境可归纳为影响企业生存状态的波特五力。具体指哪五力？下面举例说明。

假设你是电磁炉厂商：

你要生产电磁炉，就要购买面板等原材料，为此你要和谁打交道？供应商。你当然希望原材料价格越低越好，而供应商则希望原材料价格越高越好，你和供应商是讨价还价的关系，供应商是影响你生存状态的第一个力。

你生产电磁炉是自己用吗？不是，你是要卖出去的。卖给谁？购买者。你当然希望售价越高越好，而购买者则相反，你和购买者同样是讨价还价的关系，购买者是影响你生存状态的第二个力。

市场上只有你生产电磁炉吗？不是，还有九阳、尚朋堂等，他们和你生产同样的产品，面对同样的购买者，是你的直接竞争对手，和你的市场份额此消彼长。直接竞争对手是影响你生存状态的第三个力。

还有一些企业，虽然和你生产的不是同样的产品，但却和你满足同样的市场需求。比如，满足消费者做饭需求的产品除了你的电磁炉，还有微波炉、灶具等。微波炉与灶具就是替代品，对你的电磁炉具有一定的替代作用，是影响你生存状态的第四个力。

电磁炉是小家电，比大家电（冰箱、洗衣机、空调、电视等）工艺简单、利润丰厚，因此，一些大家电企业觊觎电磁炉市场，伺机进入。他们是潜在进入者，将会和你瓜分同一杯羹，是影响你生存状态的第五个力。

综上所述，波特五力包括供应商、购买者、直接竞争对手、替代品和潜在进入者（见图4-2）。

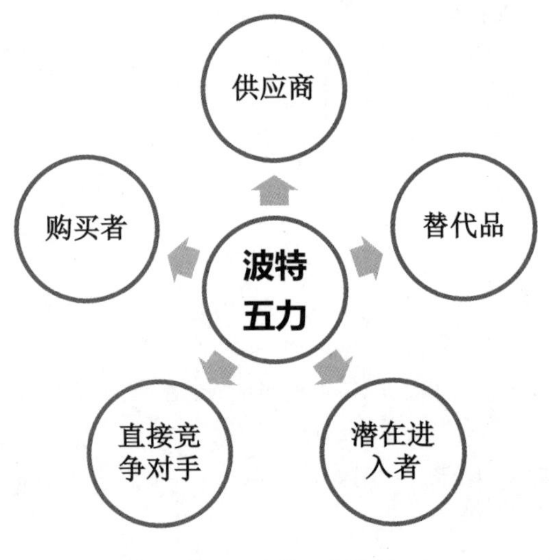

图4-2　波特五力模型

分析竞争环境，就是将企业与影响企业生存状态的波特五力进行对比，以分析企业处于上风还是下风的位置，处于上风的方面就是企业的优势；处于下风的方面就是企业的劣势。若优势大于劣势，则表明企业是具有竞争力的。

4.3　定性与定量分析方法

4.3.1　定性：SWOT分析

综上所述，战略分析的分析架构如表4-1所示。

表4-1　战略分析的分析架构

分析目的	分析角度	分析内容	输出结果
战略选择	市场吸引力（企业外部因素）	宏观环境（PEST）	机会 威胁
		市场环境（规模、利润、增速、生命周期等）	
	企业竞争力（企业内部因素）	竞争环境（波特五力）	优势 劣势

按照该分析架构，通过查阅相关资料进行环境分析，你整理出该购物中心开展网上商城业务有4个优势（Strength）、4个劣势（Weakness）、5个机会（Opportunity）和3个威胁（Threat），优势、劣势、机会和威胁就构成了SWOT分析（见图4-3）。

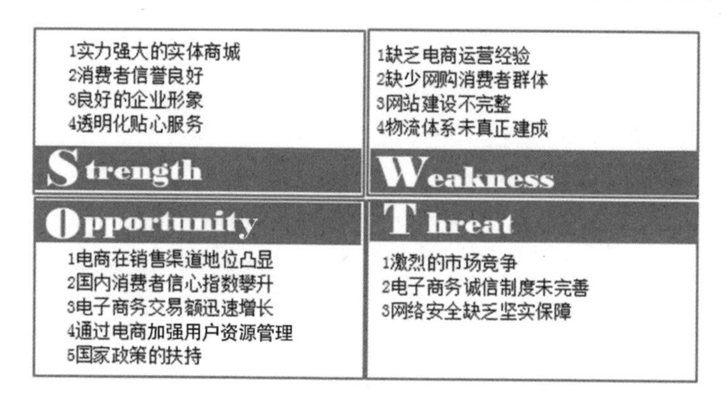

图4-3　某购物中心网上商城SWOT分析

接着，你要考虑一个问题：从图4-3中可以看出，网上商城业务对于该购物中心而言机会有5个，威胁有3个，能否得出结论——网上商城业务具有吸引力？

不能！因为每个机会和威胁的重要性和表现水平不同。

所以，SWOT是定性研究，只能做战略梳理，不能做战略选择。

4.3.2　定量：内外因素评价矩阵

要做战略选择，就需要量化，量化SWOT分析中的机会、威胁、优势和劣势，并根据量化的分值做出战略决策。这种对SWOT分析量化的方法叫作内外因素评价矩阵。

那么，对于企业而言，机会、威胁、优势和劣势，谁是内部因素？谁是外部因素？

机会和威胁是用来判断市场吸引力的，而市场有没有吸引力对企业而言是外部因素，因此，机会和威胁是企业的外部因素。

优势和劣势是用来判断企业竞争力的，而企业有没有竞争力是企业的内在表现，因此，优势和劣势是企业的内部因素。

因此，内部因素评价矩阵（Internal Factor Evaluation Matrix，IFE矩阵）量化和对比的是SWOT分析中的优势和劣势，以刻画企业的竞争力；而外部因素评价矩阵（External Factor Evaluation Matrix，EFE矩阵）量化和对比的是SWOT分析中的机会和威胁，以刻画市场的吸引力。内外因素评价矩阵是对IFE矩阵和EFE矩阵的统称。

那么，内外因素评价矩阵又是如何量化SWOT分析中的各个因素的呢？

首先，分别计算各个因素的评分和权重。

接着，分别计算机会、威胁、优势、劣势的加权平均数。

最后，用加权平均数的大小判断市场吸引力和企业竞争力，并给出相应的战略建议。

4.4 内外因素数据获取

要做出内外因素评价矩阵，就需要先获取相应的数据，再进行相应分析和解读。

内外因素评价矩阵的评分数据来源有两种途径：专家访谈和市场调研。

具体选择哪种途径，需要根据具体目的和评价对象做出决定。一般来说，专家对政策导向、经济发展、文化特征、技术前沿等方面有深入研究，因此专家访谈适合做企业外部因素评分；而消费者对产品或服务有切身体验，因此市场调研适合做企业内部因素评分。

本例的数据获取，采取专家访谈和市场调研相结合的方式。

4.4.1 外部因素数据

针对企业外部因素（即图4-3中的机会和威胁），请200名专家进行评分，采取5分制量表，分值越高，表明专家认为该因素对该购物中心的影响程度越大。于是，统计出机会和威胁在各个分值上的人数分布（见表4-2和表4-3）。

表4-2　机会分布数据

分数＼人数	1电商在销售渠道地位凸显	2国内消费者信心指数攀升	3电子商务交易额迅速增长	4通过电商加强用户资源管理	5国家政策的扶持
5	110	95	80	100	75
4	58	43	70	55	48
3	20	32	30	30	52
2	7	10	5	5	10
1	5	20	15	10	15

表4-3　威胁分布数据

分数＼人数	1激烈的市场竞争	2电子商务诚信制度未完善	3网络安全缺乏坚实保障
5	41	20	40
4	45	30	20
3	30	50	35
2	50	40	60
1	34	60	45

4.4.2　内部因素数据

针对企业内部因素（即图4-3中的优势和劣势），对2000名消费者进行市场调研，采用5分制量表，分值越高，表明消费者认为该购物中心在该因素上的表现越突出。于是，统计出优势和劣势在各个分值上的人数分布（见表4-4和表4-5）。

表4-4　优势分布数据

分数＼人数	1实力强大的实体商城	2消费者信誉良好	3良好的企业形象	4透明化贴心服务
5	1000	600	300	700
4	600	800	1200	400
3	200	300	200	330
2	140	200	100	70
1	60	100	200	500

表4-5　劣势分布数据

人数 分数	1缺乏电商 运营经验	2缺少网购 消费者群体	3网站建设 不完整	4物流体系 未真正建成
5	850	200	200	180
4	640	150	300	500
3	310	200	200	320
2	120	650	600	400
1	80	800	700	600

4.5　内外因素得分计算

有了上述数据准备，接下来计算各个因素的评分与权重。

4.5.1　评分的计算

以机会分布数据（见表4-2）为例，第1个机会因素“电商在销售渠道地位凸显”数据显示：在受访的200名专家中，110人给5分，58人给4分，20人给3分，7人给2分，5人给1分。因此，该机会因素的最终评分为以专家人数为权重f，对分数x_i的加权平均数，即：

$$\bar{x}=\frac{\sum x_i \times f_i}{\sum f_i}=\frac{110\times5+58\times4+20\times3+7\times2+5\times1}{200}=4.31$$

注意观察上式的分子110×5+58×4+20×3+7×2+5×1，是把表4-2中前两列对应数据先求积，然后求和的。而Excel中有一个函数就是做这样的计算的，它就是SUMPRODUCT函数，利用该函数，可以快速计算出各个机会因素的评分（见图4-4）。

B7　fx　=SUMPRODUCT($A$2:$A$6,B2:B6)/200

	A	B	C	D	E	F
1	人数 分数	1电商在销售渠道地位凸显	2国内消费者信心指数攀升	3电子商务交易额迅速增长	4通过电商加强用户资源管理	5国家政策的扶持
2	5	110	95	80	100	75
3	4	58	43	70	55	48
4	3	20	32	30	30	52
5	2	7	10	5	5	10
6	1	5	20	15	10	15
7	评分（即平均分）	4.31	3.92	3.98	4.15	3.79

图4-4　计算机会因素的评分

同理，可以使用SUMPRODUCT函数计算威胁、优势和劣势因素的评分（见图4-5至图4-7）。

B7　=SUMPRODUCT($A$2:$A$6,B2:B6)/200

	A	B	C	D
1	人数 分数	1激烈的市场竞争	2电子商务诚信制度未完善	3网络安全缺乏坚实保障
2	5	41	20	40
3	4	45	30	20
4	3	30	50	35
5	2	50	40	60
6	1	34	60	45
7	评分（即平均分）	3.05	2.55	2.75

图4-5　计算威胁因素的评分

B7　=SUMPRODUCT($A$2:$A$6,B2:B6)/2000

	A	B	C	D	E
1	人数 分数	1实力强大的实体商城	2消费者信誉良好	3良好的企业形象	4透明化贴心服务
2	5	1000	600	300	700
3	4	600	800	1200	400
4	3	200	300	200	330
5	2	140	200	100	70
6	1	60	100	200	500
7	评分（即平均分）	4.17	3.80	3.65	3.37

图4-6　计算优势因素的评分

B7　=SUMPRODUCT($A$2:$A$6,B2:B6)/2000

	A	B	C	D	E
1	分数 人数	1缺乏电商运营经验	2缺少网购消费者群体	3网站建设不完整	4物流体系未真正建成
2	5	850	200	200	180
3	4	640	150	300	500
4	3	310	200	200	320
5	2	120	650	600	400
6	1	80	800	700	600
7	评分（即平均分）	4.03	2.15	2.35	2.63

图4-7　计算劣势因素的评分

4.5.2 权重的计算

要计算权重，首先需要知道什么是权重。权重是指某因素在整体评价中的相对重要程度。权重越高，则该因素越重要。权重有两个特点：每个因素的权重在0~1之间，所有因素的权重和为1。权重的确定方法有很多，见表4-6，这里主要介绍变异系数法。

表4-6 权重的确定思路与方法列表

	主观赋权法	客观赋权法
思路与优缺点	由专家根据经验进行主观判断得到权数，然后对指标进行综合评价。这是一种定性方法，易操作，但主观性强	根据历史数据研究指标之间的相关关系或指标与评估结果的关系来进行综合评价。这是定量研究，没有考虑决策者的主观意愿和业务经验，同时计算方法较烦琐
常用方法	层次分析法	主成分分析法（或因子分析法）
其他方法	权值因子判断表法、德尔菲法、模糊分析法、二项系数法、环比评分法、最小平方法、序关系分析法	变异系数法、最大熵技术法、均方差法、神经网络、回归分析法等

我们前面介绍过变异系数，它是刻画离中趋势的重要指标，反映取值的差异和波动，在数值上等于标准差除以均值，即变异系数$V = {}^{\sigma}/_{\bar{x}}$。

为什么变异系数可用于确定权重呢？

因为在评价体系中，若某因素的取值差异大，则说明该因素难以实现，是反映所评对象差距的关键因素，就要赋予更高的权重。例如，在经管类考研攻略里经常会谈到要把主要精力放在“数学”上，而“政治”则临阵磨枪即可。为什么呢？因为“数学”成绩能拉开差距，可以靠“数学”提高排名；而“政治”就不一样，再努力，成绩也基本都是六七十分，很难拉开差距。你重视能拉开差距的科目，其实就是对取值差异大的因素赋予更高的权重。

那如何用变异系数法确定权重呢？以机会分布数据（见表4-2）为例，操作步骤如下。

第一步：计算评价因素的平均分（即图4-4中计算出的“评分”）

第二步：计算频率P_i

根据标准差公式$\sigma = \sqrt{\sum(x_i - \bar{x})^2 \times P_i}$，计算频率$P_i$（见图4-8，图中P(1)表示“电商在销售渠道地位凸显”这个机会因素的频率，依此类推）。

第三步：计算离差平方$(x_i - \bar{x})^2$

根据标准差公式$\sigma = \sqrt{\sum(x_i - \bar{x})^2 \times P_i}$，计算离差平方$(x_i - \bar{x})^2$（见图4-9，图中A(1)表示“电商在销售渠道地位凸显”这个机会因素的离差平方，依此类推）。

G2　=B2/200

	A	B	C	D	E	F	G	H	I	J	K
1	人数 分数	1电商在销售渠道地位凸显	2国内消费者信心指数攀升	3电子商务交易额迅速增长	4通过电商加强用户资源管理	5国家政策的扶持	P(1)	P(2)	P(3)	P(4)	P(5)
2	5	110	95	80	100	75	55%	48%	40%	50%	38%
3	4	58	43	70	55	48	29%	22%	35%	28%	24%
4	3	20	32	30	30	52	10%	16%	15%	15%	26%
5	2	7	10	5	5	10	4%	5%	3%	3%	5%
6	1	5	20	15	10	15	3%	10%	8%	5%	8%
7	评分（即平均分）	4.31	3.92	3.98	4.15	3.79					

图 4–8　计算频率 P_i

L2　=($A2-B$7)^2

	A	B	C	D	E	F	L	M	N	O	P
1	人数 分数	1电商在销售渠道地位凸显	2国内消费者信心指数攀升	3电子商务交易额迅速增长	4通过电商加强用户资源管理	5国家政策的扶持	A(1)	A(2)	A(3)	A(4)	A(5)
2	5	110	95	80	100	75	0.48	1.18	1.05	0.72	1.46
3	4	58	43	70	55	48	0.09	0.01	0.00	0.02	0.04
4	3	20	32	30	30	52	1.70	0.84	0.95	1.32	0.62
5	2	7	10	5	5	10	5.31	3.67	3.90	4.62	3.20
6	1	5	20	15	10	15	10.92	8.50	8.85	9.92	7.78
7	评分（即平均分）	4.31	3.92	3.98	4.15	3.79					

图 4–9　计算离差平方$(x_i-\bar{x})^2$

第四步：计算标准差σ

计算出频率和离差平方后，接下来根据标准差公式$\sigma=\sqrt{\sum(x_i-\bar{x})^2\times P_i}$，利用SUMPRODUCT函数计算方差$\sigma^2$，然后利用SQRT函数对方差$\sigma^2$开平方，得到标准差$\sigma$（见图4-10，图中σ1表示“电商在销售渠道地位凸显”这个机会因素的标准差，依此类推）。

Q2　=SQRT(SUMPRODUCT(G2:G6,L2:L6))

	A	G	H	I	J	K	L	M	N	O	P	Q	R	S	T	U
1	人数 分数	P(1)	P(2)	P(3)	P(4)	P(5)	A(1)	A(2)	A(3)	A(4)	A(5)	σ1	σ2	σ3	σ4	σ5
2	5	55%	48%	40%	50%	38%	0.48	1.18	1.05	0.72	1.46					
3	4	29%	22%	35%	28%	24%	0.09	0.01	0.00	0.02	0.04					
4	3	10%	16%	15%	15%	26%	1.70	0.84	0.95	1.32	0.62	0.96	1.31	1.15	1.09	1.21
5	2	4%	5%	3%	3%	5%	5.31	3.67	3.90	4.62	3.20					
6	1	3%	10%	8%	5%	8%	10.9	8.50	8.85	9.92	7.78					
7	评分（即平均分）															

图 4–10　计算标准差σ

第五步：计算变异系数V及变异系数之和$\sum V$

根据变异系数公式$V = \sigma / \bar{x}$，求出各个机会因素的变异系数（见图4-11，图中V1表示“电商在销售渠道地位凸显”这个机会因素的变异系数，依此类推），然后利用SUM函数，计算出各个机会因素的变异系数之和$\sum V$。

V2 =Q2/B7

	A	B	C	D	E	F	Q	R	S	T	U	V	W	X	Y	Z
1	人数\分数	1电商在销售渠道地位凸显	2国内消费者信心指数攀升	3电子商务交易额迅速增长	4通过电商加强用户资源管理	5国家政策的扶持	σ1	σ2	σ3	σ4	σ5	V1	V2	V3	V4	V5
2	5	110	95	80	100	75										
3	4	58	43	70	55	48										
4	3	20	32	30	30	52	0.96	1.31	1.15	1.09	1.21	22%	34%	29%	26%	32%
5	2	7	10	5	5	10										
6	1	5	20	15	10	15										
7	评分（即平均分）	4.31	3.92	3.98	4.15	3.79						ΣV=SUM(V2:Z6)=143%				

图4-11　计算变异系数及变异系数之和

第六步：计算权重W_i

根据权重公式$W_i=V_i / \sum V_i$，求出各个机会因素的权重（见图4-12，图中W1表示“电商在销售渠道地位凸显”这个机会因素的权重，依此类推）。

AA2 =V2/143%

	A	B	C	D	E	F	V	W	X	Y	Z	AA	AB	AC	AD	AE
1	人数\分数	1电商在销售渠道地位凸显	2国内消费者信心指数攀升	3电子商务交易额迅速增长	4通过电商加强用户资源管理	5国家政策的扶持	V1	V2	V3	V4	V5	w1	w2	w3	w4	w5
2	5	110	95	80	100	75										
3	4	58	43	70	55	48										
4	3	20	32	30	30	52	22%	34%	29%	26%	32%	16%	23%	20%	18%	22%
5	2	7	10	5	5	10										
6	1	5	20	15	10	15										
7	评分（即平均分）	4.31	3.92	3.98	4.15	3.79	ΣV=SUM(V2:Z6)=143%					ΣW=SUM(AA2:AE6)=100%				

图4-12　计算权重

4.5.3　最终得分的计算

综合评分结果（见图4-4）和权重结果（见图4-12），得到机会评价矩阵（见表4-7）。

在该表中，通过对“权重”与“评分”的加权平均，得到机会的最终得分：$\bar{O} = 4.01$分。同理，构造出威胁评价矩阵，并计算出威胁的最终得分：$\bar{T} = 2.77$分。威胁评价矩阵与机会评价矩阵共同构成外部因素评价矩阵（即EFE矩阵，见表4-7）。

表4-7　某购物中心网上商城战略选择EFE矩阵

	关键外部因素	权重	评分(1~5)	加权平均数
机会（O）	1电商在销售渠道地位凸显	16%	4.31	0.67
	2国内消费者信心指数攀升	23%	3.92	0.92
	3电子商务交易额迅速增长	20%	3.98	0.81
	4通过电商加强用户资源管理	18%	4.15	0.75
	5国家政策的扶持	22%	3.79	0.85
	最终得分			4.01
威胁（T）	1激烈的市场竞争	31%	3.05	0.94
	2电子商务诚信制度未完善	35%	2.55	0.88
	3网络安全缺乏坚实保障	35%	2.75	0.95
	最终得分			2.77

同理，构造出内部因素评价矩阵（即IFE矩阵，见表4-8），并计算出优势的最终得分：$\bar{S} = 3.68$分；劣势的最终得分：$\bar{W} = 2.59$分。

表4-8　某零售企业网上商城战略选择IFE矩阵

	关键内部因素	权重	评分(1~5)	加权平均数
优势（S）	1实力强大的实体商城	19%	4.17	0.80
	2消费者信誉良好	22%	3.80	0.84
	3良好的企业形象	23%	3.65	0.84
	4透明化贴心服务	36%	3.37	1.20
	最终得分			3.68
劣势（W）	1缺乏电商运营经验	14%	4.03	0.55
	2缺少网购消费者群体	31%	2.15	0.66
	3网站建设不完整	29%	2.35	0.69
	4物流体系未真正建成	26%	2.63	0.69
	最终得分			2.59

4.6 制作战略选择矩阵图及解读

如何基于前面计算出的机会、威胁、优势和劣势的最终得分帮助企业进行战略选择呢？答案是通过战略选择矩阵图。

4.6.1 分析思路

首先，机会和威胁构成企业的外部因素，用来刻画市场的吸引力。换句话说，企业所考虑的市场是否具有吸引力，取决于该市场的机会和威胁的对比，那么如何对比呢？计算比值$\frac{\text{机会最终得分}\bar{O}}{\text{威胁最终得分}\bar{T}}$，若该比值>1，则表明机会大于威胁，市场具有吸引力；反之，市场不具有吸引力。

其次，优势和劣势构成企业的内部因素，用来刻画企业的竞争力。换句话说，企业在所考虑的市场上是否具有竞争力，取决于它在该市场上的优势和劣势的对比。那么如何对比呢？计算比值$\frac{\text{优势最终得分}\bar{S}}{\text{劣势最终得分}\bar{W}}$，若该比值>1，则表明优势大于劣势，企业具有竞争力；反之，企业不具有竞争力。

最后，基于前两步计算出的两个比值，制作战略选择矩阵图（见图4-13）。

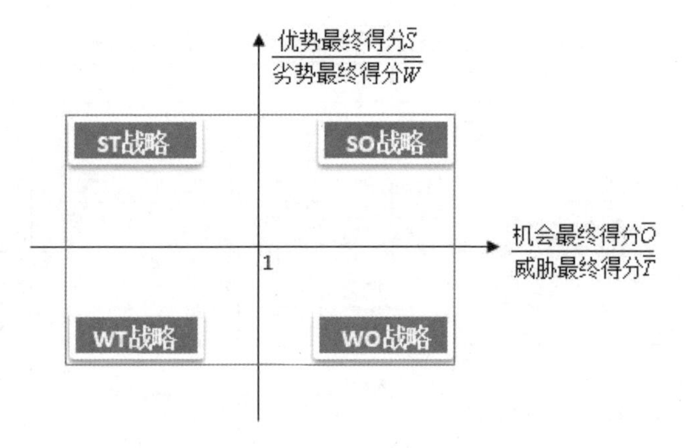

图4-13 战略选择矩阵图

1. SO战略

当$\frac{\text{机会最终得分}\bar{O}}{\text{威胁最终得分}\bar{T}}$>1、$\frac{\text{优势最终得分}\bar{S}}{\text{劣势最终得分}\bar{W}}$>1时，市场机会更多，企业优势明显，企业应采取SO战略，即增长型战略，利用外部机会，依靠内部优势，创建最佳业务状态。

2. WO战略

当$\frac{机会最终得分\bar{O}}{威胁最终得分\bar{T}}>1$、$\frac{优势最终得分\bar{S}}{劣势最终得分\bar{W}}<1$时，市场机会更多，企业劣势明显，企业应采取WO战略，即扭转型战略，利用外部机会，克服内部劣势，机不可失。

3. ST战略

当$\frac{机会最终得分\bar{O}}{威胁最终得分\bar{T}}<1$、$\frac{优势最终得分\bar{S}}{劣势最终得分\bar{W}}>1$时，市场威胁更多，企业优势明显，企业应采取ST战略，即多种经营战略，依靠内部优势，回避外部威胁，果断迎战。

4. WT战略

当$\frac{机会最终得分\bar{O}}{威胁最终得分\bar{T}}<1$、$\frac{优势最终得分\bar{S}}{劣势最终得分\bar{W}}<1$时，市场威胁更多，企业劣势明显，企业应采取WT战略，即防御型战略，减少内部劣势，回避外部威胁，休养生息。

4.6.2 图表制作

按照上述思路，在本案例中，基于前面计算出的机会、威胁、优势和劣势最终得分（见表4-7和表4-8），分别计算出外部因素和内部因素的比值如下：

$$\frac{机会最终得分\bar{O}}{威胁最终得分\bar{T}}=\frac{4.01}{2.77}\approx 1.45>1$$

$$\frac{优势最终得分\bar{S}}{劣势最终得分\bar{W}}=\frac{3.68}{2.59}\approx 1.42>1$$

以$\frac{机会最终得分}{威胁最终得分}$和$\frac{优势最终得分}{劣势最终得分}$分别作为横纵坐标，制作散点图，调整坐标轴，使其交于1，得到如图4-14所示的网上商城战略选择矩阵图。

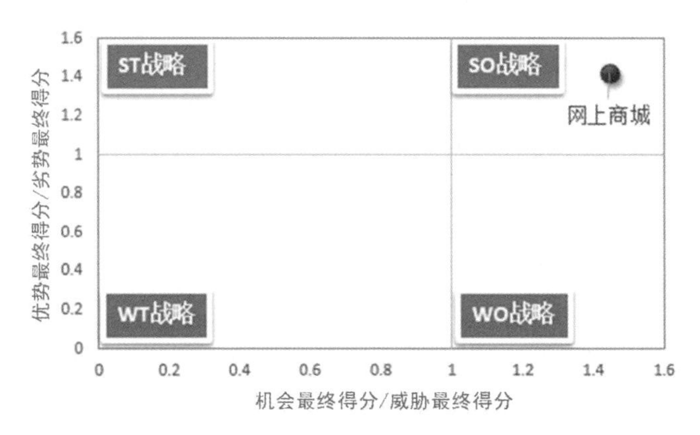

图4-14 网上商城战略选择矩阵图

4.6.3 结果解读

从图4-14可知，网上商城业务处于SO战略区，即可以得到以下结论：

网上商城市场的机会更多，该购物中心在网上商城业务上的优势明显，因此该购物中心应采取SO战略，即增长型战略，利用外部机会，依靠内部优势，创建最佳业务状态。

4.7 本章结构图

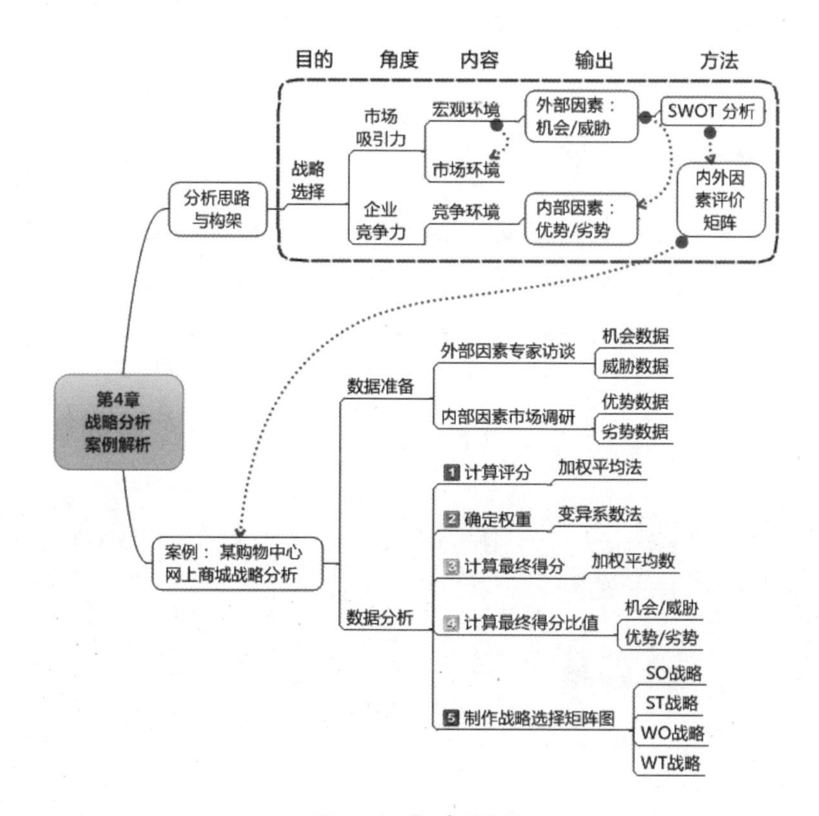

图4-14 第4章结构图

第5章

用户偏好分析案例解析——某彩电企业用户偏好分析[1]

近年来,彩电市场竞争日趋激烈，以日系、韩系为主的外资品牌在特级市场、一级市场的占有率超过60%，并且占据高端市场；国内品牌竞争更为激烈，价格战愈演愈烈，挤压微薄的利润空间。国内彩电品牌A的成本优势并不明显，为摆脱价格战，提升核心竞争力，需从用户入手，针对不同用户的偏好开展差异化营销，为此需要进行彩电用户偏好分析。

假设你是彩电品牌A的数据分析师，负责该项目，你打算怎么做呢？

5.1 研究目的：差异化营销

从上述背景可知，彩电品牌A之所以要进行用户偏好分析，目的是开展差异化营销。要理解这个研究目的，需要回答两个问题：

- 为什么企业需要开展差异化营销？
- 为什么用户偏好分析可以支持企业的差异化营销？

5.1.1 差异化营销的必要性

首先回答第一个问题。

由于用户偏好存在差异性，差异化营销可以最大限度地满足用户需求，从而使企业经营业绩得以提升。

1　本章数据资料见本书配套资源中名为“第5章用户偏好分析”的文件夹。

例如，百思买基于顾客偏好差异，在门店经营模式上采取差异化营销——在富裕的单身白领集中居住区附近，提供高端家庭影院设备、特别付款方式和即日送货到家的服务；而在经常接送孩子参加各种课外活动的家庭居住区附近，则突出打造温和的色调、人性化导购以及面向孩子的科技活动区。通过针对顾客偏好的差异化营销，百思买的销售额上升了7%，毛利提升了50个基点。

5.1.2 差异化营销的可行性

接着回答第二个问题。

如前所述，基于时间思维和结构思维，用户偏好分为五阶段和七要素，如图5-1所示。而用户的差异性就体现在这五阶段和七要素上。

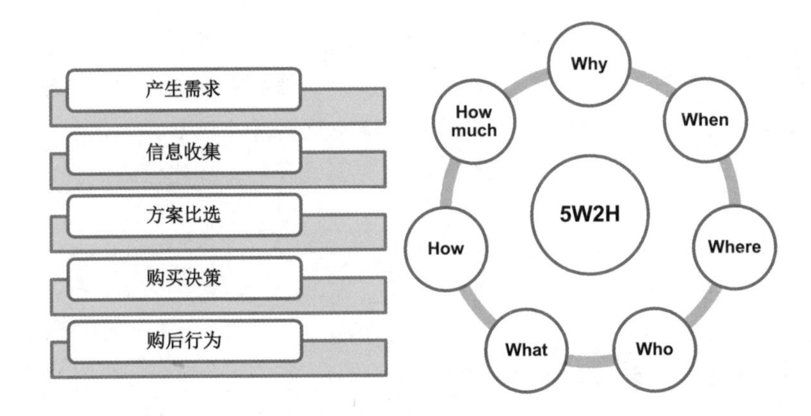

图5-1 用户行为五阶段和七要素

在产生需求阶段，用户需求（Why）存在差异。同样是买电脑，有人是为了工作，有人是为了学习，有人是为了消遣，有人是为了攀比，有人是为了送人。

在信息收集阶段，用户信息收集渠道（Where）存在差异。例如，在房产网络广告收入中，北京占了半成，重庆却微乎其微。这是因为北京购房者很少通过口碑来获取房源信息，大多数人买房都会到网上搜集信息，这为房产网络广告提供了土壤；而在重庆人们打得火热，常在一起搓麻将、吃火锅，谁要买房，大家一起给出主意，因此，很多人买房的信息渠道不是网络，而是街坊、朋友的推荐。

在方案比选阶段，用户关键购买因素（What）存在差异。比如，按照马斯洛需求理论，温饱型用户最关心价格，小康型用户讲究品质，而富裕型用户则更关注品牌形象和服务等。

在购买决策阶段，用户决策方式（How）存在差异。比如，有一本畅销书叫《男人来自火星，女人来自金星》，讲到男女购物方式的不同至少体现在三个方面：考虑问题的全面性、价格敏感度和决策速度。一般来说，相对男性而言，女性考虑问题更全面，对价格更敏感，因此购买决策的速度更慢。

在购后行为阶段，用户使用场合（When）存在差异。比如，同样是穿鞋，打球穿球鞋，跑步穿跑鞋，工作穿皮鞋，在家穿拖鞋。在不同的使用场合，需求就不同。

当然，在每个阶段中，用户偏好不仅在一个要素上存在差异，前面以点带面举些例子，从这些例子中可以看到，用户偏好分析，通过对用户行为五阶段和七要素的分析，是可以将用户偏好差异找出来的，从而支持企业的差异化营销。

5.2　研究内容：五阶段和七要素

5.2.1　分析内容

由第2章中的案例3可知本案例的分析内容如图5-2所示。

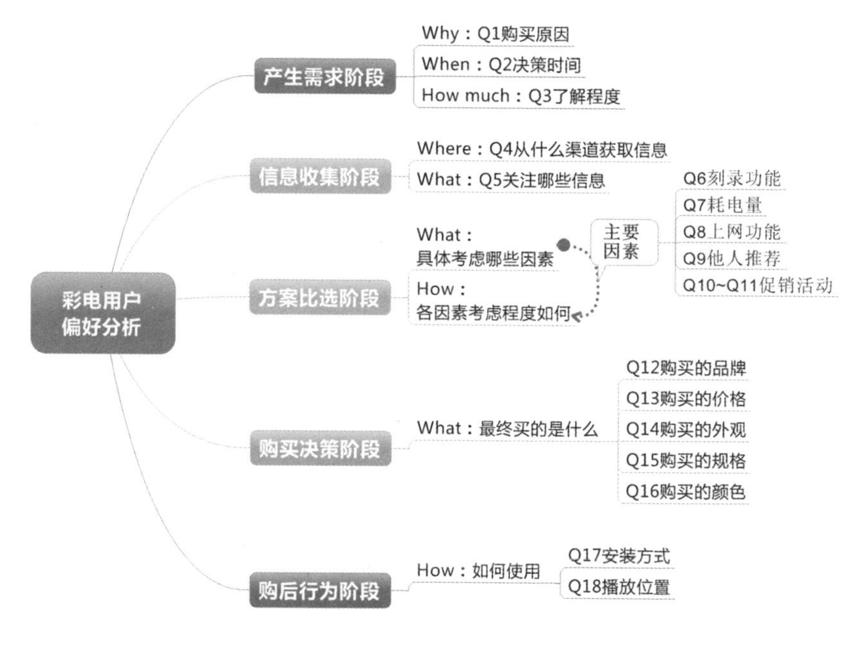

图 5-2　彩电用户偏好分析内容

5.2.2 调查问卷

由图5-2可以得到彩电用户偏好调查问卷的主体部分。此外，一份完整的调查问卷还要有问卷标题、问卷编号、卷首语、甄别问题以及受访者背景信息。因此，本案例的调查问卷如下：

彩电用户偏好分析调查问卷

问卷编号：□□□

您好！我们正在进行一项有关彩电偏好的调研，您的意见对于我们来说非常重要，期待您的合作！

S1. 请问您家中2018年1月1日以后是否购买过彩电？

A、是【继续访问】　B、否【终止访问】

Q1. 请问您购买这台彩电最主要的原因是什么？【单选】

A、结婚嫁妆　B、新房入住　C、适应新潮流　D、更新换代

E、亲朋推荐　F、看奥运　G、送人　H、其他__________【请注明】

Q2. 从您产生购买意向开始到真正购买彩电，一共用了多长时间？【单选】

A、1个月内　B、2个月内　C、3个月内　D、6个月内

E、一年以内　F、一年以上

Q3. 在产生购买意向时，您认为自己对彩电的产品和技术了解程度属于下列哪一种？【单选】

A、不了解　B、了解一点　C、比较了解

Q4. 您主要是从哪个渠道收集彩电相关信息的？【单选】

A、线上渠道　B、线下渠道

Q5. 您最关注彩电哪方面的信息？【单选】

A、型号　B、分辨率　C、对比度　D、价格

E、外观　F、颜色　G、别人推荐　H、性能

I、品牌　J、其他______________【请注明】

Q6~Q10. 您在购买彩电时，对下列因素的考虑程度如何？请您用1~7分进行打分（分值越高，表示越重视）。

Q6. 刻录功能	1	2	3	4	5	6	7
Q7. 耗电量	1	2	3	4	5	6	7
Q8. 上网功能	1	2	3	4	5	6	7
Q9. 他人推荐	1	2	3	4	5	6	7
Q10. 促销活动	1	2	3	4	5	6	7

Q11. 请问以下哪种促销活动对您是最具有吸引力的？【单选】

A、打折/降价　　B、送优惠券　　C、赠品　　D、促销员推销

E、不满意的退货承诺　　F、抽奖

Q12. 请问您最近这次购买的是哪个品牌的彩电？【单选】

A、品牌A　　B、品牌B　　C、品牌C　　D、品牌D

E、品牌E　　F、其他______________【请注明】

Q13. 请问您最近这次购买的彩电花了多少钱？【单选】

A、<5000元　　B、5000~6000元　　C、6000~7000元　　D、7000~8000元

E、>8000元

Q14. 请问您最近这次购买的彩电外观具有如下哪些特征？【多选】

A、音箱卧式嵌入　　B、流线型　　C、旋转底座　　D、超薄外观

E、其他____________【请注明】

Q15. 请问您最近这次购买的彩电规格是多少？【单选】

A、32英寸以下　　B、33~39英寸　　C、40英寸及以上

Q16. 请问您最近这次购买的彩电是什么颜色的？【单选】

A、黑色　　B、银色　　C、灰色

D、其他颜色________【请注明】

Q17. 请问您倾向于如何安装最近这次购买的彩电？【单选】

A、壁挂式　　B、底座式　　C、立体机式

Q18. 请问您倾向于将最近这次购买的彩电摆放在家里的哪个位置？【单选】

A、客厅　　B、主卧　　C、客卧　　D、子女房　　E、长辈房

F、书房　　G、餐厅　　H、厨房　　I、其他_______【请注明】

A1. 请问您的性别？【单选】

A、男　　B、女

A2. 请问您的年龄？【单选】

A、18~30岁　　B、31~40岁　　C、41~55岁　　D、56岁及以上

A3. 请问您的学历？【单选】

A、高中及以下学历　　B、大学学历　　C、研究生及以上学历

A4. 请问您的家庭月收入？【单选】

A、<6000元　　B、6000~8000元　　C、8000~10000元　　D、>10000元

A5. 请问您家的住房面积？【单选】

A、<60平方米　　B、60~80平方米　　C、80~100平方米　　D、>100平方米

A6. 请问您家庭成员构成？【单选】

A、单身　　B、夫妻二人　　C、夫妻加小孩　　D、有老有小

E、其他_____【请注明】

5.3 用户偏好数据获取

5.3.1 调研计划

为了获取调查问卷数据，需要回答6个问题：调查方法、调查对象、调查地点与样本量、项目周期、项目成员及其职责、项目质量与进度控制。这些问题构成一份调研计划（见表5-1）。

表5-1 调研计划

调查方法	中心定点拦截访问（CLT）：在大型商圈中心拦截彩电现场购买者到指定地点（在实际操作上，可能采用拒访时辅助约访的形式），问题由访问员读出，受访者回答，访问员记录答案
调查对象	彩电的现有用户。为了掌握用户的最新偏好，将调查对象限制为2018年1月1日以后购买过彩电的用户
调查地点与样本量	根据彩电品牌A的业务范围及经费支持，将调查地点选定为苏州、长沙、广州、昆明、武汉、成都6个城市，共计800个样本量
项目周期	2018年4月1日至30日，共30天
项目成员及职责	• 项目经理：负责整个项目的统盘，包括沟通业务需求、撰写研究方案、控制项目进度与质量，以及对团队成员的协调与管理 • 督导员：向项目经理汇报工作进展，负责访问员的招聘，对访问员及其访问质量直接负责 • 访问员：负责实际访问，及时向督导员报告进度、反馈问题，接受督导员和项目经理的监督 • 数据处理人员：负责调查问卷审核、数据录入、数据检查，对各地调查数据质量进行评价 • 数据分析人员：负责对调查和处理好的数据按照研究方案进行分析 • 报告撰写与宣讲人员：负责撰写分析报告并向公司相关领导进行宣讲
项目质量与进度控制	• 质量控制：安排跟访，要求回传受访者购买彩电的发票照片，电话复核调研的真实性 • 进度控制：每3天汇报一次执行进度和数据录入进度，从调研执行的第2天起回传录入数据

5.3.2 数据录入

通过调研，回收735份有效调查问卷。首先录入Excel中，录入结构如图5-3所示。从该图可以看出，在录入的数据中每行表示一个个案（即一份调查问卷数据），每列表示一个调查问题。

	A	B	C	D	E	F	G	H	I	J	K	L	M	N	O	P	Q	R	S	T	U	V	W	X	Y	Z
1	问卷编号	S1甄别问题	Q1购买原因	Q2决策时间	Q3了解程度	Q4信息渠道	Q5关注信息	Q6刻录功能考虑程度	Q7耗电量考虑程度	Q8上网功能考虑程度	Q9他人推荐考虑程度	Q10促销活动考虑程度	Q11感兴趣的促销活动	Q12品牌	Q13价格	Q14外观	Q15规格	Q16颜色	Q17安装方式	Q18摆放位置	A1性别	A2年龄	A3学历	A4家庭收入	A5住房面积	A6家庭成员
2	1	1	3	3	2	1	5	6	6	5	5	6	1.0	4	5	2	2	1	2	2	1	1	2	1	1	3
3	2	1	2	1	2	2	6	5	6	4	6	6	1.0	1	5	2	3	1	1	1	1	1	1	3	1	5
4	3	1	2	2	2	1	3	5	7	6	7	6	1.0	3	5	1	3	1	1	1	2	2	2	3	4	3
5	4	1	2	3	2	1	5	5	6	4	6	6	1.0	1	5	2	3	1	1	1	1	1	3	4	3	1

图5-3 彩电用户偏好调研数据录入结构

另外，还要在Excel中建立编码表（见图5-4）。这是因为调查问卷的题目选项是文字，而文字不易进行数学运算，要编码为数值，于是就要有文字与数值的对应表，这个表就是编码表。

	A	B	C	D	E	F	G	H	I	J
1	编码	S1	Q1	Q2	Q3	Q4	Q5	Q11	Q12	Q13
2	1	是	结婚嫁妆	1个月内	不了解	线上渠道	型号	打折/降价	品牌A	<5000元
3	2	否	新房入住	2个月内	了解一点	线下渠道	分辨率	送优惠券	品牌B	5000~6000元
4	3		适应新潮流	6个月内	比较了解		对比度	赠品	品牌C	6000~7000元
5	4		更新换代	1年以内			价格	促销员推销	品牌D	7000~8000元
6	5		亲朋推荐	1年以上			外观	不满意的退货承诺	品牌E	>8000元
7	6		看奥运				颜色	抽奖		
8	7		送人				别人推荐			
9	8		其他				性能			
10	9						品牌			
11	10						其他			

图5-4 彩电现有用户偏好调研数据编码表（部分）

从图5-4可以看出，编码表中缺少Q6~Q10题，查看调查问卷发现，这5道题的选项都为1~7的数值。既然是数值，则不需要编码，因此编码表中没有这些题目。

5.4 调研数据处理

5.4.1 数据清洗

能不能对录入的调研数据直接进行分析呢？不能，因为录入的数据往往杂乱无章，还需要进行处理。这就像你把土豆买回家，不能直接下锅，而是要先洗净、削皮。数据处理就相当于把土豆洗净、削皮，具体可细化为4项任务：数据集成、数据转换、数据消减和数据清洗。

- 数据集成是将来自多个数据源的数据合并到一起。
- 数据转换是对数据进行标准化处理。

- 数据消减是通过因子分析，将数据聚合和降维，以缩小数据的规模。
- 数据清洗要完成4项工作：数据筛选、数据查重、数据补缺和数据纠错。

数据集成属于数据架构范畴，本书没有涉及；数据转换和数据消减将在第6章中结合STP分析案例来学习。这里针对本案例，我们只学习如何进行数据清洗。

1. 数据筛选

为什么要做数据筛选？因为在调查问卷中有甄别问题，未通过甄别的个案要被筛选出去。

在该案例中哪些个案要被筛选出去？

S1题选“2”的个案，因为这些个案不符合对受访者的要求（在调查问卷中对应S1题的B选项，标注为【终止访问】）。换句话说，筛选后留下的数据应该是S1题选“1”的个案。

如何在Excel中进行数据筛选？

选择“数据”→“筛选”，将S1题等于“1”的所有个案筛选出来，粘贴到一个新的工作表中，将该工作表命名为“数据清洗”，经过筛选，通过甄别的个案共有712个。后续数据处理和分析将在这些个案的基础上完成。

2. 数据查重

数据查重查什么？查问卷编号。因为问卷编号就像身份证号一样具有唯一性，不同的问卷编号不能重复。所以，若查到问卷编号有重复，则需要查看相应的调查问卷进行核对。

在Excel中如何对问卷编号进行查重？

使用条件格式。具体操作步骤如下。

第一步：选中“数据清洗”表中“问卷编号”所在的列（见图5-5）。

	A	B	C	D	E	F
1	问卷编号	S1甄别问题	Q1购买原因	Q2决策时间	Q3了解程度	Q4信息渠道
2	1	1	3	3	2	1
3	2	1	2	1	2	2
4	3	1	2	2	2	1
5	4	1	2	3	2	1
6	5	1	3	1	1	2
7	7	1	3	1	2	2

原始数据 编码表 数据清洗

图5-5 选择“问卷编号”所在的列

第二步：依次选择“开始”→“条件格式”→“突出显示单元格规则”→“重复值”，于是重复的问卷编号就被标上了突出的颜色（见图5-6）。

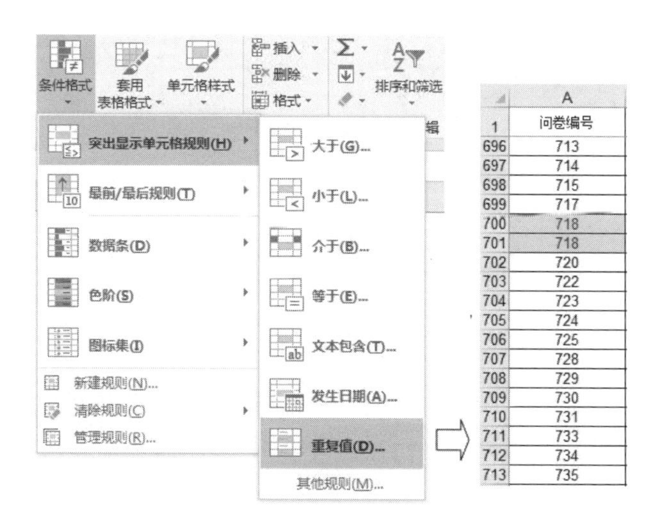

图 5-6　问卷编号查重

经过查看调查问卷进行核对，发现第 701 行编号为“718”的调查问卷实际的问卷编号为“719”，修改后原来突出的颜色消失，表明不再存在重复的问卷编号。

3. 数据补缺

什么是数据补缺？数据补缺就是补上那些缺失值（即该回答却没有回答的数据信息）。

第一步：查找缺失值

要补上缺失值，首先要找到缺失值。

选中“数据清洗”表中所有的数值，按 F5 键，在“定位”对话框中单击“定位条件”按钮，打开“定位条件”对话框，选择“空值”，单击“确定”按钮，则所有缺失值都被选中，如图 5-7 所示。从该图可以看出，问卷编号为“22”的个案的 Q4 题为缺失值，问卷编号为“226”和“234”的个案的 Q7 题为缺失值。

第二步：处理缺失值

找到缺失值后，接下来就要对缺失值进行处理。

处理缺失值常用 4 种方法：

- 通过查看调查问卷与电话回访来填充缺失数据。
- 将有缺失值的个案删除，该方法会导致样本量减少，以及样本结构发生变化。
- 保留有缺失值的个案，仅在相应的分析中进行必要的排除。
- 用某统计值来替代缺失值，该方法适合于数值型数据，最常用于替代缺失值的是平均值。

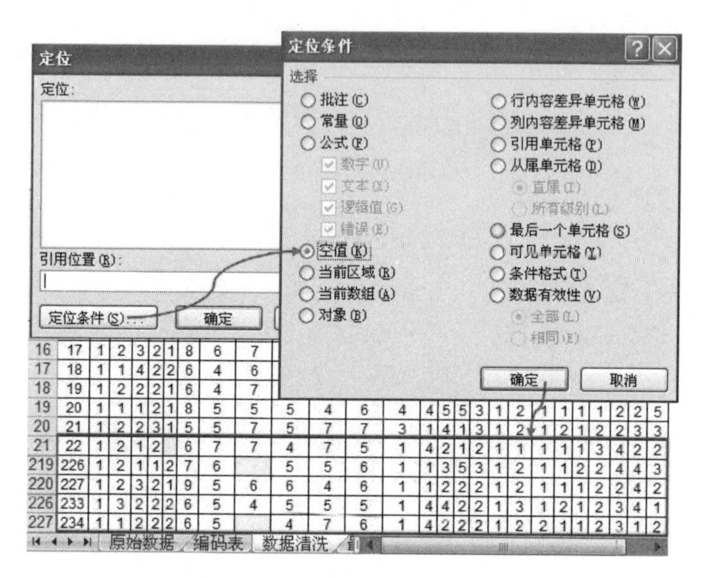

图5-7　查找缺失值

通过查看调查问卷，发现问卷编号为“22”的个案Q4题是录入人员漏录了，调查问卷上的选择是“B”，所以在F21单元格补上缺失值“2”；问卷编号为“226”和“234”的个案Q7题是缺失值，Q7题为数值型数据，可用平均值替代缺失值。选中Q7题所在列，在自定义状态栏中显示该列平均值为6（见图5-8），所以在I219和I227单元格补上缺失值“6”。

	A	B	C	D	E	F	G	H	I	J	K	L	M	N	O	P	Q	R	S	T	U	V	W	X	Y	Z
1	问卷编号	S1甄别问题	Q1购买原因	Q2决策时间	Q3了解程度	Q4信息渠道	Q5关注信息	Q6刻录功能考虑程度	Q7耗电量考虑程度	Q8上网功能考虑程度	Q9他人推荐考虑程度	Q10促销活动考虑程度	Q11感兴趣的促销活动	Q12品牌	Q13价格	Q14外观	Q15规格	Q16颜色	Q17安装方式	Q18摆放位置	A1性别	A2年龄	A3学历	A4家庭收入	A5住房面积	A6家庭成员
21	22	1	2	1	2	2	6	7	7	4	7	5	1	4	2	1	2	1	1	1	1	1	3	4	2	2
219	226	1	2	1	1	2	7	6		5	5	6	1	1	3	5	3	1	2	1	1	2	2	4	4	3
220	227	1	2	3	2	1	9	5	6	6	4	6	1	1	2	2	2	1	2	1	1	1	2	2	4	2
226	233	1	3	2	2	2	6	5	4	5	5	5	1	4	4	2	2	1	3	1	2	1	2	3	4	1
227	234	1	1	2	2	2	6	5		4	7	6	1	4	2	2	2	1	2	2	1	1	2	3	1	2
228	235	1	2	2	1	1	10	3	7	2	4	4	1	2	4	2	3	1	2	1	1	2	2	4	4	4

原始数据　编码表　数据清洗

就绪　平均值: 6　计数: 509　求和: 2,856　100%

图5-8　处理缺失值

4. 数据纠错

数据错误有两种：非逻辑错误和逻辑错误。

非逻辑错误是由于调研中人为原因造成的错误，该错误无法通过调查问卷的逻辑关系来判断。比如受访者喜欢“蓝色”，但着急走，选了“红色”就匆忙离开了；再比如“男性”编码为“1”，但录入人员打个瞌睡，录了“2”。这类错误虽然不违背逻辑，但却与受访者的真实想法相背离，需要通过加强调研各环节的质量控制来制约。

逻辑错误是可以通过调查问卷的逻辑关系来判断的错误。比如“性别”编码只有“1”和“2”（“1”表示男性，“2”表示女性），如果录入“3”，肯定错了，这种取值范围的错误就属于逻辑错误。

这里只介绍如何检查逻辑错误。检查逻辑错误主要有数据筛选和数据有效性设置两种方法。

使用数据筛选纠错的思路和操作很简单，即按照“数据”→“筛选”的路径，对每个问题逐一进行检查，找到不在取值范围内的数值，然后核查原始调查问卷，进行修正。

数据筛选是事后纠错，要把每个问题都检查一遍很费时间。那么有什么方法能在录入数据前就设置好问题的录入框，超过取值范围的数值就录入不进去呢？

该方法就是设置数据有效性。如何设置？以本例中的Q1题（从调查问卷可知，其取值范围为[1,8]）为例。

第一步：打开一个新工作表，假设要在该工作表的A列录入Q1题，则在A1单元格中输入“Q1题”，然后选中A列。

第二步：选择“数据”→“数据有效性”，在弹出的“数据有效性”对话框中按图5-9所示进行设置，然后单击“确定”按钮。

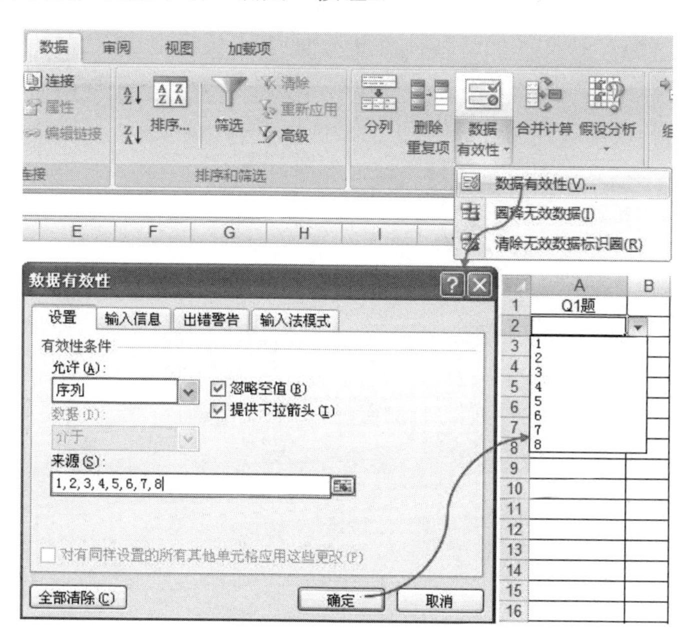

图5-9　数据有效性设置

于是，Q1题被设置为只能选择或输入“1”或“2”的状态。如果取值不在[1,8]范围内，比如在A2单元格中输入“9”，就会弹出“输入值非法”对话框，需要单击“重试”按钮，重新输入[1,8]范围内的数值，方能通过校验（见图5-10）。

图5-10　数据有效性校验

这样就实现了取值范围的事前防范，降低了出错概率，从而减少了事后纠错的工作量。

经过数据清洗，数据变得完整、准确，将其复制到新工作表中，命名为“最终数据”。

5.4.2　数据读取

由于SPSS可批量处理数据，比Excel更便捷，因此把“最终数据”读取到SPSS中以备后续处理分析。

打开本书配套资源中名为“第5章用户偏好分析”的文件夹，找到名为“数据清洗与最终数据”的Excel文件，将其拖曳到桌面SPSS快捷方式上，松手后弹出“打开Excel数据源”对话框，在“工作表”下拉列表框中选择“最终数据”，单击“确定”按钮，于是数据就被读取到SPSS中（见图5-11）。单击按钮，即可保存数据。

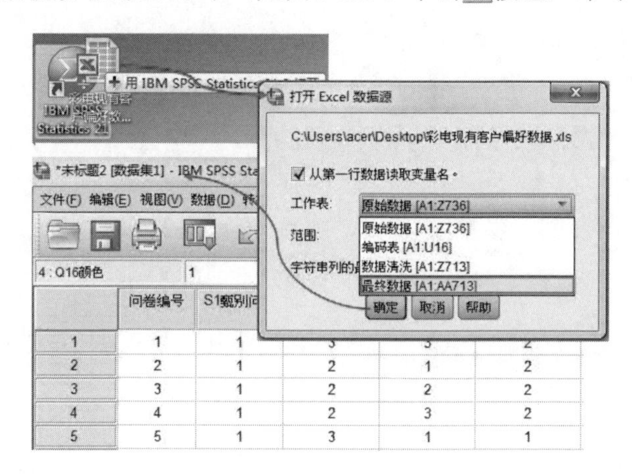

图5-11　将数据读取到SPSS中

将数据读取到SPSS中后，还要设置变量的值标签。因为值标签可以将选项与编码对应上，在输出结果中呈现选项名称，使结果显示更明朗（见图5-12）。

Q1购买原因_无值标签

		频率	百分比	有效百分比	累积百分比
有效	1	79	11.1	11.1	11.1
	2	219	30.8	30.8	41.9
	3	248	34.8	34.8	76.7
	4	110	15.4	15.4	92.1
	5	35	4.9	4.9	97.1
	6	16	2.2	2.2	99.3
	7	1	.1	.1	99.4
	8	4	.6	.6	100.0
	合计	712	100.0	100.0	

Q1购买原因_有值标签

		频率	百分比	有效百分比	累积百分比
有效	结婚嫁妆	79	11.1	11.1	11.1
	新房入住	219	30.8	30.8	41.9
	适应新潮流	240	34.8	34.8	76.7
	更新换代	110	15.4	15.4	92.1
	亲朋推荐	35	4.9	4.9	97.1
	看奥运	16	2.2	2.2	99.3
	送人	1	.1	.1	99.4
	其他	4	.6	.6	100.0
	合计	712	100.0	100.0	

图5-12　设置值标签前后对比

那么如何设置值标签？以Q1题为例：选择“变量视图”，在Q1题的“值”区域单击鼠标，于是出现[...]按钮（图5-13）。

5.2偏好分析数据.sav [数据集1] - IBM SPSS Statistics 数据编辑器

文件(F) 编辑(E) 视图(V) 数据(D) 转换(T) 分析(A) 直销(M) 图形(G) 实用程序(U) 窗口(W) 帮助

	名称	类型	宽度	小数	标签	值	缺失	列	对齐	度量标准	角色
1	问卷编号	数值(N)	11	0		无	无	7	居中	度量(S)	输入
2	S1甄别问题	数值(N)	11	0		无	无	8	居中	名义(N)	输入
3	Q1购买原因	数值(N)	11	0		无 ...	无	9	居中	名义(N)	输入
4	Q2决策时间	数值(N)	11	0		无	无	9	居中	名义(N)	输入

数据视图　变量视图

图5-13　选择值标签所在区域

单击[...]按钮，出现“值标签”对话框，将数值“1”和“结婚嫁妆”分别写入“值”和“标签”框中，单击“添加”按钮（见图5-14）。依此类推，完成所有值的标签设置，单击“确定”按钮。

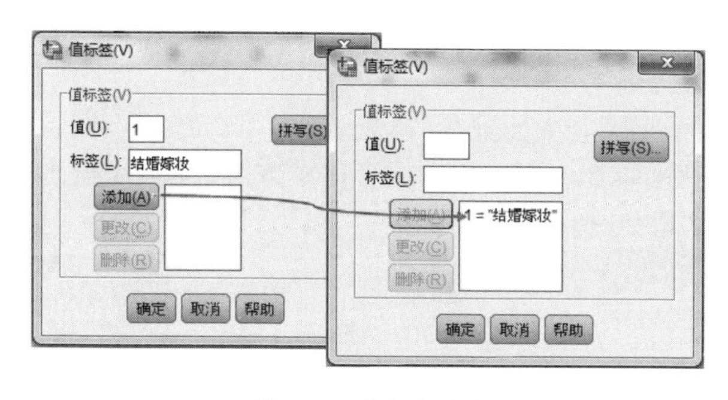

图5-14　值标签设置

5.5 数据分析架构

准备和处理好数据后，接下来就要进行分析了。那么，如何分析用户偏好呢？

5.5.1 分析目录

首先确定用户偏好分析的目录，其包括以下三个方面。

1. 用户整体偏好分析

对于调查问卷中的Q6~Q10题，如何判断用户整体偏好？例如，假设对他人推荐（Q9题）考虑程度，A和B分别打7分和5分，则A和B对他人推荐的平均考虑程度怎么计算？采用均值分析：(7+5)/2=6分。同理，还可以求出A和B对促销活动（Q10题）的平均考虑程度。比如，计算出均值为5分，则表明A和B更看重他人推荐。这说明通过均值分析可以反映用户偏好。

对于调查问卷中的其他题目，如何判断用户整体偏好？以规格选择（Q15题）为例，有107人（即15%的用户）选择32英寸以下，有331人（即47%的用户）选择33~39英寸。这是做频数统计，计算出Q15题各选项的人数占比，因为47%>15%，所以用户更偏好33~39英寸的彩电。这说明频数统计可以反映用户偏好。

2. 各类用户偏好分析

只分析用户整体偏好还不够，要做精准营销，还要知道什么样的人喜欢什么样的彩电，于是就要将用户偏好和用户基本特征做交叉分析或比较均值。

什么是用户基本特征？用户基本特征（又叫用户背景信息）就是用户的性别、年龄、学历、收入、住房面积、家庭成员构成、职业等个人信息。因此，在调查问卷中设置了A1~A6题。

那么，能否直接通过交叉分析或比较均值对比不同用户的偏好差异呢？不能！首先需要做方差分析，检验不同用户之间是否存在显著的偏好差异；因为只有存在差异，才需要做差异对比。

3. 用户基本特征描述

此外，还要对用户基本特征进行描述，因为用户特征不同，分析结论往往也不同，对用户基本特征的描述，可以提醒业务需求方对分析结论的应用场合：只有当你的用户具有这些基本特征时，方可使用该分析结论。

5.5.2 分析体系

按此思路，彩电用户偏好分析体系如表5-2所示。在该表中，不仅包括分析目录，还包括调查问卷题目和分析方法，全面回答用户偏好分析的三个核心问题：要分析什么内容（即分析目录）、使用哪些数据（即调查问卷题目）、运用哪些方法（即分析方法）。

表 5-2　彩电用户偏好分析体系

一级目录	二级目录	三级目录（内容页）	调查问卷题目	分析方法
用户整体偏好分析	产生需求阶段	购买原因	Q1	频数统计
		决策时间	Q2	
		对彩电的了解程度	Q3	
	信息收集阶段	信息收集渠道	Q4	
		关注的主要信息	Q5	
	方案比选阶段	对 5 项指标的考虑程度	Q6~Q10	均值分析
		最具吸引力的促销活动	Q11	频数统计
	购买决策阶段	购买的品牌	Q12	
		购买的价格	Q13	
		购买的外观	Q14	
		购买的规格	Q15	
		购买的颜色	Q16	
	购后行为阶段	彩电安装方式	Q17	
		彩电摆放位置	Q18	
各类用户偏好分析	不同性别	偏好差异显著性检验	A1 与 Q1~Q18	方差分析
		偏好差异对比	通过方差检验的题目	交叉分析或比较均值
	不同年龄	偏好差异显著性检验	A2 与 Q1~Q18	方差分析
		偏好差异对比	通过方差检验的题目	交叉分析或比较均值
	不同学历	偏好差异显著性检验	A3 与 Q1~Q18	方差分析
		偏好差异对比	通过方差检验的题目	交叉分析或比较均值
	不同收入	偏好差异显著性检验	A4 与 Q1~Q18	方差分析
		偏好差异对比	通过方差检验的题目	交叉分析或比较均值
	不同住房面积	偏好差异显著性检验	A5 题与 Q1~Q18	方差分析
		偏好差异对比	通过方差检验的题目	交叉分析或比较均值
	不同家庭结构	偏好差异显著性检验	A6 题与 Q1~Q18	方差分析
		偏好差异对比	通过方差检验的题目	交叉分析或比较均值
用户基本特征描述			A1~A6	频数统计

5.6 数据分析方法

在表5-2中列举了用户偏好分析的5种方法，这里介绍这些方法在SPSS中的具体操作。

5.6.1 频数统计

分析对象	调查问卷中的Q1~Q5题、Q11~Q18题、A1~A6题（见彩电用户偏好调查问卷）。
选择菜单	分析→描述统计→频率。
设置变量	将Q1~Q5题、Q11~Q18题、A1~A6题放入“变量”框中（见图5-15）。

图5-15 频数统计操作

输出结果：从图5-15可以看出，SPSS的“频率”模块可以对多个题目批量统计频数，输出结果也批量生成。限于篇幅，这里只展示Q15题和A1题（见表5-3和表5-4）。

表5-3 频数统计分析结果（Q15规格）

		频率	百分比	有效百分比	累积百分比
有效	32英寸以下	107	15.0	15.0	15.0
	33~39英寸	331	46.5	46.5	61.5
	40英寸以上	274	38.5	38.5	100.0
	合计	712	100.0	100.0	

表 5-4　频数统计分析结果（A1 性别）

		频率	百分比	有效百分比	累积百分比
有效	男	283	39.7	39.7	39.7
	女	429	60.3	60.3	100.0
	合计	712	100.0	100.0	

5.6.2　均值分析

分析对象	调查问卷中的 Q6~Q10 题（见彩电用户偏好调查问卷）。
选择菜单	分析→描述统计→描述。
设置变量	在“描述性”对话框中，将 Q6~Q10 题放入“变量”框中（见图 5-16）。
设置选项	单击“选项”按钮，在“描述：选项”对话框中只选择“均值”，单击“继续”按钮，返回到“描述性”对话框中，单击“确定”按钮（见图 5-16）。

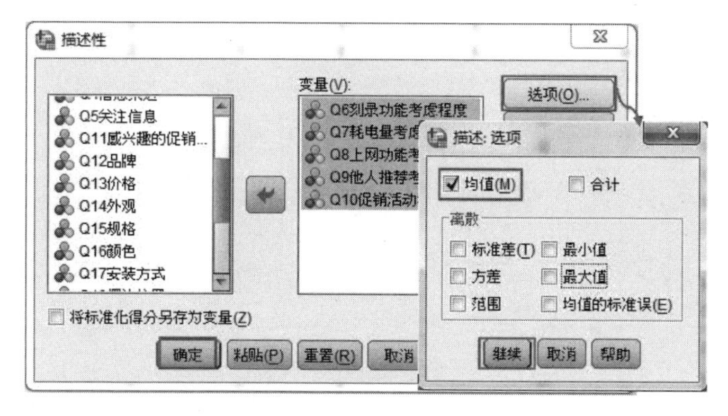

图 5-16　均值分析操作

输出结果：从图 5-16 可以看出，SPSS 的“描述性”模块可以对多个题目批量计算均值，输出结果也批量生成，具体的输出结果如表 5-5 所示。

表 5-5　均值分析结果（描述统计量）

	N	均值
Q6 刻录功能考虑程度	712	4.55
Q7 耗电量考虑程度	712	5.62
Q8 上网功能考虑程度	712	4.66
Q9 他人推荐考虑程度	712	5.27
Q10 促销活动考虑程度	712	5.51
有效的 *N*（列表状态）	712	

5.6.3 方差分析

分析对象	分别对调查问卷背景部分的用户特征数据（即A1~A6题）与主体部分的数据（即Q1~Q18题）做方差分析。由于共有6道反映用户特征的题目，所以共做6次方差分析。这里以A1题为例，进行菜单选择和变量设置，A2~A6题对应的方差分析同理操作。
选择菜单	分析→比较均值→单因素ANOVA。
设置变量	在“因变量列表”框中放入Q1~Q18题；在“因子”框中放入A1题，单击“确定”按钮（见图5-17）。

图5-17 方差分析操作

输出结果：如表5-6所示。从该表可见，Q1题、Q2题、Q3题、Q9题和Q15题的显著性小于0.05，表明不同性别的用户在购买原因、决策时间、了解程度、他人推荐考虑程度及规格上存在显著性差异。

表5-6 单因素方差分析结果

		平方和	*Df*	均方	*F*	显著性
Q1购买原因	组间	11.191	1	11.191	7.853	0.005
	组内	1011.863	710	1.425		
	总数	1023.055	711			

续表

		平方和	*Df*	均方	*F*	显著性
Q2 决策时间	组间	6.306	1	6.306	5.295	0.022
	组内	845.581	710	1.191		
	总数	851.888	711			
Q3 了解程度	组间	3.569	1	3.569	10.030	0.002
	组内	252.633	710	0.356		
	总数	256.202	711			
Q4 信息渠道	组间	0.000	1	0.000	0.001	0.981
	组内	177.380	710	0.250		
	总数	177.381	711			
Q5 关注信息	组间	3.604	1	3.604	0.762	0.383
	组内	3359.087	710	4.731		
	总数	3362.691	711			
Q6 刻录功能考虑程度	组间	0.685	1	0.685	0.333	0.564
	组内	1459.495	710	2.056		
	总数	1460.180	711			
Q7 耗电量考虑程度	组间	2.181	1	2.181	1.366	0.243
	组内	1133.671	710	1.597		
	总数	1135.853	711			
Q8 上网功能考虑程度	组间	6.705	1	6.705	3.109	0.078
	组内	1531.043	710	2.156		
	总数	1537.747	711			
Q9 他人推荐考虑程度	组间	15.683	1	15.683	8.506	0.004
	组内	1309.001	710	1.844		
	总数	1324.684	711			
Q10 促销活动考虑程度	组间	0.005	1	0.005	0.003	0.954
	组内	1083.881	710	1.527		
	总数	1083.886	711			
Q11 感兴趣的促销活动	组间	0.422	1	0.422	0.459	0.498
	组内	643.595	701	0.918		
	总数	644.017	702			
Q12 品牌	组间	2.812	1	2.812	2.250	0.134
	组内	887.187	710	1.250		
	总数	889.999	711			

续表

		平方和	*Df*	均方	*F*	显著性
Q13 价格	组间	4.177	1	4.177	1.643	0.200
	组内	1805.570	710	2.543		
	总数	1809.747	711			
Q14 外观	组间	1.629	1	1.629	0.997	0.318
	组内	1160.134	710	1.634		
	总数	1161.763	711			
Q15 规格	组间	2.494	1	2.494	5.218	0.023
	组内	339.336	710	0.478		
	总数	341.830	711			
Q16 颜色	组间	0.016	1	0.016	0.065	0.799
	组内	175.219	710	0.247		
	总数	175.235	711			
Q17 安装方式	组间	0.637	1	0.637	2.194	0.139
	组内	206.127	710	0.290		
	总数	206.764	711			
Q18 摆放位置	组间	0.238	1	0.238	0.531	0.466
	组内	318.750	710	0.449		
	总数	318.989	711			

根据方差分析的检验结果，可以总结出各类用户在购买和使用彩电产品时，在以下方面存在显著性差异（见表5-7），因此各类用户偏好差异的对比就要围绕这些方面展开分析。

表5-7　各类用户存在显著性偏好差异的方面

用户基本特征	存在显著性偏好差异的方面（对应调查问卷中的相应问题）
A1 性别	Q1 购买原因、Q2 决策时间、Q3 了解程度、Q9 他人推荐考虑程度、Q15 规格
A2 年龄	Q1 购买原因、Q4 信息渠道、Q12 品牌
A3 学历	Q1 购买原因、Q3 了解程度、Q4 信息渠道、Q7~Q9 耗电量/上网功能/他人推荐考虑程度、Q14 外观
A4 家庭收入	Q6~Q7 刻录功能/耗电量考虑程度、Q12 品牌
A5 住房面积	Q13 价格、Q15 规格、Q18 摆放位置
A6 家庭成员	Q1 购买原因、Q2 决策时间、Q6~Q10 刻录功能/耗电量/上网功能/他人推荐/促销活动考虑程度

5.6.4　比较均值

分析对象	通过方差分析检验（见表5-7），并且反映用户偏好的题目为数值型数据（Q6~Q10题）。由这两个条件可知，具体分析的题目为：A1与Q9、A3与Q7~Q9、A4与Q6和Q7、A6与Q6~Q10。这里以A1题与Q9题为例，其他题目同理操作。
选择菜单	分析→比较均值→均值。
设置变量	自变量列表：放入A1题；因变量列表：放入Q9题。 （说明：之所以这样设置变量，是因为这里要研究的是“性别”不同的用户对“他人推荐考虑程度”的影响，因此“性别”是因，即自变量，“他人推荐考虑程度”是果，即因变量。）
设置选项	单击“选项”按钮，在“均值：选项”对话框中，将“单元格统计量”框中默认的“个案数”和“标准差”放回到左侧的“统计量”列表中，只保留“均值”。单击“继续”按钮，返回到“均值”对话框中，单击“确定”按钮（见图5-18）。

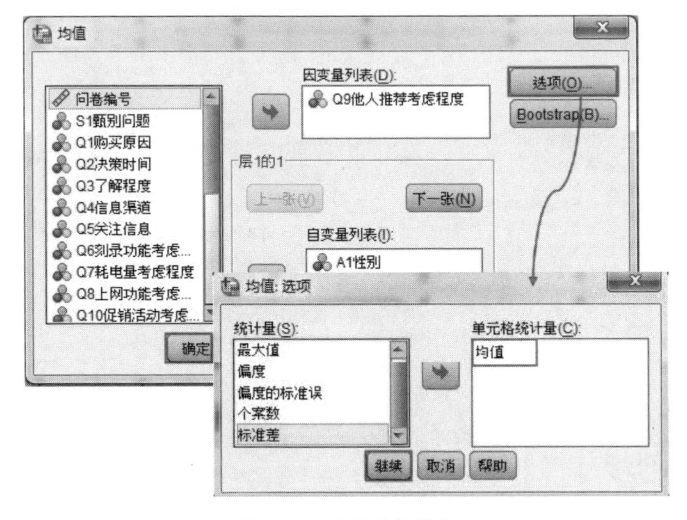

图 5-18　比较均值操作

输出结果：如表5-8所示。

表5-8　比较均值分析结果

A1 性别	Q9 他人推荐考虑程度
男	5.09
女	5.39
总计	5.27

5.6.5 交叉分析

分析对象	通过方差分析检验（见表5-7），并且反映用户偏好的题目为分类型数据（Q1~Q5、Q11~Q18）。由这两个条件可知，具体分析的题目为：A1与Q1~Q3、A1与Q15、A2与Q1、A2与Q4、A2与Q12、A3与Q1、A3与Q3、A3与Q4、A3与Q14、A4与Q12、A5与Q13、A5与Q15、A5与Q18、A6与Q1、A6与Q2。这里以A1题与Q15题为例，其他题目同理操作。
选择菜单	分析→描述统计→交叉表。
设置变量	行：放入A1题；列：放入Q15题（见图5-19）。
设置选项	单击“单元格”按钮，在弹出的“交叉表：单元显示”对话框中取消选择默认项“观察值”，选择“百分比”中的“行”（因为将“A1性别”放在“行”中，所以设置为行百分比，即分别以男、女的总人数为基数计算百分比，男、女总人数百分比均为1，具有可比性），单击“继续”按钮，返回到“交叉表”对话框中，单击“确定”按钮（见图5-19）。

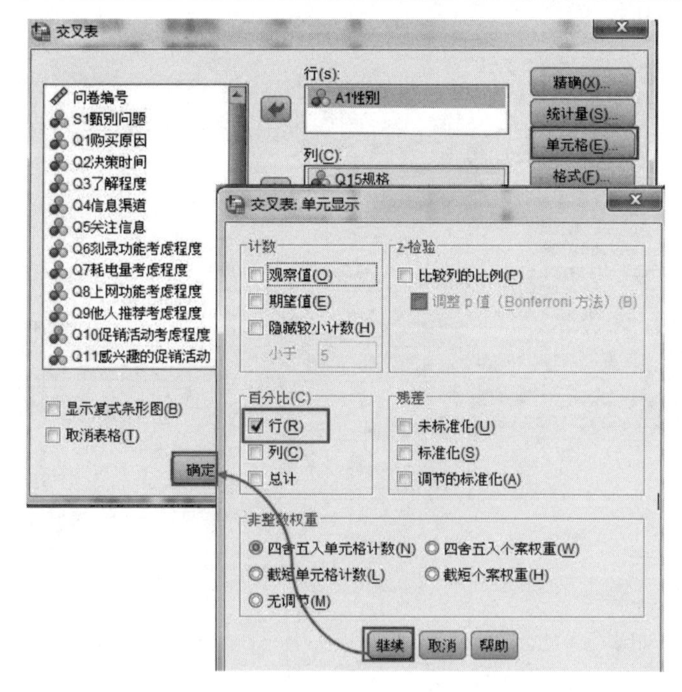

图5−19　交叉分析操作

输出结果：如表5-9所示。

表5-9　A1性别和Q15规格交叉分析结果

		Q15规格			合计
		32英寸以下	33~39英寸	40英寸以上	
A1性别	男	11.3%	46.6%	42.0%	100.0%
	女	17.5%	46.4%	36.1%	100.0%
合计		15.0%	46.5%	38.5%	100.0%

5.7　分析结果解读

前面直接给出了SPSS中的输出结果，接下来对这些输出结果进行解读。

限于篇幅，这里仅以A1题、Q6~Q10题、Q15题为例，其余题目请大家同理分析和解读。

解读思路是按表5-2所示的彩电用户偏好分析体系，将SPSS中的输出结果（见表5-3至表5-6、表5-8、表5-9）转化为更易理解的图表，并配有结论性文字说明。

5.7.1　用户整体偏好分析

在方案比选阶段，用户会重点考虑彩电的耗电量、促销活动和他人推荐（见图5-20，该图的数据见表5-5）。

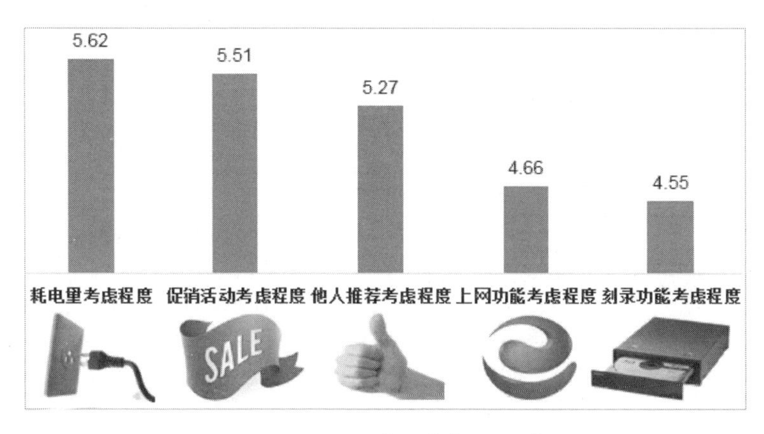

图5-20　彩电用户的关键购买因素

在购买决策阶段，用户购买的彩电规格大多集中在33~39英寸之间（见图5-21，该图的数据见表5-3）。

图 5-21　彩电用户的购买规格

5.7.2　各类用户偏好检验

从表5-10（完整数据见表5-6）可以看出，不同性别的用户在两个方面的偏好上存在显著性差异：对他人推荐的考虑程度、购买彩电的规格。

表5-10　单因素方差分析结果

		平方和	*Df*	均方	*F*	显著性
Q6 刻录功能考虑程度	组间	0.685	1	0.685	0.333	0.564
	组内	1459.495	710	2.056		
	总数	1460.180	711			
Q7 耗电量考虑程度	组间	2.181	1	2.181	1.366	0.243
	组内	1133.671	710	1.597		
	总数	1135.853	711			
Q8 上网功能考虑程度	组间	6.705	1	6.705	3.109	0.078
	组内	1531.043	710	2.156		
	总数	1537.747	711			
Q9 他人推荐考虑程度	组间	15.683	1	15.683	8.506	0.004
	组内	1309.001	710	1.844		
	总数	1324.684	711			
Q10 促销活动考虑程度	组间	0.005	1	0.005	0.003	0.954
	组内	1083.881	710	1.527		
	总数	1083.886	711			
Q15 规格	组间	2.494	1	2.494	5.218	0.023
	组内	339.336	710	0.478		
	总数	341.830	711			

5.7.3　各类用户偏好对比

通过比较均值分析可知，在购买彩电时，女性比男性更看重他人的推荐。换句话说，女性比男性更容易受到他人意见的影响（见图5-22，该图的数据见表5-8）。

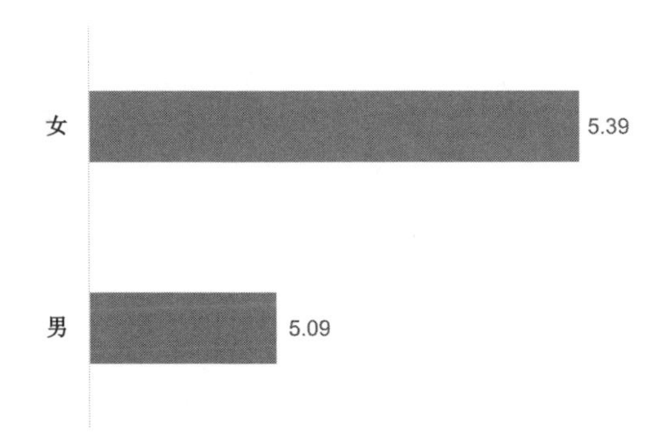

图5-22　不同性别的用户对他人推荐的考虑程度

通过交叉分析可知，在购买彩电时，男性、女性都倾向于选择33~39英寸的规格，但是相对于女性而言，男性更倾向于选择大尺寸的彩电（见图5-23，该图的数据见表5-9）。

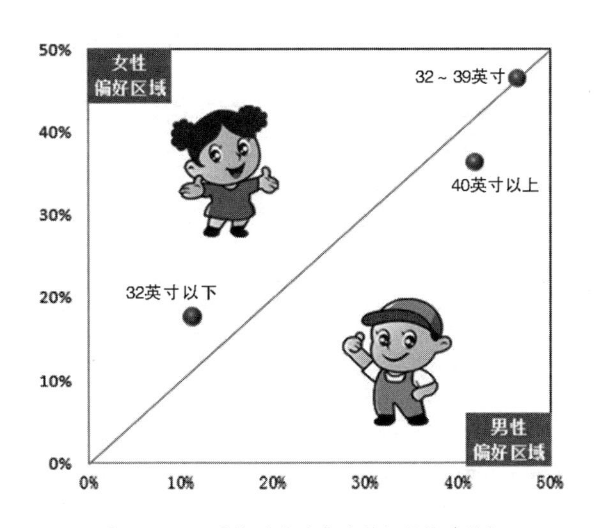

图5-23　不同性别的用户对彩电规格的偏好

5.7.4　用户基本特征描述

从图5-24（该图的数据见表5-4）可以看出，在受访的彩电用户中女性居多，占总受访人数的60.3%。

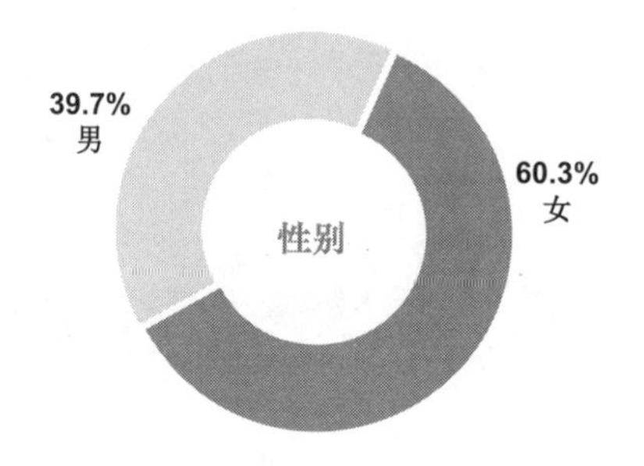

图5-24　彩电用户的性别分布

5.8　本章结构图

本章结构图如图5-25所示。

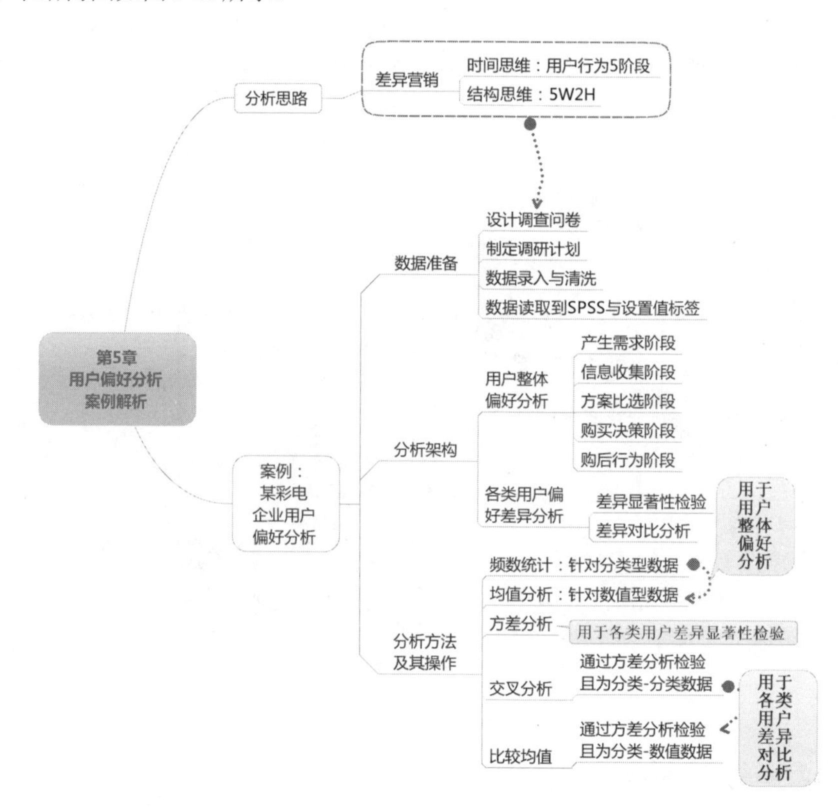

图5-25　第5章结构图

第6章

STP分析案例解析——甲保险公司客户分类分析[1]

甲保险公司的主要经营业务是车险。近年来车险市场竞争日趋激烈，为了在激烈的竞争中取胜，甲保险公司确定以精准营销为发展战略，计划针对车险目标客户的需求开展定制服务。为此，需要进行车险客户分类调研分析。

假设你是甲保险公司的数据分析师，负责该调研项目，你打算怎么做呢？

6.1 研究目的：精准营销

通过对第5章的学习，可知年龄、性别、收入、职业、教育程度、家庭结构、成长经历、社会角色、价值取向、生活方式等背景的不同会造成客户消费需求和行为上的偏好差异。而客户的偏好差异是企业开展客户分类的根源。换句话说，由于个体存在偏好差异，大家很难同时喜欢一个产品，即使你将全部客户作为目标市场，也只会有一部分客户购买你的产品。如果不做客户分类，不了解哪类客户是你的目标群体，则无异于拿大炮打蚊子，地毯式狂轰滥炸，代价很大，收益却不明显；反之，若深谙客户分类之道，你就能够开展精准营销，投入有限的资源，建立自己的相对优势，就像军事上所谈到的，"集中优势兵力，打击一点"。

甲保险公司正是基于这种考虑，通过对车险客户分类调研分析，开展精准营销，以期建立起自身的相对优势。

6.2 研究内容：客户分类维度

把一堆海洋球分类，你可以按颜色分，也可以按大小分，颜色和大小就是海洋球的分类维度；同样，把一群客户分类，你可以按性别分，也可以按习惯分，性别和习

1 本章数据资料见本书配套资源中名为"第6章STP分析"的文件夹。

惯就是客户的分类维度。

客户分类维度共有5种，具体如下：

- 自然属性因素——客户作为自然人的性别、年龄、地域等属性。
- 社会特征因素——客户作为社会人的收入、职业、教育程度等属性。
- 行为特征因素——客户在购买过程中对媒体、渠道、产品、服务、价格、品牌的选择，以及购买数量和购买频次等行为特征。
- 态度偏好因素——客户的心理需求、购买动机、使用习惯、使用体验与态度倾向等。
- 生活状态与个性因素——客户的生活方式、价值观与个性特点等。

其中，前三类属于事前分类维度；后两类属于事后分类维度（见图6-1）。

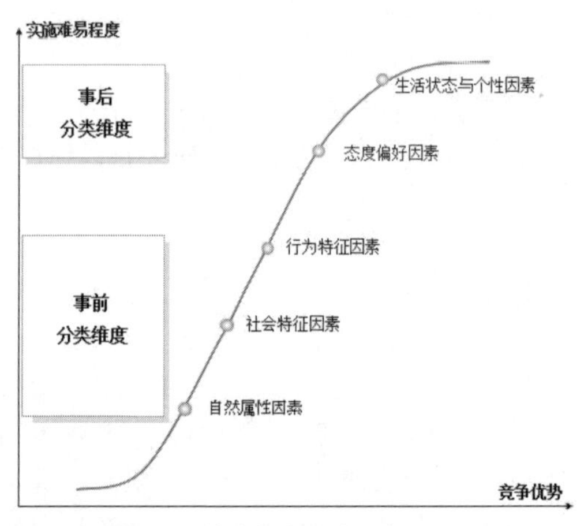

图6-1　客户分类维度及其层次性

6.2.1　事前分类维度

什么是事前分类维度？

自然属性、社会特征和行为特征这些维度是表露在外，还是隐藏在内？当接触客户时，你很容易看出客户的性别、谈吐和行为，所以，这些维度是表露在外的。在尚未开展客户分类项目前（即事前），企业可以从这些维度，凭经验对客户进行分类，因此叫作事前分类维度。利用事前分类维度进行客户分类，对企业而言起到验证性作用。

6.2.2　事后分类维度

什么是事后分类维度？

态度偏好、生活状态与个性因素这些维度是表露在外，还是隐藏在内？显然，客户的心理活动、生活方式不会挂在脸上，需要你去调研才能了解，所以，这些维度是隐藏在内的。在尚未开展客户分类项目前，企业很难从这些维度判断出客户的类别，常常要依赖于客户分类项目（即事后）来认知客户类别，因此叫作事后分类维度。利用事后分类维度进行客户分类，对企业而言起到探索性作用。

不同分类维度的难易程度和竞争优势不同。与事前分类维度相比，事后分类维度由于需要调研，实施难度更大，但是事后分类维度体现了客户内在本质的区别，分类效果更好。因此，常用事后分类维度做客户分类，以保证分类的深入性；利用事前分类维度做细分客户的描述和检验，以保证细分客户的可接触性和差异性（见图6-1）。

落实到具体项目上，你所选的分类维度要把客户的差异分出来，使各类客户类间的差异足够大，类内的差异足够小。这要使用方差分析来检验。而检验的基础是数据，在获得数据之前，你是不知道怎么选分类维度的，因此，研究内容要体现客户在所有分类维度上的表现，即研究内容就是5种分类维度。

6.3 数据获取与处理

6.3.1 调查问卷设计

对研究内容的进一步细化就是设计调查问卷。本案例中客户行为特征因素可按五阶段理论细化，同时结合保险业特点，确定调查问卷设计思路（见表6-1），设计出调查问卷。

表6-1 车险客户分类调查问卷设计思路

客户分类维度		调查问题设计（具体见调查问卷）
自然属性因素		A1性别、A2年龄、A3城市
社会特征因素		A4学历、A5家庭月收入、A6职业、A7汽车价格
行为特征因素	产生需求阶段	Q1产生需求到真正购买的决策时间
	信息收集阶段	Q2是否收集信息　Q3从什么渠道收集信息
	方案比选阶段	Q4投保渠道的选择
	购买决策阶段	Q5保险公司的选择　Q6保费金额
	购后行为阶段	Q7索赔经历
态度偏好因素		Q8~Q10：对一站式服务、网上投保、产品个性化等车险信息的偏好 Q11：选择车险公司的考虑因素　Q12：对所购买的车险的满意度
生活状态与个性因素		Q13：对反映生活状态与个性因素的9个语句的同意程度调查

车险客户分类调查问卷

问卷编号：□□□

您好！我们正在进行一项有关车险客户分类的调研，您的意见对于我们来说很重要，期待您的合作！

S1. 请问您在今年（即2018年1月1日以后）是否购买过车险？

A、是【继续访问】　　B、否【终止访问】

A1. 请问您的性别？【单选】

A、男　　B、女

A2. 请问您的年龄？【单选】

A、18~30岁　　B、31~40岁　　C、41~55岁　　D、56岁及以上

A3. 请问您所在的城市？【单选】

A、北京　　B、上海　　C、武汉　　D、沈阳

E、广州　　F、西安　　G、成都　　H、其他________【请注明】

A4. 请问您的学历？【单选】

A、高中及以下学历　　B、大学学历　　C、研究生及以上学历

A5. 请问您的家庭月收入？【单选】

A、<7000元　　B、7000~10000元　　C、10000~15000元

D、15000~20000元　　E、≥20000元

A6. 请问您的职业？【单选】

A、党政机关干部　　B、专业人员/技术人员　　C、经理/企业经营管理干部

D、商业/服务性企业职工　　E、工业/生产型企业职工　　F、私营业主/个体户/自由职业者

G、下岗/退休人员　　H、在校学生　　I、军人　　J、无工作

K、其他__________【请注明】

A7. 请问您家汽车的价格是多少？【单选】

A、10万元以下　　B、10~20万元　　C、20~30万元　　D、30万元以上

Q1. 从您产生购买意向开始到真正购买这家保险公司的车险，一共用了多长时间？【单选】

A、一周以内　　B、两周以内　　C、三周以内　　D、一个月以内

E、两个月以内　　F、其他_________【请注明】

Q2. 您在购买车险的决策过程中，是否会收集相关信息？【单选】

A、是　　B、否【跳答Q4题】

Q3. 您主要是从哪个渠道收集车险相关信息的？【单选】

A、网络　　B、亲朋推荐　　C、其他_________【请注明】

Q4. 您今年购买的车险选择的是哪种投保渠道？【单选】

A、保险公司门店　　B、车险代理机构　　C、电话购买

D、网络购买　　E、其他方式__________【请注明】

Q5. 请问您买的是哪家公司的车险？【单选】

A、甲保险公司　　B、乙保险公司　　C、丙保险公司　　D、丁保险公司

E、其他保险公司___________【请注明】

Q6. 您每年支付的车险保费金额为_______________元。【填空】

Q7. 请问您今年曾有几次车险索赔经历？【单选】

A、超过 2 次　　B、1~2 次　　C、无

Q8~Q10. 您在收集车险信息时，对下列因素的考虑程度如何？请您用 1~7 分进行打分（分值越高，表示越重视）。

Q8. 一站式服务	1	2	3	4	5	6	7
Q9. 网上投保	1	2	3	4	5	6	7
Q10. 产品个性化	1	2	3	4	5	6	7

Q11. 请问您选择车险公司主要考虑下列哪种因素？【单选】

A、服务态度好　　B、公司知名度高　　C、产品价格便宜　　D、服务网点多

E、亲朋推荐　　F、信任销售人员　　G、其他_________________【请注明】

Q12. 请问您对今年购买的车险是否满意？【单选】

A、满意　　B、还可以　　C、不满意

Q13. 您对下表中的描述同意程度如何？（用 1~7 分评价，1 分表示非常不同意，7 分表示非常同意。）

	同意程度						
01 对自己的生活很满意	1	2	3	4	5	6	7
02 为享受而产生的浪费是必要的	1	2	3	4	5	6	7
03 买房子前要先有车	1	2	3	4	5	6	7
04 不惜金钱和时间装修房子	1	2	3	4	5	6	7
05 买衣服都买便宜的	1	2	3	4	5	6	7
06 休息时经常进行户外活动	1	2	3	4	5	6	7
07 尝试生活充满变化	1	2	3	4	5	6	7
08 喜欢独自享受安静的生活	1	2	3	4	5	6	7
09 下班后尽快回家	1	2	3	4	5	6	7

6.3.2 调研计划

为了获取调查问卷数据，需要回答6个问题：调查方法、调查对象、调查地点与样本量、项目周期、项目成员及其职责、项目质量与进度控制。这些问题构成一份调研计划（见表6-2）。

表6-2 调研计划

调查方法	中心定点拦截访问（CLT）：在汽车4S店或大型商圈停车场拦截车主到指定地点（在实际操作上，可能采用拒访时辅助约访的形式），问题由访问员读出，受访者回答，访问员记录答案
调查对象	拥有汽车且为车险投保者。为了掌握客户的最新偏好，将调查对象限制为2018年1月1日以后的车险投保者
调查地点与样本量	根据甲保险公司的业务范围及经费支持，将调查地点选定为北京、上海、武汉、沈阳、广州、西安和成都7个城市，共计712个样本量
项目周期	成都、武汉、西安、沈阳：2018年8月1日至10日，共10天 北京、上海、广州：2018年8月11日至21日，共10天
项目成员及其职责	• 项目经理：负责整个项目的统盘，包括沟通业务需求、撰写研究方案、控制项目进度与质量，以及对团队成员的协调与管理 • 督导员：向项目经理汇报工作进展，负责访问员的招聘，对访问员及其访问质量直接负责 • 访问员：负责实际访问，及时向督导员报告进度、反馈问题，接受督导员和项目经理的监督 • 数据处理人员：负责问卷审核、数据录入、数据检查，对各地调查数据质量进行评价 • 数据分析人员：负责对调查和处理好的数据按照研究方案进行分析 • 报告撰写与宣讲人员：负责撰写分析报告并向公司相关领导进行宣讲
项目质量与进度控制	• 质量控制：安排跟访，要求回传受访者购买保险的发票照片，电话复核调研的真实性 • 进度控制：每3天汇报一次执行进度和数据录入进度，从调研执行的第2天起回传录入数据

6.3.3 数据处理

首先将调研数据录入Excel中，然后进行数据编码、数据清洗，接着读取到SPSS中，设置值标签（具体操作见第5章），于是得到SPSS数据（部分数据截图见图6-2，完整数据见本书配套资源中“第6章STP分析”文件夹中名为“保险公司客户分类数据”的.sav文件）。

	问卷编号	是否购买车险	性别	年龄	城市	学历	家庭月收入	职业	汽车价格	决策时间	是否收集信息	从什么渠道收集信息	投保渠道	保险公司的选择	保费金额	索赔经历	一站式服务考虑程度
1	1	1	1	1	6	2	1	5	1	1	1	3	4	3	870	2	1
2	2	1	2	1	7	2	1	1	1	1	1	1	1	3	1200	1	5
3	3	1	1	1	6	1	2	6	1	1	2	.	4	4	1764	2	4
4	4	1	1	3	5	2	2	6	3	1	1	2	2	4	1770	2	4
5	5	1	1	3	5	2	1	2	3	3	2	.	2	3	1377	2	3
6	6	1	2	2	1	2	5	1	3	2	1	2	2	1	4200	2	5
7	7	1	1	1	6	1	2	4	1	2	2	.	2	2	1827	1	5
8	8	1	1	3	5	2	3	4	3	1	1	2	4	3	2580	2	7
9	9	1	1	3	4	2	3	6	3	1	1	3	3	1	2400	2	7
10	10	1	2	3	6	1	2	4	2	4	2	.	1	3	1830	1	4

	网上投保考虑程度	产品个性化考虑程度	选择保险公司的考虑因素	满意度	对自己的生活很满意	为享受而产生的浪费是必要的	买房子前要先有车	不惜金钱和时间装修房子	买衣服都买便宜的	休息时经常进行户外活动	尝试生活充满变化	喜欢独自享受安静的生活	下班后尽快回家
1	1	7	4	1	7	7	7	3	6	7	7	7	7
2	4	5	2	1	3	3	4	3	5	4	5	4	3
3	4	4	6	2	4	5	1	4	4	5	4	5	7
4	4	4	4	2	3	6	4	7	6	5	5	5	4
5	4	4	3	1	5	5	5	5	4	5	5	4	5
6	7	5	5	3	6	5	4	5	3	5	4	4	5
7	6	5	1	2	6	7	6	4	7	6	4	6	6
8	3	6	7	3	6	7	6	6	6	6	6	7	7
9	6	7	7	3	7	5	5	7	5	6	5	6	5
10	5	4	1	2	6	4	4	4	3	4	3	4	5

图 6-2　分类数据截图

6.4　数据分析架构

准备好数据后，接下来就要进行分析了。那么，如何对甲保险公司的车险客户进行分类分析呢？

使用STP分析法，即分三步（详见表6-3）：客户细分（Segmentation）、目标客户选择（Targeting）、目标客户定位（Positioning）。

表6-3　甲保险公司客户分类分析架构

<table>
<tr><th>STP理论</th><th>分析步骤</th><th>分析步骤细化</th><th>分析方法</th><th>调查问卷题目</th></tr>
<tr><td rowspan="8">客户细分</td><td rowspan="3">确定和处理分类维度</td><td>确定分类维度</td><td>对比分析</td><td>Q1~Q13</td></tr>
<tr><td>分类维度的数据消减</td><td>因子分析</td><td>Q13</td></tr>
<tr><td>分类维度的数据转化</td><td>标准化</td><td>Q6、Q13</td></tr>
<tr><td rowspan="5">客户细分
与效果检验</td><td>细分方法的选择</td><td rowspan="5">聚类分析</td><td rowspan="5">Q6、Q13</td></tr>
<tr><td>确定类别数</td></tr>
<tr><td>保存聚类成员</td></tr>
<tr><td>聚类效果检验</td></tr>
<tr><td>细分客户命名</td></tr>
<tr><td rowspan="4">目标客户选择</td><td colspan="2">确定衡量指标</td><td>对比分析</td><td>Q1~Q13</td></tr>
<tr><td colspan="2">计算客户吸引力</td><td>频数统计、均值分析、标准化、加权平均</td><td>细分类别与Q6</td></tr>
<tr><td colspan="2">计算企业竞争力</td><td>交叉分析</td><td>细分类别与Q5</td></tr>
<tr><td colspan="2">绘制矩阵图</td><td>矩阵分析</td><td>前面计算出的客户吸引力与企业竞争力数据</td></tr>
<tr><td rowspan="4">目标客户定位</td><td rowspan="2">特征描述</td><td>特征差异显著性检验</td><td>方差分析</td><td>细分类别与A1~A7</td></tr>
<tr><td>特征差异对比分析</td><td>对应分析</td><td>通过方差分析检验的细分类别与A1~A7</td></tr>
<tr><td rowspan="2">需求定位</td><td>需求差异显著性检验</td><td>方差分析</td><td>细分类别与Q1~Q12</td></tr>
<tr><td>需求差异对比分析</td><td>交叉分析与比较均值</td><td>通过方差分析检验的细分类别与Q1~Q12</td></tr>
</table>

6.4.1 客户细分

客户细分又分三步。

首先，明确从哪个维度对客户进行分类。若选择多个分类维度，则往往还要对这些维度进行处理。若维度间有相关性，则要做因子分析；若维度间量纲不同，则要做标准化处理。

然后，选择合适的细分方法。

最后，用所选定的细分方法对客户进行聚类。聚类过程需要解决4个问题：

- 客户要聚成几类（即确定类别数）？
- 每个客户具体属于哪一类（即保存聚类成员）？
- 聚类结果是否有效（即聚类效果检验）？
- 聚类出的各类客户各自具有什么特征（即细分客户命名）？

6.4.2 目标客户选择

目标客户选择也分三步。

首先，明确按什么标准选择目标客户，即确定衡量客户吸引力和企业竞争力的指标。

然后，根据各细分客户在这些指标上的表现，计算出客户吸引力和企业竞争力得分。

最后，采用矩阵分析，找出吸引力和竞争力较好的细分客户作为甲保险公司的目标客户。

6.4.3 目标客户定位

目标客户选出来了，接下来就要针对目标客户开展精准营销，这就是目标客户定位。因此，目标客户定位需要解决两个问题：

- 目标客户长什么样，和其他细分客户相比，有哪些显著的特征？
- 目标客户有哪些偏好，和其他细分客户相比，有哪些不同的需求？

第一个问题即目标客户的特征描述问题。分析思路是先通过方差分析判断目标客户在哪些特征上与其他客户存在显著性差异，然后利用对应分析方法对这些特征进行描述。

第二个问题即目标客户的需求定位问题。分析思路是先通过方差分析判断目标客户在哪些需求上与其他客户存在显著性差异，然后利用交叉分析、比较均值方法对这些需求进行描述，并结合需求特点，提出营销组合策略。

6.5　数据分析与输出结果

接下来，我们将按照表6-3所示的分析架构进行SPSS数据分析，并对相应的输出结果进行解读。

6.5.1　确定分类维度

要对客户进行分类，首先应确定分类维度。如何确定呢（见图6-3）？

首先，由于事后分类维度优于事前分类维度，因此，选择表达客户生活状态的9个语句（调查问卷的Q13题）作为第一个细分维度（简称“细分维度1”）。

其次，只有能接触到细分客户，企业的精准营销才能落地。而能否接触到细分客户，反映在客户购买行为上，因此，选择显著区隔客户购买行为的保费金额（调查问卷的Q6题）作为第二个细分维度（简称“细分维度2”）。

	保费金额	对自己的生活很满意	为享受而产生的浪费是必要的	买房子前要先有车	不惜金钱和时间装修房子	买衣服都买便宜的	休息时经常进行户外活动	尝试生活充满变化	喜欢独自享受安静的生活	下班后尽快回家
1	870	7	7	7	3	6	7	7	7	7
2	1200	3	3	4	3	5	4	5	4	3
3	1764	4	5	1	4	4	5	4	5	7
4	1770	3	6	4	7	6	5	5	5	4
5	1377	5	5	5	5	4	5	5	4	5
6	4200	6	5	4	5	3	5	4	4	5

图6-3　确定分类维度

6.5.2　分类维度的数据消减

“细分维度1”是表达生活状态的9个语句（见图6-3），语句间可能存在相关问题。比如“不惜金钱和时间装修房子”和“买房子前要先有车”都反映了享受生活的态度，可能具有相关性，这种相关性会造成重叠信息的扩大化，增加分类偏差。因此，需要剔除语句间的相关性。如何剔除呢？使用因子分析。因子分析是数据消减的常用方法，通过数据聚合，用少数不相关的因子反映多个具有相关性的原始信息，起到剔除相关性和降维的作用。

在本案例中，因子分析的具体操作步骤、输出结果和解读如下：

1. 适用性检验

如前所述，因子分析的前提是原始维度具有相关性。因此，适用性检验就是检验原始维度间是否具有相关性，如果没有相关性，则不适合做因子分析。具体操作步骤如下。

打开数据文件	双击打开本书配套资源中名为“保险公司客户分类数据”的SPSS文件。
选择菜单	分析→降维→因子分析。
设置变量	在弹出的“因子分析”对话框中，将“对自己的生活很满意”“为享受而产生的浪费是必要的”等9个语句选入“变量”框中（见图6-4）。
设置选项	单击“描述”选项，选择“原始分析结果”和“KMO和Bartlett的球形度检验（K）”（见图6-4）。

图6-4 因子分析适用性检验操作

于是，输出KMO和Bartlett的球形度检验结果（见表6-4）。从该表可见，KMO=0.717>0.7，Bartlett的球形度检验Sig.=0.000<0.05，通过因子分析适用性检验，说明本案例适合做因子分析。

表6-4 甲保险公司客户分类分析案例的KMO和Bartlett的球形度检验结果

取样足够度的 Kaiser-Meyer-Olkin 度量		0.717
Bartlett的球形度检验	近似卡方	1155.104
	Df	36
	Sig.	0.000

2. 因子提取

按图6-4所示操作，还会输出公因子方差和解释的总方差，用于因子提取。

首先，从公因子方差（见表6-5）可知，提取的因子对这9个语句的解释度均超过60%，说明所提取的因子对原始维度具有一定的解释力。

表6-5　公因子方差

	初始	提取
对自己的生活很满意	1.000	0.748
为享受而产生的浪费是必要的	1.000	0.671
买房子前要先有车	1.000	0.742
不惜金钱和时间装修房子	1.000	0.738
买衣服都买便宜的	1.000	0.666
休息时经常进行户外活动	1.000	0.777
尝试生活充满变化	1.000	0.696
喜欢独自享受安静的生活	1.000	0.615
下班后尽快回家	1.000	0.621

其次，从解释的总方差（见表6-6）可知，按特征值>1的标准（表6-6中“成分”即为“因子”，初始特征值中的“合计”即为各因子的特征值），应提取前4个因子，从表6-6可以看出前4个因子的累积方差贡献率为69.712%，表明这些因子能够解释总体信息量的69.712%。

表6-6　解释的总方差

成分	初始特征值			提取平方和载入		
	合计	方差的 %	累积 %	合计	方差的 %	累积 %
1	2.779	30.882	30.882	2.779	30.882	30.882
2	1.302	14.467	45.349	1.302	14.467	45.349
3	1.158	12.864	58.212	1.158	12.864	58.212
4	1.035	11.500	69.712	1.035	11.500	69.712
5	0.659	7.323	77.035			
6	0.597	6.639	83.674			
7	0.572	6.354	90.027			
8	0.486	5.404	95.431			
9	0.411	4.569	100.000			

提取方法：主成分分析。

3. 因子旋转

按图6-4所示操作，还会输出成分矩阵（见表6-7），用于判断是否需要因子旋转。

表6-7　成分矩阵[a]

	成分			
	1	2	3	4
对自己的生活很满意	0.418	−0.046	0.697	0.293
为享受而产生的浪费是必要的	0.546	−0.367	0.203	0.444
买房子前要先有车	0.641	−0.256	−0.506	0.095
不惜金钱和时间装修房子	0.652	−0.361	−0.370	0.214
买衣服都买便宜的	0.541	0.490	−0.286	−0.226
休息时经常进行户外活动	0.589	−0.097	0.240	−0.603
尝试生活充满变化	0.643	−0.190	0.234	−0.439
喜欢独自享受安静的生活	0.486	0.567	−0.103	0.218
下班后尽快回家	0.427	0.602	0.183	0.205

提取方法：主成分分析。a. 已提取了 4 个成分。

表6-7中的数值称为因子载荷，表示因子对维度（即9个语句）信息的解释程度。

从表6-7可知，因子1解释了“买衣服都买便宜的”这个维度54.1%的信息，而因子2解释了该维度49.0%的信息，54.1%与49.0%数值相近，表明因子1和因子2都具有该维度的特征，具有相关性。同理，该表还显示出因子1和因子2都具有“喜欢独自享受安静的生活”“下班后尽快回家”维度的特征，因子1和因子4都具有“为享受而产生的浪费是必要的”维度的特征。

如前所述，因子分析的目的就是剔除相关性，使各个因子具有差异化的特征，而目前的成分矩阵没有达到既定效果，因此需要进行因子旋转。

为什么因子旋转能使各因子具有差异化的特征呢？

以因子1和因子2为例，这两个因子可以被分别看成是一个平面直角坐标系的横纵坐标轴，而“买衣服都买便宜的”维度就是该坐标系中的一个点，该点在横纵坐标轴上的投影（即该点的横纵坐标值）就是该维度在因子1和因子2上的因子载荷。目前该点的横纵坐标值相近（54.1%和49.0%），但如果调整坐标轴的夹角或该坐标系与水平面的夹角（即因子旋转），该点的横纵坐标值必然跟着改变，当调整到该点的横纵坐标值相差悬殊，例如横坐标值很大、纵坐标值很小时，则因子1具有该维度的特征，因子2不具有该维度的特征，从而实现了两个因子特征的差异化。

如何进行因子旋转呢？

在图6-4所示操作的基础上，按图6-5所示分别设置“旋转”和“选项”选项。其中“最大方差法”是最常用的“旋转”方法，若效果不好，则可尝试其他方法；在“选项”中设置不显示绝对值过小的因子载荷（本例中设置的是不显示绝对值<0.5 的因子载荷），这样更容易观察因子特征。

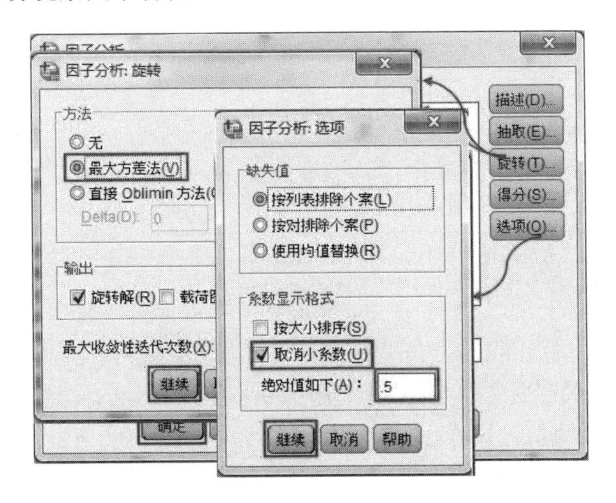

图 6−5　因子旋转操作

按图 6-5 所示进行设置后，得到旋转成分矩阵（见表 6-8），该矩阵中每个维度上仅有 1 个因子具有较大（>50%）的因子载荷，即 4 个因子在 9 个维度上的特征被明显区隔开，4 个因子具有差异化的特征。

表 6-8　旋转成分矩阵[a]

分类维度	成分			
	1	2	3	4
对自己的生活很满意				0.824
为享受而产生的浪费是必要的				0.653
买房子前要先有车	0.831			
不惜金钱和时间装修房子	0.835			
买衣服都买便宜的		0.671		
休息时经常进行户外活动			0.870	
尝试生活充满变化			0.783	
喜欢独自享受安静的生活		0.764		
下班后尽快回家		0.741		

提取方法：主成分分析。旋转法：具有 Kaiser 标准化的正交旋转法。a. 旋转在 6 次迭代后收敛。

4. 因子命名

旋转后的成分矩阵有效区隔了 4 个因子的维度特征，为直观呈现各因子的维度特征，方便对因子命名，这里根据旋转成分矩阵（见表 6-8）整理出表 6-9。

表6-9 各因子的因子载荷及维度特征

	因子1	因子2	因子3	因子4
维度特征（因子载荷值）	买房子前要先有车（0.831）	买衣服都买便宜的（0.671）	休息时经常进行户外活动（0.870）	对自己的生活很满意（0.824）
	不惜金钱和时间装修房了（0.835）	喜欢独自享受安静的生活（0.764）	尝试生活充满变化（0.783）	为享受而产生的浪费是必要的（0.653）
		下班后尽快回家（0.741）		

根据表6-9，对各因子命名如下：

因子1反映了“买房子前要先有车”“不惜金钱和时间装修房子”维度的特征（因子载荷值分别为0.831和0.835），据此命名为“享受型因子”。

因子2反映了“买衣服都买便宜的”“喜欢独自享受安静的生活”“下班后尽快回家”维度的特征（因子载荷值分别为0.671、0.764和0.741），据此命名为“居家型因子”。

因子3反映了“休息时经常进行户外活动”“尝试生活充满变化”维度的特征（因子载荷值分别为0.870和0.783），据此命名为“外向型因子”。

因子4反映了“对自己的生活很满意”“为了享受而产生的浪费是必要的”维度的特征（因子载荷值分别为0.824和0.653），据此命名为“自信型因子”。

5. 计算因子得分

因子得分指每条记录（记每一个客户）在所提取因子上的得分，得分越高，表明该条记录（即该客户）越具有该因子的特征。因子得分为后续设置因子变量奠定了基础。计算因子得分的具体操作如下：

在图6-5所示操作的基础上，设置“得分”选项，在“因子分析：因子得分”对话框中选择“保存为变量”、“回归”和“显示因子得分系数矩阵”，单击“继续”按钮，返回到“因子分析”对话框中，单击“确定”按钮完成设置（见图6-6）。

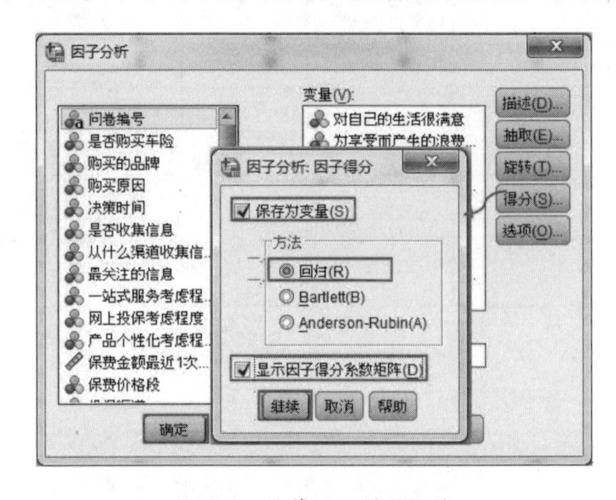

图6-6 计算因子得分操作

由于选择了“显示因子得分矩阵系数”选项（见图6-6），因此在SPSS的输出窗口中输出了成分得分系数矩阵（见表6-10）。

表6-10　成分得分系数矩阵

	成分			
	1	2	3	4
对自己的生活很满意	−0.179	0.038	0.038	0.657
为享受而产生的浪费是必要的	0.256	−0.093	−0.138	0.490
买房子前要先有车	0.516	−0.006	−0.044	−0.154
不惜金钱和时间装修房子	0.515	−0.065	−0.086	0.014
买衣服都买便宜的	0.037	0.403	0.152	−0.318
经常户外度假	−0.126	−0.068	0.638	−0.076
尝试生活充满变化	−0.035	−0.095	0.533	0.028
喜欢独自享受安静的生活	0.022	0.498	−0.155	0.011
下班后尽快回家	−0.156	0.489	−0.091	0.175

提取方法：主成分分析。旋转法：具有Kaiser标准化的正交旋转法。构成得分。

由于选择了“保存为变量”选项（见图6-6），因此在SPSS的数据视图中生成了因子得分，作为新变量保存在数据文件中（见图6-7中的矩形框区域）。这意味着每一个客户都有了4个因子的得分，这为下一步确定客户的因子类型奠定了基础。

	买房子前要先有车	不惜金钱和时间装修房子	买衣服都买便宜的	经常户外度假	尝试生活充满变化	喜欢独自享受安静的生活	下班后尽快回家	FAC1_1	FAC2_1	FAC3_1	FAC4_1
1	7	3	6	7	7	7	7	-.012	1.616	1.397	.938
2	4	3	5	4	5	4	3	-.179	-.856	-.061	-2.98
3	1	4	4	5	4	5	7	-1.11	.728	-.664	-.664
4	4	7	6	5	5	5	4	1.523	-.264	-.187	-1.98
5	5	5	4	5	5	4	5	.438	-.520	-.091	-.654

图6-7　输出因子得分

6. 设置因子变量

从图6-7可知，每个客户（即每条记录）都有4个因子的得分，根据得分大小，可以判断出这些客户的因子类型。例如，第1个客户（即第1条记录）的因子1至因子4的得分分别为-0.012、1.616、1.397和0.938，显然因子2得分最高，因此，第1个客户的因子变量值为2，表示该客户属于因子2的类型，即为“居家型”客户。

那么如何设置因子变量呢？具体操作步骤如下（见图6-8）。

打开数据文件	双击打开本书配套资源中名为“保险公司客户分类数据”的SPSS文件。
选择菜单	转换→计算变量。
设置选项	“目标变量”选项，输入“因子类别”。 ① 变量值“1”的设置方法。 • “如果”选项：选择“如果个案满足条件则包括（F）”，在被激活的条件框中设置公式：FAC1_1=MAX(FAC1_1,FAC2_1,FAC3_1,FAC4_1)。（Max是最大值函数。该公式表示，如果某条记录满足因子1得分即FAC1_1最大的条件。公式中的FAC1_1、FAC2_1,FAC3_1,FAC4_1从变量框选入，Max从函数组中的“统计量”选入。）单击“继续”按钮，回到“计算变量”对话框。 • “数字表达式”选项：输入“1”（1表示因子1）。 ② 变量值“2”的设置方法。 • “如果”选项：选择“如果个案满足条件则包括（F）”，在被激活的条件框中设置公式：FAC2_1=MAX(FAC1_1,FAC2_1,FAC3_1,FAC4_1)，单击“继续”按钮，回到“计算变量”对话框。 • “数字表达式”选项：输入“2”（2表示因子2）。 ③ 同理，设置变量值“3”和“4”，单击“确定”按钮，完成设置。

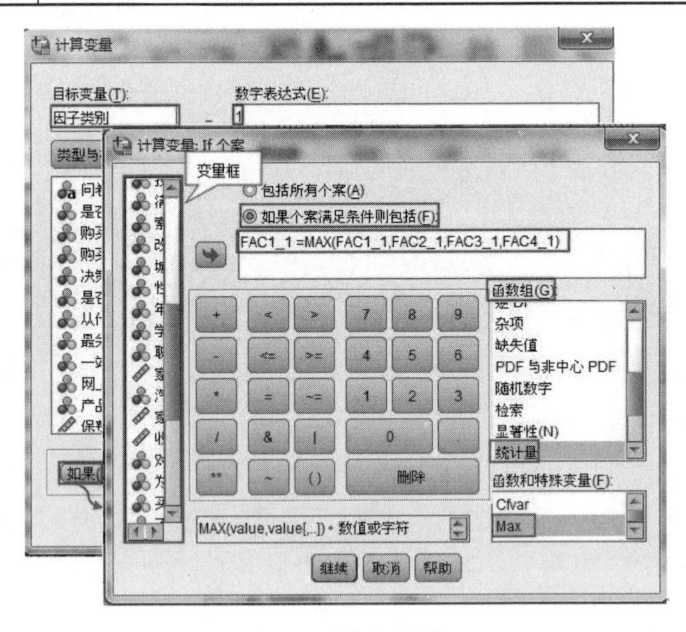

图6-8　设置因子变量

于是得到输出结果（见图6-9中的矩形框区域）：变量名为“因子类别”，变量值为自然数1~4，其中1表示“享受型因子”，2表示“居家型因子”，3表示“外向型因子”，

4表示“自信型因子”。

	对自己的生活很满意	为享受而产生的浪费是必要的	买房子前要先有车	不惜金钱和时间装修房子	买衣服都买便宜的	休息时经常进行户外活动	尝试生活充满变化	喜欢独自享受安静的生活	下班后尽快回家	因子类别
1	7	7	7	3	6	7	7	7	7	2
2	3	3	4	3	5	4	5	4	3	3
3	4	5	1	4	4	5	4	5	7	2
4	3	6	4	7	6	5	5	5	4	1
5	5	5	5	5	4	5	5	4	5	1
6	6	5	4	5	3	5	4	4	5	4

图6-9　设置因子变量输出结果

在变量视图中设置因子变量的值标签（见图6-10），这样就完成了“因子类别”变量的设置与编码。

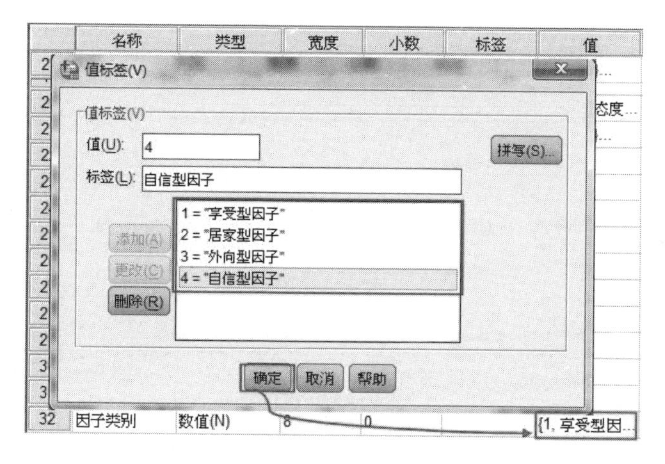

图6-10　设置因子变量的值标签

接下来将使用“因子类别”变量替代反映生活状态的9个语句作为聚类分析的细分维度之一。

6.5.3　分类维度的数据转化

如前所述，细分维度共有两个：“因子类别”和“保费金额”。

其中“因子类别”为分类型数据，取值范围为[1, 4]；“保费金额”为数值型数据，取值范围为（350, 8500）。显然两者量纲不一致，不能直接用于细分客户，而是要先进行标准化。标准化可以统一量纲，使数据具有可比性，属于数据处理中的数据转化。

在本案例中，“因子类别”与“保费金额”两个细分维度标准化的具体操作如下。

打开数据文件	双击打开本书配套资源中名为“保险公司客户分类数据”的SPSS文件。
选择菜单	分析→描述统计→描述。
设置变量	在弹出的“描述性”对话框中，将“因子类别”和“保费金额”选入“变量”框中（见图6-11）。
设置选项	选择“将标准化得分另存为变量（Z）”（见图6-11）。

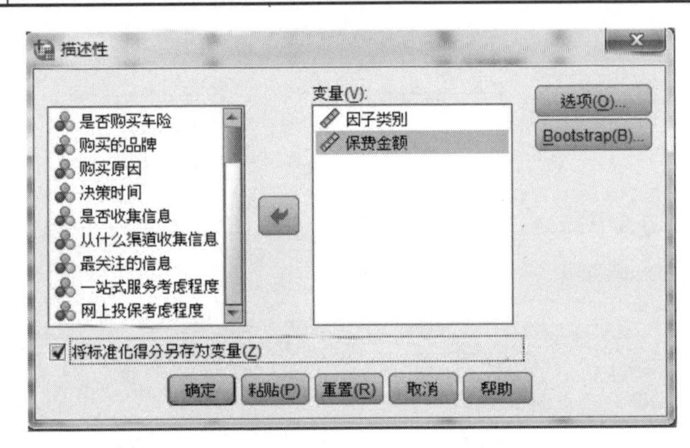

图6-11　细分维度的标准化操作

于是，数据视图增加了标准化结果——“Z因子类别”和“Z保费金额”（见图6-12）。

	经常户外度假	尝试生活充满变化	喜欢独自享受安静的生活	下班后尽快回家	FAC1_1	FAC2_1	FAC3_1	FAC4_1	因子类别	Z因子类别	Z保费金额
1	7	7	7	7	-.012	1.616	1.397	.938	2	-.4116	-1.500
2	4	5	4	3	-.179	-.856	-.061	-2.977	3	.47375	-1.131
3	5	4	5	7	-1.105	.728	-.664	-.664	2	-.4116	-.5006
4	5	5	5	4	1.523	-.264	-.187	-1.981	1	-1.297	-.4939

图6-12　细分维度的标准化结果

6.5.4　细分方法的选择

在确定和处理了分类维度之后，接下来就要用这些维度对客户进行细分了。

如何用单一维度细分？使用交叉分析方法。比如从性别维度细分客户，就可以使用交叉分析方法找出男女客户在习惯、态度、偏好上的不同。

如何用多个维度细分？需要判断客户细分的类型（见表6-11）：若是监督类细分，则常采用logistic回归、决策树、神经网络等方法；若是非监督类细分，则采用聚类分析方法。

显然，本案例事先不知道客户的分类及各类客户的特征，属于非监督类细分，因此选择聚类分析方法。

表6-11 客户细分的类型与方法

类型	监督类细分	非监督类细分
区别	事先已知客户分成哪几类，并且已知一些客户所属的类别。用这些已知类别的客户样本数据建立客户特征与其所属类别的映射关系，基于这种映射关系对新客户的类别进行识别和预测	事先不知道客户分成哪几类，只有反映客户特征的样本数据。根据这些数据，探索数据内在规律，对客户归类，使各类客户之间具有显著性差异并描述各类客户的特征
方法	logistic回归、决策树、神经网络、判别分析等	聚类分析

聚类分析是根据亲疏程度将相似客户聚在一起，使类内差异小、类间差异大的过程。这个过程如何实现呢？

假设细分维度有K个，则这K个维度构成了一个K维空间。于是，根据在K个维度上的数值，每个客户就对应为K维空间中的一个点。这样，客户间的亲疏程度就可以用点与点的距离来衡量，表现为类间距离最大化、类内距离最小化（见图6-13）。

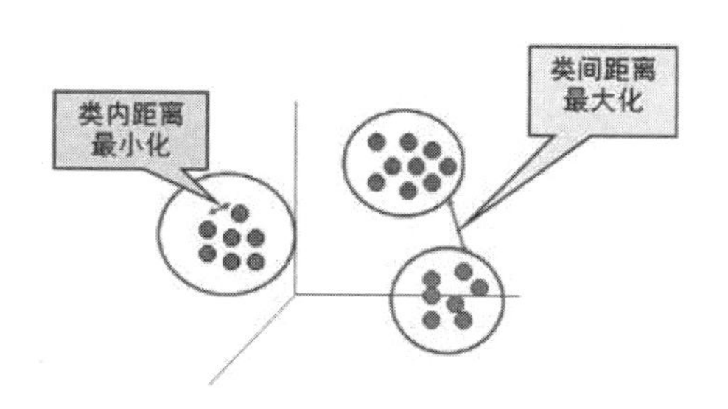

图6-13 聚类分析分类效果示例

为达到这一效果，聚类分析有层次聚类与迭代聚类两种方法。

1. 层次聚类（又叫系统聚类）

层次聚类的思路是逐层合并，根据样本距离，将距离最近的样本合为一类。然后计算所形成的类别与其他样本的距离，对距离最近的样本再做合并。依此类推，直到所有样本聚成一类，形成树状图。

举个例子。根据动物学的知识，虎、熊、狼、袋鼠是胎生的，鸭嘴兽、针鼹是卵生的。而在胎生动物中，袋鼠没有胎盘，幼仔在母亲的育儿袋中长大，称为后兽类；虎、熊、狼有胎盘，幼仔在母亲的子宫里通过胎盘吸取养分，称为真兽类。

若使用层次聚类方法对虎、熊、狼、袋鼠、鸭嘴兽、针鼹6种动物进行聚类，你会怎么做呢？

根据层次聚类的思路，分成以下4步对这6种动物进行聚类。

第一步：将鸭嘴兽和针鼹合为一类，因为这两种动物同属卵生类。

第二步：把虎、熊、狼合为一类，因为这三种动物最相似，同属真兽类。

第三步：把真兽类（包括虎、熊、狼）与属于后兽类的袋鼠合为一类，构成胎生类。

第四步：将胎生类与卵生类的这6种动物合为一类。

如果图解这4个步骤，就形成了树状图（见图6-14）。

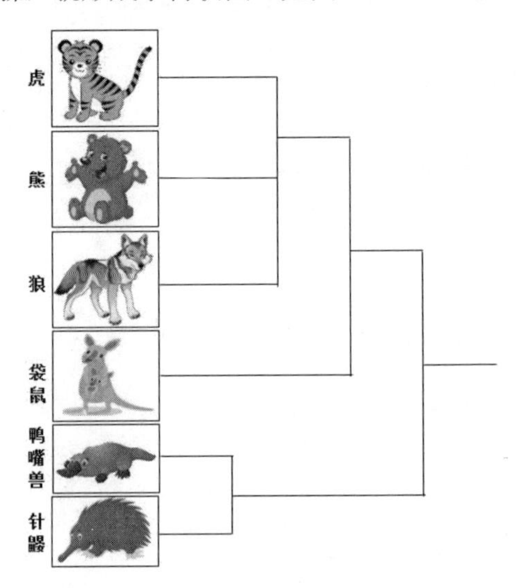

图6-14　树状图示例

那么，如何解读树状图呢？从树状图的右侧往左侧看（见图6-15）。

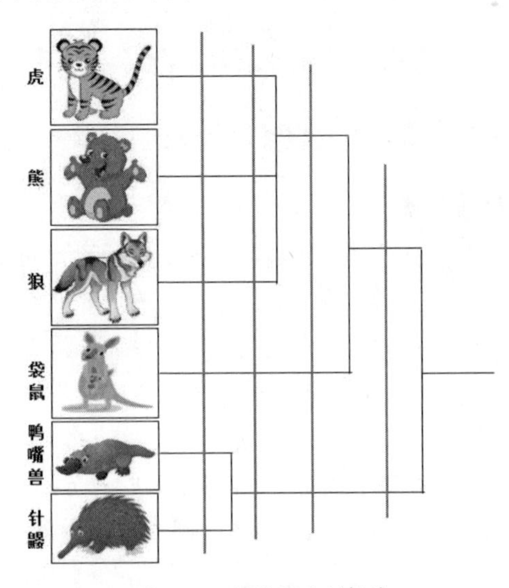

图6-15　树状图示例解读

首先，在最右侧画一条竖线，在该竖线左侧有2条横线将动物分为2类：胎生类（包括虎、熊、狼、袋鼠）和卵生类（包括鸭嘴兽、针鼹）。

然后，往左再画一条竖线，在该竖线左侧分出3条横线将动物分为3类：真兽类（包括虎、熊、狼）、后兽类（袋鼠）和卵生类（包括鸭嘴兽、针鼹）。

继续往左画一条竖线，在该竖线左侧分出5条横线把动物分为5类：卵生类（包括鸭嘴兽、针鼹）、虎、熊、狼、袋鼠。

最后，往左再画一条竖线，在该竖线左侧有6条横线，分别对应鸭嘴兽、针鼹、虎、熊、狼、袋鼠6种动物，也就是划分最细的类别，即每个类别只有一种动物。

由此可见，使用层次聚类方法，事先不需要知道分几类，树状图会显示出所有的聚类方案。

2. 迭代聚类（又叫K–均值聚类）

迭代聚类是指根据指定的类别数进行分类。例如，假设你在SPSS中输入类别数为“3”，SPSS就会先将所有记录大体分成3类，并计算出每类的初始类中心点（见图6-16（a）中的“十”）。但你会发现初始聚类并不精准，比如图（a）中的A点，初始聚类被划在第Ⅰ类中，但它到第Ⅱ类的初始类中心点的距离更近一些（见图（a）中的虚线），所以应把A点归入第Ⅱ类。同理，应把第Ⅱ类中的B点和C点归入第Ⅲ类。经过重新归类，三个类别中的样本点都发生了变化，于是要重新计算类中心点，由此形成新的类别和新的类中心点，见图（b）（图中第Ⅰ类中两个“十”之间的线段表示第Ⅰ类的类中心点调整的距离）。这时归类仍有错误（比如D点不应归入第Ⅰ类，而应归入第Ⅱ类），于是，需要把归错的点重新归类并重新计算各类的类中心点。依此迭代，直到所有的样本点归类正确为止。

因此，迭代聚类的思路是不断迭代，去粗取精，去伪存真，直到全部归类正确为止。

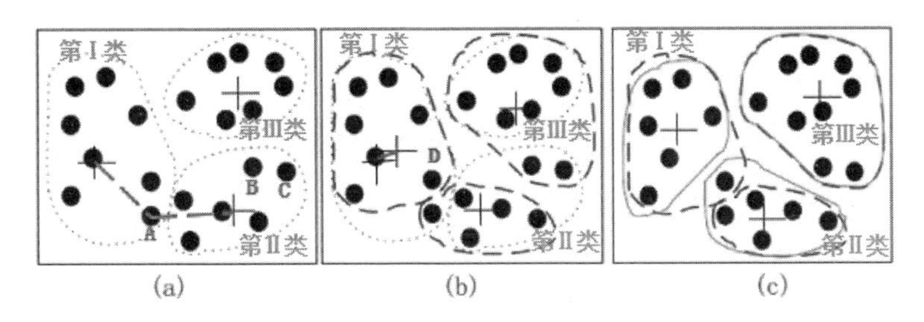

图6–16　迭代聚类过程示意图

3. 两种聚类方法的比较

为深刻体会层次聚类与迭代聚类的区别，除了前面介绍的分析思路，我们还要从类别数、计算速度、聚类对象、数据类型等方面对这两种聚类方法进行比较（见表6-12）。

表6-12　层次聚类与迭代聚类的比较

	层次聚类	迭代聚类
思路	逐层合并	不断迭代，以确定类别中心点和类别的构成
类别数	事先未知，树状图会显示所有聚类方案，可以从中选择最优方案	事先已知并需要指定，若聚类效果不好，则需要重新设定类别数，重新聚类
计算速度	由于反复计算距离，当样本量太大或者变量较多时计算速度比较慢	计算量小、内存空间占用低、运行速度快，常用于处理多变量、大样本的数据
聚类对象	记录与变量均可	只能对记录聚类
数据类型	连续变量和分类变量均可	只可用连续变量

在本案例中，细分维度为“因子类别”与“保费金额”两个变量，其中，“因子类别”为分类变量，“保费金额”为连续变量。由于迭代聚类仅适用于连续变量，而层次聚类对数据类型的要求不高，连续变量与分类变量均可，因此，本案例选用层次聚类方法。

6.5.5　聚类分析

1. 确定类别数

如前所述，由于“因子类别”与“保费金额”的量纲不同，聚类分析要在这两个变量的标准化结果（即“Z因子类别”和“Z保费金额”）基础上进行。具体操作如下：

打开数据文件	双击打开本书配套资源中名为“保险公司客户分类数据”的SPSS文件。
选择菜单	分析→分类（F）→系统聚类。
设置变量	在“系统聚类分析”对话框中，将“Z因子类别”与“Z保费金额”选入“变量”框中，将“问卷编号”选入“标注个案”（标注个案是指区分不同客户的唯一性标识）框中。
设置选项	“绘制”选项：树状图； “方法”选项：Ward法。

层次聚类含有标准化模块，因此还可以将“因子类别”和“保费金额”作为细分维度。选择“标准化Z得分”模块，可以得到同样的输出结果。具体操作如下。

打开数据文件	双击打开本书配套资源中名为“保险公司客户分类数据”的SPSS文件。
选择菜单	分析→分类（F）→系统聚类。
设置变量	在“系统聚类分析”对话框中，将“因子类别”与“保费金额”选入“变量”框中，将“问卷编号”选入“标注个案”（标注个案是指区分不同客户的唯一性标识）框中。
设置选项	“绘制”选项：树状图； “方法”选项：Ward法、标准化Z得分。

于是，输出树状图（见图6-17，因个案较多，树状图过大，只能压缩，图片不够清晰）。从图中可见各种分类方案，考虑到各类客户的人数要相对均匀，经过初步判断聚成5类。

2. 保存聚类成员

在确定了类别数后，接下来在前面系统聚类操作的基础上，在“系统聚类分析”对话框中单击“保存”按钮，在打开的“系统聚类分析：保存”对话框中选择“单一方案”，将“聚类数”设置为“5”（见图6-18）。

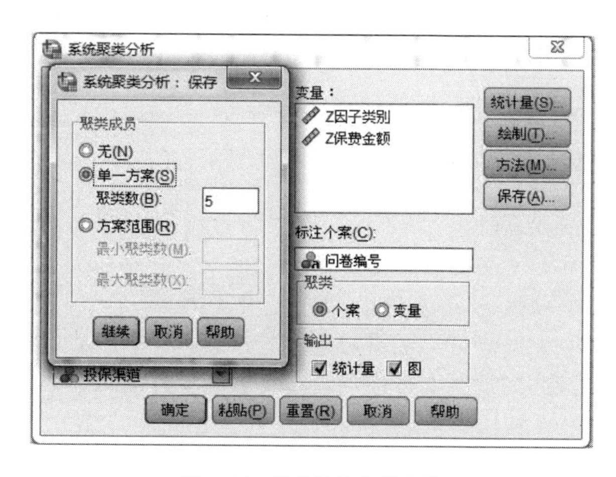

图6-18　保存聚类成员操作

于是，在数据视图中增加了名为“CLU5_1”的新变量，变量值为每条记录（即每个客户）的类别号，将变量名称改为“细分类别”（见图6-19）。

	问卷编号	FAC1_1	FAC2_1	FAC3_1	FAC4_1	保费金额	因子类别	Z保费金额	Z因子类别	细分类别
1	1	-.012	1.616	1.397	.938	870	2	-1.500	-.4116	1
2	2	-.179	-.856	-.061	-2.98	1200	3	-1.131	.47375	1
3	3	-1.11	.728	-.664	-.664	1764	2	-.5006	-.4116	1
4	4	1.523	-.264	-.187	-1.98	1770	1	-.4939	-1.297	2
5	5	.438	-.520	-.091	-.654	1377	1	-.9331	-1.297	2
6	6	-.020	-.664	-.564	.238	4200	4	2.2219	1.3591	3

图6-19　输出聚类成员

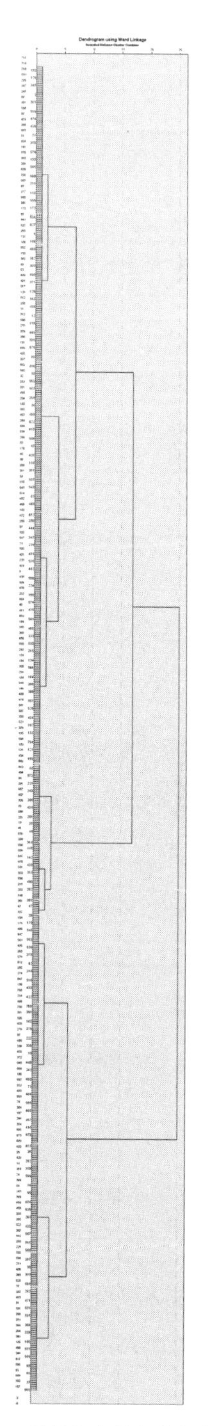

图6-17　甲保险公司客户分类案例树状图解读

3. 聚类效果检验

接下来，通过方差分析对聚类效果进行检验。具体操作如下：

打开数据文件	双击打开本书配套资源中名为“保险公司客户分类数据”的SPSS文件。
选择菜单	分析→比较均值→单因素ANOVA。
设置变量	在弹出的“单因素方差分析”对话框中，按图6-20所示进行设置。

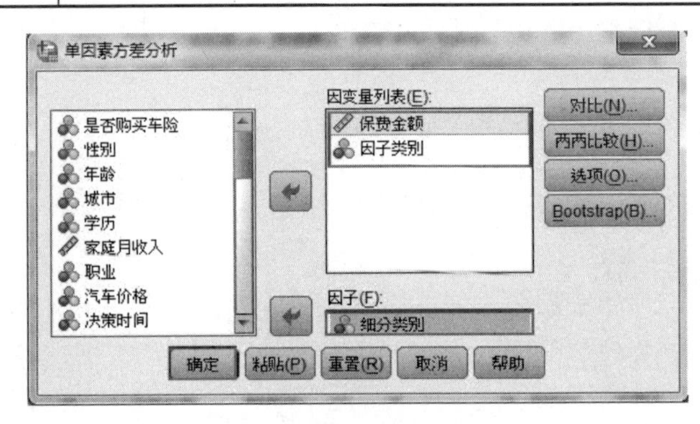

图6-20　方差分析操作

于是，得到如表6-13所示的输出结果。从该表可以看到，“保费金额”和“因子类别”的显著性P=0.000，$P<\alpha$（α的默认值为0.05）。通过方差分析检验，表明通过聚类细分出来的各类车险客户在保费金额和生活状态方面均存在显著性差异，聚类效果良好。

表6-13　方差分析输出结果

		平方和	*Df*	均方	*F*	显著性
保费金额	组间	360857244.788	4	90214311.197	306.109	0.000
	组内	208362409.226	707	294713.450		
	总数	569219654.014	711			
因子类别	组间	732.731	4	183.183	742.643	0.000
	组内	174.391	707	0.247		
	总数	907.122	711			

4. 细分客户命名

根据各类客户在因子类别（反映生活状态）和保费金额（反映消费档次）上的差异化表现，可以对各类细分客户进行命名。

由于“因子类别”为分类型数据，因此使用交叉分析来刻画各类客户在生活状态上的差异。具体操作如下：

打开数据文件	双击打开本书配套资源中名为“保险公司客户分类数据”的SPSS文件。
选择菜单	分析→描述统计→交叉表。
设置变量	在弹出的“交叉表”对话框中，按图6-21所示进行设置。

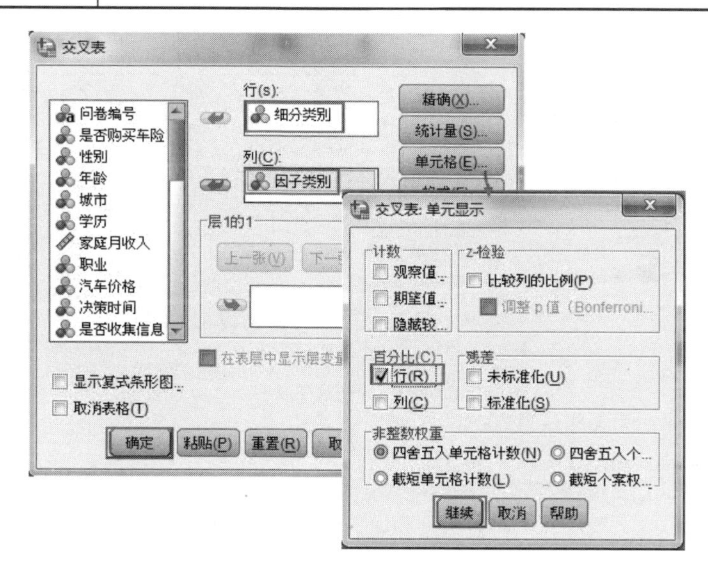

图 6-21　交叉分析操作

于是，得到如表6-14所示的输出结果。

表6-14　细分类别和因子类别交叉分析输出结果

		因子类别				合计
		享受型因子	居家型因子	外向型因子	自信型因子	
细分类别	1		60.4%	39.6%		100.0%
	2	65.7%	34.3%			100.0%
	3			57.9%	42.1%	100.0%
	4				100.0%	100.0%
	5	53.1%	25.9%	19.8%	1.2%	100.0%
合计		26.0%	26.8%	21.9%	25.3%	100.0%

由于“保费金额”为数值型数据，因此使用比较均值来刻画各类客户在消费档次上的差异。具体操作如下：

打开数据文件	双击打开本书配套资源中名为“保险公司客户分类数据”的SPSS文件。
选择菜单	分析→比较均值→均值。
设置变量	在弹出的“均值”对话框中，按图6-22所示进行设置。

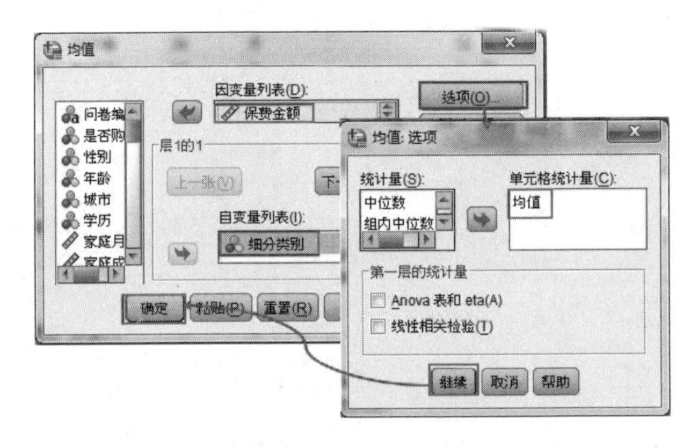

图6-22　比较均值操作

于是，得到如表6-15所示的输出结果。

表6-15　细分类别和保费金额比较均值输出结果

细分类别	1	2	3	4	5
保费金额	1481.80	2098.27	2780.00	1708.33	3780.10

根据表6-14与表6-15中的数值，对细分客户进行命名（见表6-16），并设置值标签（见图6-23）。

表6-16　细分客户命名

类别号	第一类	第二类	第三类	第四类	第五类
类别名称	低端居家型客户	中端享受型客户	中端外向型客户	中端自信型客户	高端享受型客户

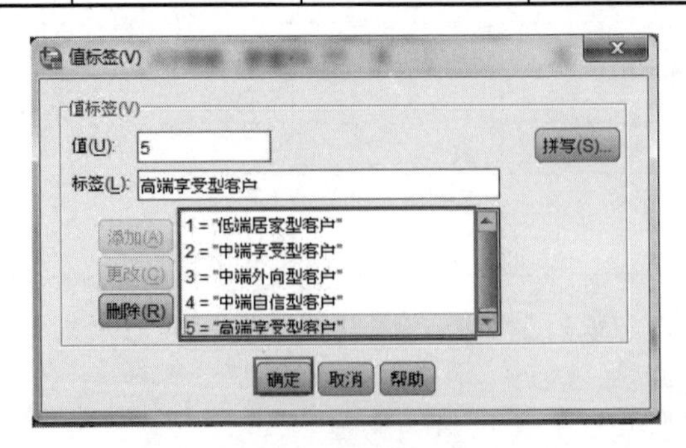

图6-23　设置值标签

6.5.6　目标客户选择

将客户划分成几类细分客户后，接下来要做的是选择目标客户。

如何选择目标客户？需要考虑两个问题：

- 客户吸引力如何，值不值得你去做？
- 企业竞争力如何，你能不能做得来？

刻画客户吸引力的指标有客户规模、增长率、利润空间、生命周期等；刻画企业竞争力的指标有企业的市场份额、品牌口碑、资源实力等。

1. 确定衡量指标

具体选择哪些指标，需要企业根据自身的市场定位以及战略目标来确定。通过对这些指标的加权平均，可以计算出各类细分客户在客户吸引力与企业竞争力上的综合得分。以企业竞争力为横坐标，客户吸引力为纵坐标，做出矩阵图（见图6-24）。

图6-24　目标客户选择矩阵示意图

在图6-24中，各类细分客户基于得分的不同落入不同的象限内，在不同的象限内有不同的战略。

第一象限：客户吸引力与企业竞争力双高，为首选目标客户，要全力以赴重点突破。

第二、四象限：客户吸引力高或企业竞争力高，为可考虑的细分客户，要积极争取。

第三象限：客户吸引力和企业竞争力都低，为可舍弃的细分客户，在资源较为充裕的情况下，可兼顾该细分客户的需求。

在本案例中，甲保险公司经过内部讨论，确定用客户规模和保费金额两项指标来衡量各类细分客户的吸引力，用市场份额指标衡量甲保险公司在各类细分客户上的企业竞争力。

2. 计算客户吸引力

通过频数统计，可以得到各类细分客户的规模（见表6-17）。具体操作如下：

打开数据文件	双击打开本书配套资源中名为“保险公司客户分类数据”的SPSS文件。
选择菜单	分析→描述统计→频率。
设置变量	在弹出的“频率”对话框中，按图6-25所示进行设置，得到表6-17。

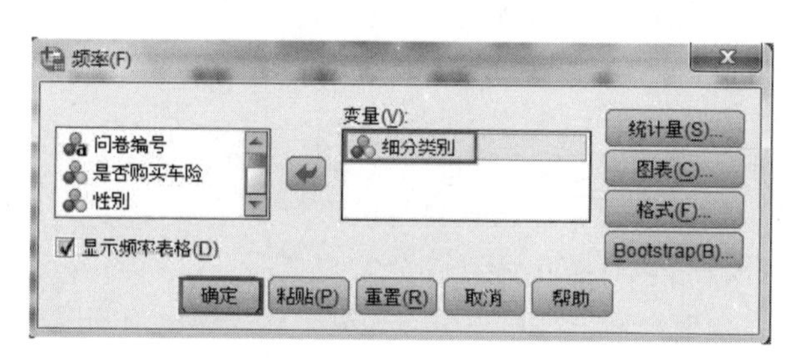

图6−25　细分类别频数统计操作

表6-17　各类细分客户的规模

		频率	百分比	有效百分比	累积百分比
有效	低端居家型客户	159	22.3	22.3	22.3
	中端享受型客户	216	30.3	30.3	52.7
	中端外向型客户	133	18.7	18.7	71.3
	中端自信型客户	123	17.3	17.3	88.6
	高端享受型客户	81	11.4	11.4	100.0
	合计	712	100.0	100.0	

从表6-17可知，将客户整体看成100%，则低端居家型客户、中端享受型客户、中端外向型客户、中端自信型客户和高端享受型客户的规模分别为22.3%、30.3%、18.7%、17.3%、11.4%。

另外，根据表6-15和表6-16，可以汇总出各类细分客户的平均保费金额（见表6-18）。

表6-18　各类细分客户的平均保费金额

细分类别	低端居家型客户	中端享受型客户	中端外向型客户	中端自信型客户	高端享受型客户
保费金额（元）	1481.80	2098.27	2780.00	1708.33	3780.10

由于甲保险公司是一个坚持低成本策略的企业，因此更关注客户规模，赋予客户规模和保费金额的权重分别为60%和40%。

由于客户规模与保费金额的量纲相差甚远，因此，需要在Excel中先经过标准化处理，再进行加权平均，可以得到各类细分客户的客户吸引力值（见图6-26）。

G4　=D4*$D$11+F4*$F$11

来源于表6-17　=(C4-$C$9)/$C$10　来源于表6-18

	客户规模	客户规模标准化	保费金额	保费金额标准化	客户吸引力值
低端居家型客户	22.3	0.330	1481.8	-0.955	-0.184
中端享受型客户	30.3	1.478	2098.27	-0.292	0.770
中端外向型客户	18.7	-0.187	2780	0.441	0.065
中端自信型客户	17.3	-0.387	1708.33	-0.711	-0.517
高端享受型客户	11.4	-1.234	3780.1	1.517	-0.133
均值	20	=AVERAGE(C4:C8)	2369.7	=AVERAGE(E4:E8)	
标准差	6.9699	=STDEVA(C4:C8)	929.6539	=STDEVA(E4:E8)	
权重		60%		40%	

图6-26　细分客户吸引力值的计算

3. 计算企业竞争力

通过对“细分类别”与“保险公司的选择”进行交叉分析，可以得到甲保险公司在各类细分客户上的市场份额（见表6-19）。具体操作如下：

打开数据文件	双击打开本书配套资源中名为“保险公司客户分类数据”的SPSS文件。
选择菜单	分析→描述统计→交叉表。
设置变量	在弹出的“交叉表”对话框中，按图6-27所示进行设置。

图6-27　细分类别和保险公司的选择交叉分析操作

表6-19　细分类别和保险公司的选择交叉分析输出结果

		保险公司的选择				合计
		甲保险公司	乙保险公司	丙保险公司	丁保险公司	
细分类别	低端居家型客户	11.9%	28.3%	35.8%	23.9%	100.0%
	中端享受型客户	24.1%	25.5%	25.9%	24.5%	100.0%
	中端外向型客户	45.9%	14.3%	18.8%	21.1%	100.0%
	中端自信型客户	16.3%	33.3%	26.8%	23.6%	100.0%
	高端享受型客户	32.1%	21.0%	9.9%	37.0%	100.0%
合计		25.0%	24.9%	25.1%	25.0%	100.0%

从表6-19可以看出，甲保险公司在低端居家型客户、中端享受型客户、中端外向型客户、中端自信型客户和高端享受型客户上的市场份额分别为11.9%、24.1%、45.9%、16.3%、32.1%。

4. 绘制矩阵图

整合图6-26和表6-19中的数据，可以得到用于绘制矩阵图的数据源（见表6-20）。

表6-20　矩阵图数据源

	企业竞争力	客户吸引力
低端居家型客户	11.90%	−0.184
中端享受型客户	24.10%	0.770
中端外向型客户	45.90%	0.065
中端自信型客户	16.30%	−0.517
高端享受型客户	32.10%	−0.133

利用表6-20中的数据绘制矩阵图，具体步骤如下。

第一步：准备数据

将表6-20中的数据录入Excel中，如图6-28所示。

	A	B	C
1		企业竞争力	客户吸引力
2	低端居家型客户	11.9%	-0.184
3	中端享受型客户	24.1%	0.770
4	中端外向型客户	45.9%	0.065
5	中端自信型客户	16.3%	-0.517
6	高端享受型客户	32.1%	-0.133

图6−28　准备数据

第二步：制作散点图

选中图6-28中的B2:C6单元格区域，然后单击Excel菜单栏中的“插入”→“图表”→“散点图”，可以得到散点图（见图6-29）。

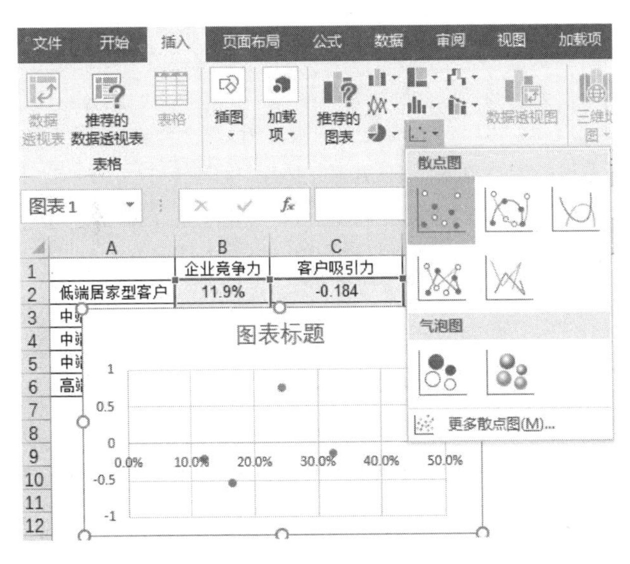

图 6-29　制作散点图

第三步：调整散点图格式

选择布局	双击图表区域，选择“图表工具”→“设计”→“快速布局”→“布局1”，可以得到带有图表标题、坐标轴标题和系列名称的散点图布局，去掉网格线、系列1，增加外边框。
更改标题	去掉图表标题。将横坐标轴标题改为“企业竞争力”，纵坐标轴标题改为“客户吸引力”。
设置坐标轴格式	① 选中横坐标轴，右键选择“设置坐标轴格式”，在弹出的对话框中进行如下设置。 • 坐标轴选项：边界最小值“0”，最大值“0.5”，主要单位“0.05”。 • 数字：类别“百分比”，小数位数“0”，标签位置“低”。 ② 选中纵坐标轴，右键选择“设置坐标轴格式”，在弹出的对话框中进行如下设置。 • 坐标轴选项：边界最小值“-1.2”，最大值“1.2”，主要单位“0.2”。 • 数字：类别“数字”，小数位数“2”，负数“-1,234.0”，标签位置“低”。

续表

确定和制作分界线	矩阵图四个象限是由两条分界线划分出来的，因此需要确定和制作分界线。 ① 确定横轴分界线：本例中共有4家保险公司，故平均每家的市场份额为25%，据此确定横轴（即企业竞争力）的分界线为25%。 ② 确定纵轴分界线：客户吸引力得分是经过标准化处理的，而标准化得分的均值为0，据此确定纵轴（即客户吸引力）的分界线为0。 ③ 制作分界线：纵轴分界线已在0点，无须调整，需要制作横轴分界线。选中横轴，右键选择“设置坐标轴格式”，在“坐标轴选项”中的“纵坐标交叉于坐标轴值”后填入“25%”。
添加标签名称	选中图中的散点，右键选择“添加数据标签”，添加散点标签值。选择其中一点的标签值（例如选择-0.133），将鼠标指针放入“*f*x”后的编辑栏内，输入“=”，然后将鼠标指针放入A6单元格内（因为-0.133对应的细分客户名称在A6单元格内），于是在编辑栏内显示“＝Sheet1！$A$6”，按回车键，A6单元格内的“高端享受型客户”就被链接到该散点的标签上了。同理，添加其他散点的标签名称。

最后，得到矩阵图（见图6-30）。从该图中可知，中端外向型客户是甲保险公司的首选目标客户，其次是中端享受型客户和高端享受型客户。

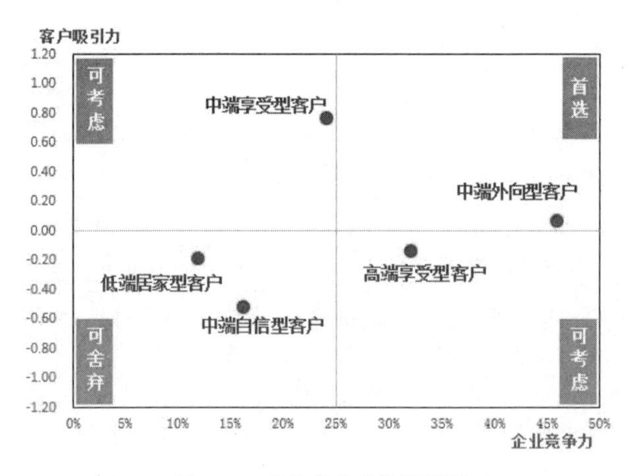

图6-30　目标客户选择矩阵图

6.5.7　目标客户定位

1. 目标客户特征描述

首先通过方差分析判断甲保险公司的目标客户（即中端外向型客户）与其他细分客户在哪些特征方面存在显著性差异。以性别为例，具体操作如下：

打开数据文件	双击打开本书配套资源中名为"保险公司客户分类数据"的SPSS文件。
选择菜单	分析→比较均值→单因素ANOVA。
设置变量	在弹出的"单因素方差分析"对话框中，按图6-31所示进行设置。

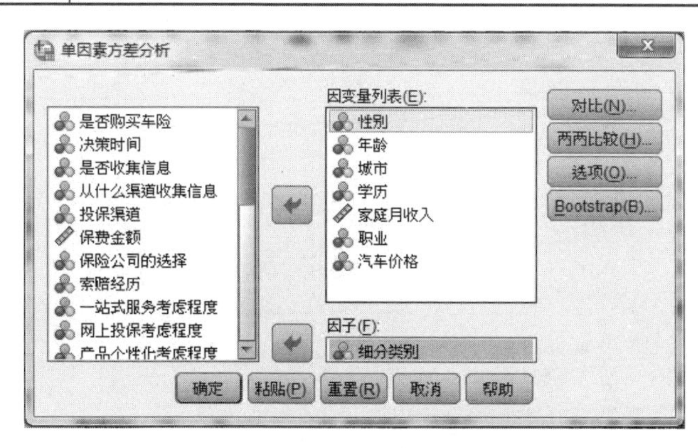

图6-31　各类客户特征方差分析操作

输出结果如表6-21所示，显著性P=0.000，$P<\alpha$（α的默认值为0.05）。通过方差分析显著性检验，表明甲保险公司的目标客户与其他细分客户在性别上是有差异的。

表6-21　各类客户特征方差分析输出结果

		平方和	*Df*	均方	*F*	显著性
性别	组间	39.034	4	9.759	57.940	0.000
	组内	119.077	707	0.168		
	总数	158.111	711			

同理可知，甲保险公司的目标客户与其他细分客户还在年龄、城市、家庭月收入、购买车险的汽车价格这4个特征上存在显著性差异，但在学历和职业上没有显著性差异。

接下来，通过对应分析描述甲保险公司的目标客户与其他细分客户在性别、年龄、城市、家庭月收入、购买车险的汽车价格5个特征上的具体差异。具体操作如下：

打开数据文件	双击打开本书配套资源中名为"保险公司客户分类数据"的SPSS文件。
选择菜单	分析→降维→最优尺度。在弹出的"最佳尺度"对话框中，"最佳度量水平"选择"所有变量均为多重标称"，"变量集的数目"选择"一个集合"，然后单击"定义"按钮。
设置变量	在弹出的"多重对应分析"对话框中，在"分析变量"框中选入"细分类别""性别""年龄""城市""家庭月收入""汽车价格"变量，并定义它们的权重分别为5、2、3、7、5、4（即相应题目的选项个数）。

续表

设置选项	“变量”选项，将“细分类别”“性别”“年龄”“城市”“家庭月收入”“汽车价格”选入“联合类别图”中，单击“继续”按钮。

完成上述操作后，返回到“多重对应分析”对话框中，单击“确定”按钮，生成多项输出结果，其中散点图最重要，直观呈现了各类细分客户的属性特征。对散点图进行美化，效果如图6-32所示。

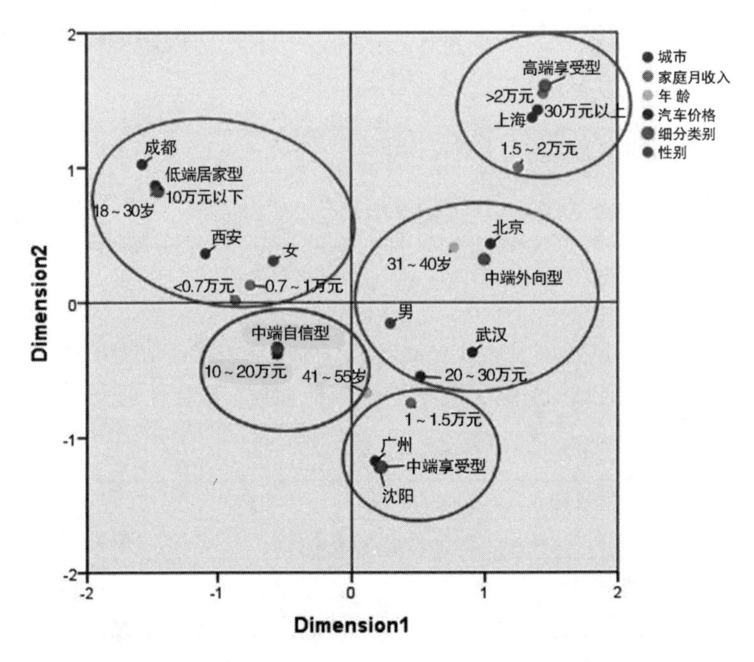

图6-32 各类客户特征对应分析结果

从图6-32可以得到以下结论：

- 低端居家型客户的年龄多在18~30岁之间，家庭月收入多在1万元以下，多集中在成都和西安，家用轿车的价位多在10万元以下，并具有明显的女性特征。
- 高端享受型客户上海居多，家庭月收入多超过1.5万元，家用轿车的价位多在30万元以上。
- 中端享受型客户的家庭月收入多为1~1.5万元，在广州和沈阳居多。
- 中端自信型客户的年龄偏大，多为41~55岁，家用轿车的价位多为10~20万元。
- 而甲保险公司的目标客户——中端外向型客户的年龄多为31~40岁，多集中在北京，在武汉的分布比例也比其他细分客户高，家用轿车的价位多在20~30万元之间，并具有明显的男性特征。

2. 目标客户需求定位

对目标客户的需求进行定位也是先做方差分析，再做交叉分析或比较均值。使用方差分析检验甲保险公司的目标客户在哪些需求上与其他细分客户存在显著性差异，然后对通过检验者使用交叉分析或比较均值找出相应需求的具体差异。

在本案例中，反映客户需求特征的题目为Q1~Q12题，而方差分析研究的是属于不同细分类别的客户是否在Q1~Q12题所反映的需求特征上存在显著性差异。方差分析操作如下：

打开数据文件	双击打开本书配套资源中名为“保险公司客户分类数据”的SPSS文件。
选择菜单	分析→比较均值→单因素ANOVA。
设置变量	在弹出的“单因素方差分析”对话框中，按图6-33所示进行设置。

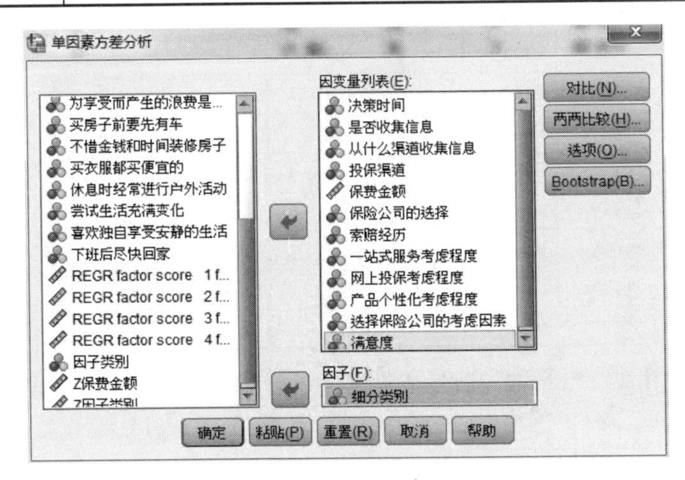

图6-33 各类客户需求定位方差分析操作

输出结果如表6-22所示（因表格较长，仅保留通过检验者）。由该表可知，甲保险公司的目标客户与其他细分客户在保费金额、保险公司的选择、一站式服务/网上投保/产品个性化考虑程度、选择保险公司考虑的因素和满意度7个方面存在显著性差异。

表6-22 各类客户需求定位方差分析输出结果

		平方和	*Df*	均方	*F*	显著性
保费金额	组间	360857244.788	4	90214311.197	306.109	0.000
	组内	208362409.226	707	294713.450		
	总数	569219654.0	711			

续表

		平方和	*Df*	均方	*F*	显著性
保险公司的选择	组间	24.522	4	6.130	5.008	0.001
	组内	865.477	707	1.224		
	总数	889.999	711			
一站式服务考虑程度	组间	42.586	4	10.647	5.310	0.000
	组内	1417.594	707	2.005		
	总数	1460.180	711			
网上投保考虑程度	组间	22.003	4	5.501	2.566	0.037
	组内	1515.744	707	2.144		
	总数	1537.747	711			
产品个性化考虑程度	组间	21.100	4	5.275	2.861	0.023
	组内	1303.584	707	1.844		
	总数	1324.684	711			
选择保险公司考虑的因素	组间	36.998	4	9.249	4.621	0.001
	组内	1415.182	707	2.002		
	总数	1452.180	711			
满意度	组间	116.380	4	29.095	91.240	0.000
	组内	225.450	707	0.319		
	总数	341.830	711			

接下来，使用交叉分析或比较均值描述各类细分客户在这些需求上的具体差异。

“保险公司的选择”“选择保险公司考虑的因素”“满意度”为分类型数据，因此使用交叉分析描述具体差异。具体操作如下：

打开数据文件	双击打开本书配套资源中名为“保险公司客户分类数据”的SPSS文件。
选择菜单	分析→描述统计→交叉表。
设置变量	在弹出的“交叉表”对话框中，按图6-34所示进行设置。

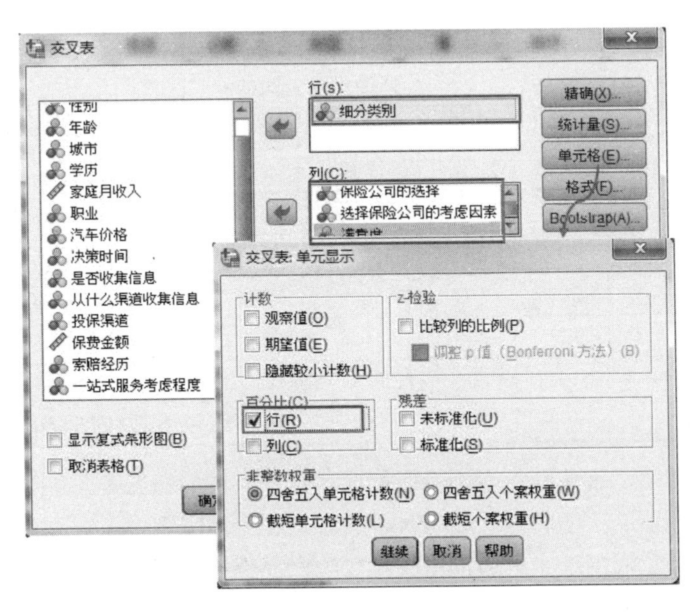

图6-34　各类客户需求定位交叉分析操作

输出结果如表6-23至表6-25所示。

表6-23　细分类别和保险公司的选择交叉分析结果

		保险公司的选择				合计
		甲保险公司	乙保险公司	丙保险公司	丁保险公司	
细分类别	低端居家型	11.9%	28.3%	35.8%	23.9%	100.0%
	中端享受型	24.1%	25.5%	25.9%	24.5%	100.0%
	中端外向型	45.9%	14.3%	18.8%	21.1%	100.0%
	中端自信型	16.3%	33.3%	26.8%	23.6%	100.0%
	高端享受型	32.1%	21.0%	9.9%	37.0%	100.0%
合计		25.0%	24.9%	25.1%	25.0%	100.0%

从表6-23可知，低端居家型客户多选择丙保险公司；中端自信型客户多选择乙保险公司；高端享受型客户多选择丁保险公司；中端享受型客户无明显品牌偏好；甲保险公司的目标客户——中端外向型客户对甲保险公司的认同度最高。

表6-24　细分类别和选择保险公司考虑的因素交叉分析结果

		选择保险公司的考虑因素							合计
		服务态度好	公司知名度高	产品价格便宜	服务网点多	亲朋推荐	信任销售人员	理赔服务效率高	
细分类别	低端居家型	5.70%	4.40%	16.40%	30.80%	23.90%	15.10%	3.80%	100.0%
	中端享受型	1.40%	4.20%	12.50%	23.10%	27.30%	25.50%	6.00%	100.0%
	中端外向型	5.30%	2.30%	11.30%	24.80%	32.30%	18.00%	6.00%	100.0%
	中端自信型	8.10%	2.40%	14.60%	26.00%	17.90%	25.20%	5.70%	100.0%
	高端享受型	2.50%	3.70%	6.20%	21.00%	29.60%	24.70%	12.30%	100.0%
	合计	4.40%	3.50%	12.80%	25.40%	26.10%	21.60%	6.20%	100.0%

从表6-24可知，服务网点多、亲朋推荐和销售人员信赖度是各类客户在选择保险公司时均较为看重的三个因素。此外，各类客户在考虑因素上还有以下不同：与其他类别的客户相比，低端居家型客户更关注保险产品价格及服务网点；中端享受型客户更关注销售人员信赖度；中端自信型客户更关注服务态度；高端享受型客户更关注理赔服务的效率；甲保险公司的目标客户——中端外向型客户更关注亲朋推荐。

表6-25　细分类别和满意度交叉分析结果

		满意度			合计
		满意	还可以	不满意	
细分类别	低端居家型	36.5%	59.1%	4.4%	100.0%
	中端享受型	12.5%	50.9%	36.6%	100.0%
	中端外向型	1.5%	36.1%	62.4%	100.0%
	中端自信型	16.3%	62.6%	21.1%	100.0%
	高端享受型		2.5%	97.5%	100.0%
合计		15.0%	46.5%	38.5%	100.0%

从表6-25可知，各类客户对目前所购买的车险满意度整体不高，其中，低端居家型客户、中端享受型客户和中端自信型客户认为目前所购买的车险还可以；而高端享受型客户以及甲保险公司的目标客户——中端外向型客户对目前所购买的车险并不满意，甲保险公司需要针对其目标客户开展进一步的调研，搞清楚中端外向型客户没有被满足的需求具体是什么，并加以改进。

由于“保费金额”“一站式服务考虑程度”“网上投保考虑程度”“产品个性化考虑程度”为数值型数据，因此使用比较均值描述具体差异。具体操作如下：

打开数据文件	双击打开本书配套资源中名为“保险公司客户分类数据”的SPSS文件。
选择菜单	分析→比较均值→均值。
设置变量	在弹出的“均值”对话框中，按图6-35所示进行设置。

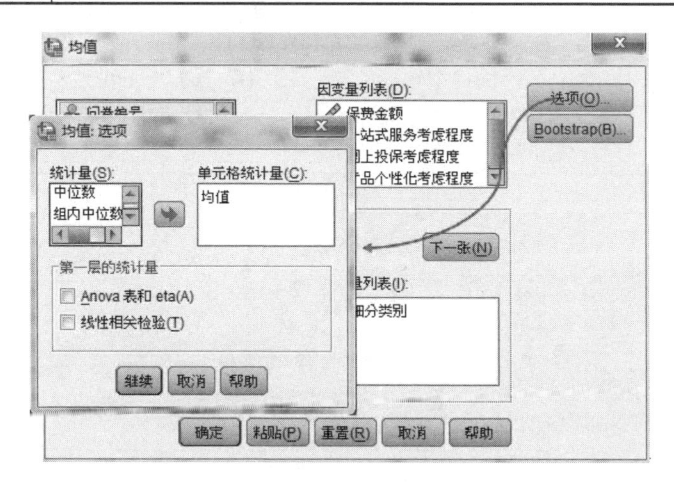

图6-35 各类客户需求定位比较均值操作

输出结果如表6-26所示。

表6-26 细分类别和客户需求比较均值报告

细分类别	保费金额	一站式服务考虑程度	网上投保考虑程度	产品个性化考虑程度
低端居家型	1481.80	4.46	4.57	5.23
中端享受型	2098.27	4.71	4.72	5.36
中端外向型	2780.00	4.55	4.73	5.44
中端自信型	1708.33	4.12	4.37	4.93
高端享受型	3780.10	4.95	5.00	5.38
总计	2211.91	4.55	4.66	5.27

从表6-26可知，低端居家型客户每年的保费金额低于1500元；中端自信型客户在1700元左右；中端享受型客户在2000元左右；高端享受型客户超过3500元；甲保险公司的目标客户——中端外向型客户在2500~3000元之间，比其他细分客户更重视保险产品的个性化。

最后来分析甲保险公司的目标客户——中端外向型客户在决策时间、是否收集信息、信息收集渠道、投保渠道及索赔经历上的需求特征。因为各类客户在这些方面的需求特征不存在显著性差异，所以不需要进行对比分析，只需分析中端外向型客户即可。具体操作如下：

第一步：选择只分析中端外向型客户

打开数据文件	双击打开本书配套资源中名为“保险公司客户分类数据”的SPSS文件。
选择菜单	数据→选择个案。在弹出的“选择个案”对话框中，选择“如果条件满足”，单击“如果”按钮（见图6-36）。
设置变量	在弹出的“选择个案：If”对话框中，选择“细分类别”变量，令其等于“3”（3为中端外向型客户，表示后续只针对中端外向型客户进行分析），具体操作如图6-36所示。

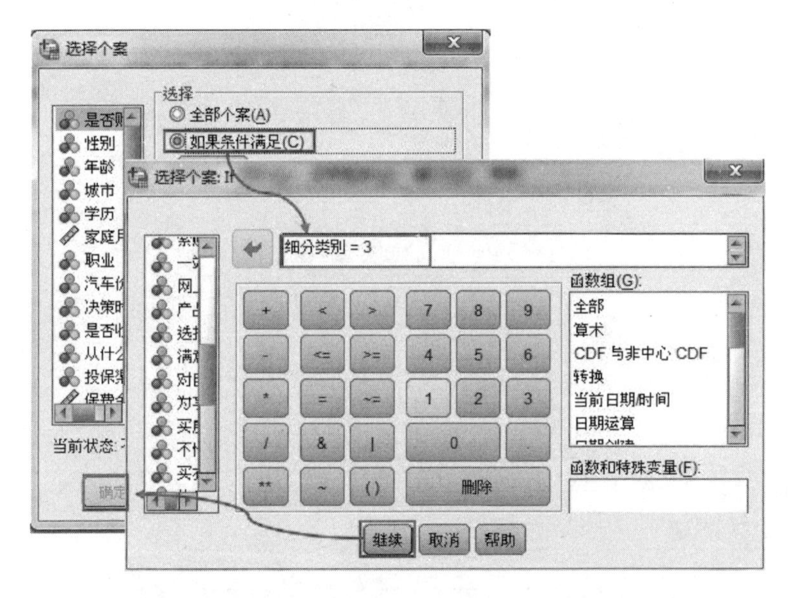

图6-36　中端外向型客户需求个案选择操作

细分类别≠3的个案都不参与后续计算，行号打上斜线，同时生成filter_$变量，该变量在细分类别=3时等于1，在细分类别≠3时等于0（见图6-37）。

	下班后尽快回家	FAC1_1	FAC2_1	FAC3_1	FAC4_1	因子类别	Z保费金额	Z因子类别	细分类别	filter_$
1	7	-.012	1.616	1.397	.938	2	-1.500	-.4116	1	0
2	3	-.179	-.856	-.061	-2.98	3	-1.131	.47375	1	0
3	7	-1.11	.728	-.664	-.664	2	-.5006	-.4116	1	0
4	4	1.523	-.264	-.187	-1.98	1	-.4939	-1.297	2	0
5	5	.438	-.520	-.091	-.654	1	-.9331	-1.297	2	0
6	5	-.020	-.664	-.564	.238	4	2.2219	1.3591	3	1

图6-37　中端外向型客户需求个案选择结果

第二步：通过频数统计来描述中端外向型客户在决策时间、是否收集信息、信息收集渠道、投保渠道及索赔经历上的需求特征

具体操作如下：

选择菜单	（在对“保险公司客户分类数据”SPSS文件进行如图6-36所示操作的基础上）分析→描述统计→频率。
设置变量	在弹出的“频率”对话框中，按图6-38所示进行操作。

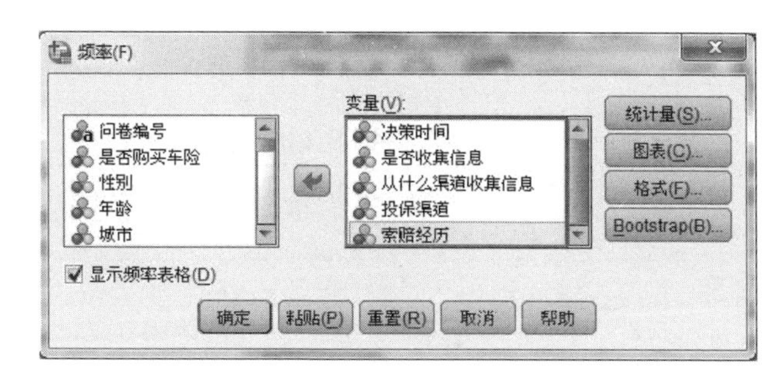

图 6−38　频数统计操作

输出结果如表6-27至表6-31所示。

表6-27　中端外向型客户决策时间频数统计结果

		频率	百分比	有效百分比	累积百分比
有效	一周以内	57	42.9	42.9	42.9
	两周以内	33	24.8	24.8	67.7
	三周以内	29	21.8	21.8	89.5
	一个月以内	11	8.3	8.3	97.7
	两个月以内	2	1.5	1.5	99.2
	其他	1	0.8	0.8	100.0
	合计	133	100.0	100.0	

从表6-27可知，68%的中端外向型客户购买车险的决策时间在两周以内，决策时间较短。

表6-28　中端外向型客户是否收集信息频数统计结果

		频率	百分比	有效百分比	累积百分比
有效	是	73	54.9	54.9	54.9
	否	60	45.1	45.1	100.0
	合计	133	100.0	100.0	

表6-29　中端外向型客户信息收集渠道频数统计结果

		频率	百分比	有效百分比	累积百分比
有效	网络	8	6.0	11.0	11.0
	亲朋推荐	52	39.1	71.2	82.2
	其他	13	9.8	17.8	100.0
	合计	73	54.9	100.0	
缺失	系统	60	45.1		
合计		133	100.0		

从表6-28和表6-29可知，中端外向型客户重视信息收集，最信赖的渠道是亲朋推荐。

表6-30　中端外向型客户投保渠道频数统计结果

		频率	百分比	有效百分比	累积百分比
有效	保险公司门店	31	23.3	23.3	23.3
	车险代理机构	55	41.4	41.4	64.7
	电话购买	18	13.5	13.5	78.2
	网络购买	21	15.8	15.8	94.0
	其他方式	8	6.0	6.0	100.0
	合计	133	100.0	100.0	

从表6-30可知，中端外向型客户多选择车险代理机构以及保险公司门店作为投保渠道，对其他投保渠道使用得较少。

表6-31　中端外向型客户索赔经历频数统计结果

		频率	百分比	有效百分比	累积百分比
有效	超过2次	53	39.8	39.8	39.8
	1~2次	77	57.9	57.9	97.7
	无	3	2.3	2.3	100.0
	合计	133	100.0	100.0	

从表6-31可知，98%的中端外向型客户有索赔经历，其中每年索赔1~2次者居多。

以上为甲保险公司车险客户分类分析的全过程。因为分析步骤较多，信息量较大，不易理解和记忆，所以接下来安排了“分析结果解读”一节，对分析结果进行总结，温故知新。

6.6　分析结果解读

该部分包括本案例的分析思路、分析主体和结论建议三个部分。

6.6.1 分析思路

分析思路如图6-39所示。

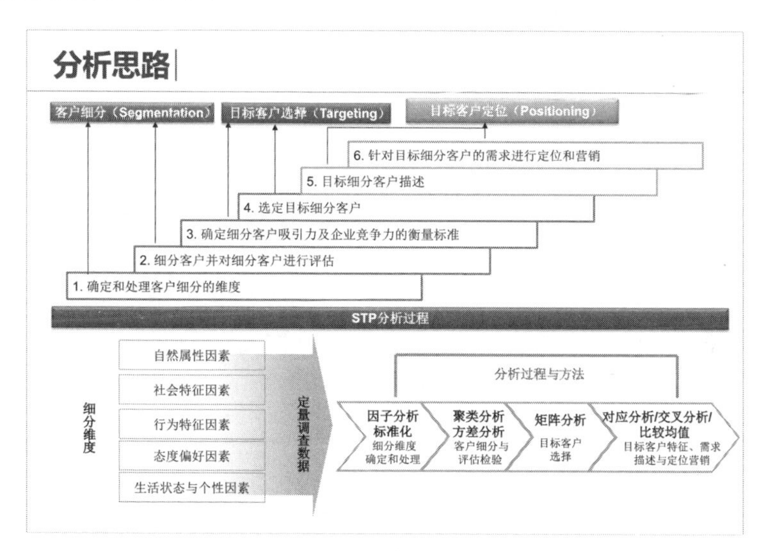

图6-39 分析思路

6.6.2 分析主体

分析主体如图6-40至图6-44所示。

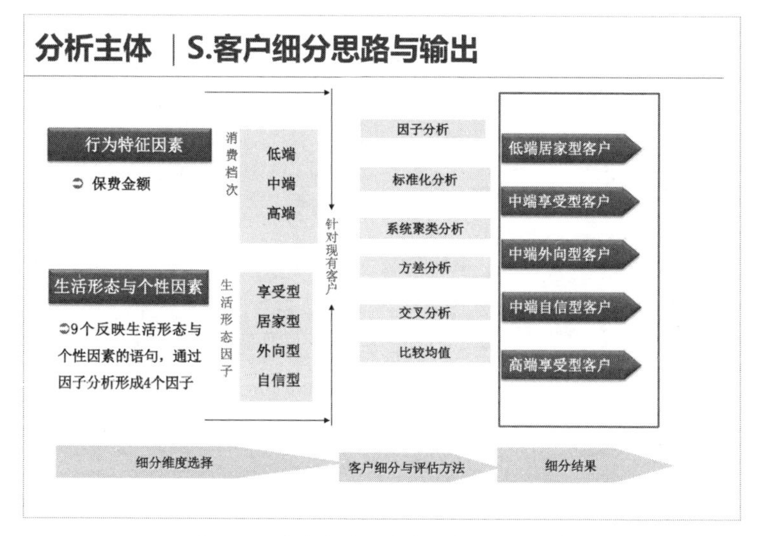

图6-40 分析主体：客户细分思路与输出

分析主体 | S.客户细分效果评估

从下表可以看到，“保费金额”和“因子类别”的显著性P=0.000，$P<\alpha$（α的默认值为0.05）。通过方差分析检验，表明细分出来的各类车险客户在保费金额和生活状态方面均存在显著性差异。

		平方和	Df	均方	F	显著性
保费金额	组间	360857244.788	4	90214311.197	306.109	0.000
	组内	208362409.226	707	294713.450		
	总数	569219654.014	711			
因子类别	组间	732.731	4	183.183	742.643	0.000
	组内	174.391	707	0.247		
	总数	907.122	711			

图6-41　分析主体：客户细分效果评估

分析主体 | T.目标客户选择

以客户规模和保费金额作为衡量客户吸引力的指标，以市场份额作为衡量企业竞争力的指标，然后计算各细分客户群在客户吸引力和企业竞争力上的表现得分，得到下图。从该图可见，中端外向型客户是甲保险公司的首选目标客户。

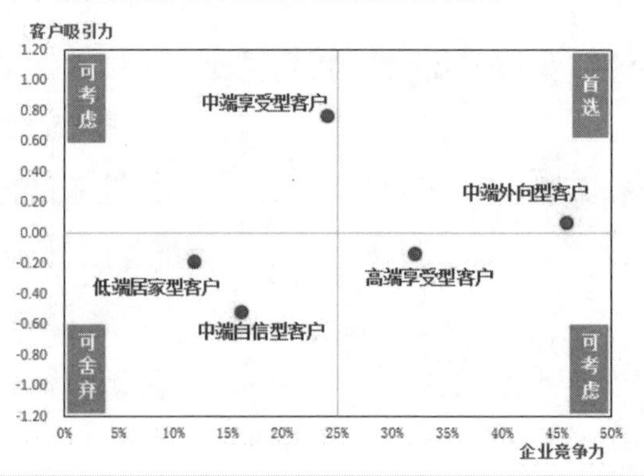

图6-42　分析主体：目标客户选择

分析主体｜ P.目标客户定位

中端外向型客户——1. 市场和客户特征

用户特征	多为男性，多集中在北京，年龄多在 31~40 岁之间，家用轿车的价位多在 20~30 万元之间，决策时间较短		
客户规模	18.7%	平均保费金额	2780元
甲保险公司市场占有率	45.9%	对目前保险的满意度	不满意者占62.4%
竞争品牌及其市场占有率	乙保险公司14.3%，丙保险公司18.8%，丁保险公司21.1%		
关键利益点	在选择保险公司时最关注亲朋推荐，其次是保险公司规模（即服务网点的多少）和销售人员信赖度。最重视保险产品的个性化，对网上投保和一站式服务也有一定的考虑		

图 6-43　分析主体：目标客户定位（一）

分析主体｜ P.目标客户定位

中端外向型客户——2. 市场定位策略建议

主打产品

保费价格：2500 ~ 3000元 /年

产品设计：产品个性化

服务设计：一站式服务

销售渠道

购买车险的主要渠道：车险代理机构和保险公司门店

除了传统渠道，该细分市场网上投保的比例为：15.8%

渠道宣传的重点应放在：增加服务网点、提高销售人员素质

促销推广

推广方式：口碑营销，向亲朋推荐

该类客户对价格敏感的比例：11.3%

其他推广方式为：促销活动，首推打折/降价

售后服务

该类客户有索赔经历的比例：97.7%

该类客户对目前购买的车险不满意的比例：62.4%

在售后方面：该类客户中，大部分客户均有车险索赔经历，且对理赔的售后服务满意度不高，需进一步调研该类客户未被满足的需求，改进和提升售后服务

图 6-44　分析主体：目标客户定位（二）

6.6.3 结论建议

结论建议

S.客户细分

细分维度的选择	• 基于事后分类优于事前分类维度与差异化表现，选择反映客户生活状态与个性因素的9个语句以及保费金额作为细分维度
细分维度的处理	• 通过对9个语句的因子分析、对生成的生活形态因子与保费金额的标准化分析，实现数据的消减和转化
细分方法的选择	• 由于生成的生活形态因子为分类变量，因此选用系统聚类法
客户细分与命名	• 通过交叉分析与比较均值，将细分客户分别命名为：低端居家型、中端享受型、中端外向型、中端自信型和高端享受型
细分客户效果评估	• 细分客户通过方差分析检验，表明各类车险客户在保费金额和生活状态方面均存在显著性差异，聚类效果良好

图 6-45　结论建议：客户细分

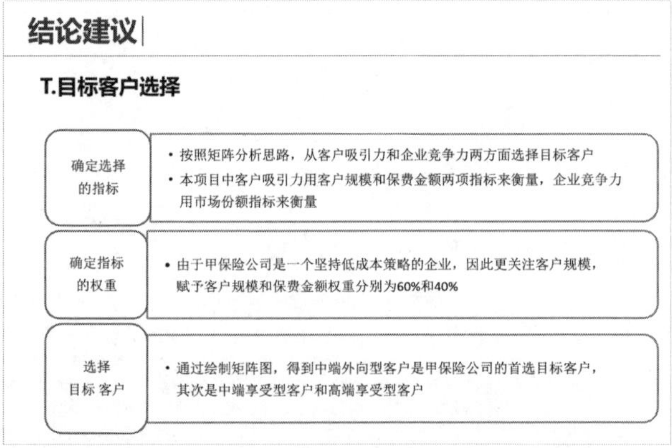

结论建议

T.目标客户选择

确定选择的指标	• 按照矩阵分析思路，从客户吸引力和企业竞争力两方面选择目标客户 • 本项目中客户吸引力用客户规模和保费金额两项指标来衡量，企业竞争力用市场份额指标来衡量
确定指标的权重	• 由于甲保险公司是一个坚持低成本策略的企业，因此更关注客户规模，赋予客户规模和保费金额权重分别为60%和40%
选择目标 客户	• 通过绘制矩阵图，得到中端外向型客户是甲保险公司的首选目标客户，其次是中端享受型客户和高端享受型客户

图 6-46　结论建议：目标客户选择

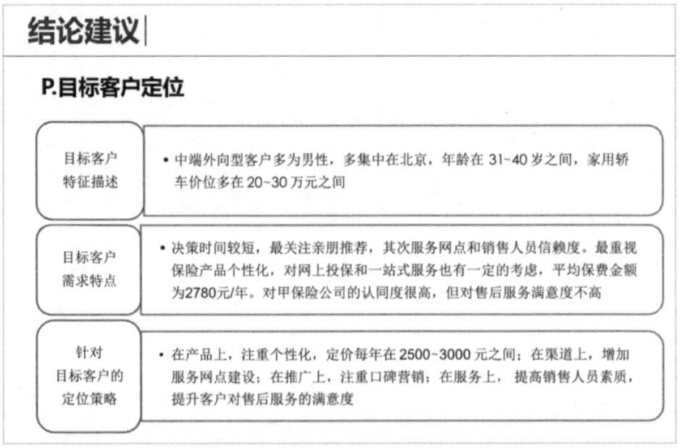

结论建议

P.目标客户定位

目标客户特征描述	• 中端外向型客户多为男性，多集中在北京，年龄在 31~40 岁之间，家用轿车价位多在 20~30 万元之间
目标客户需求特点	• 决策时间较短，最关注亲朋推荐，其次服务网点和销售人员信赖度。最重视保险产品个性化，对网上投保和一站式服务也有一定的考虑，平均保费金额为2780元/年。对甲保险公司的认同度很高，但对售后服务满意度不高
针对目标客户的定位策略	• 在产品上，注重个性化，定价每年在 2500~3000 元之间；在渠道上，增加服务网点建设；在推广上，注重口碑营销；在服务上，提高销售人员素质，提升客户对售后服务的满意度

图 6-47　结论建议：目标客户定位

6.7　本章结构图

本书结构图如图6-48所示。

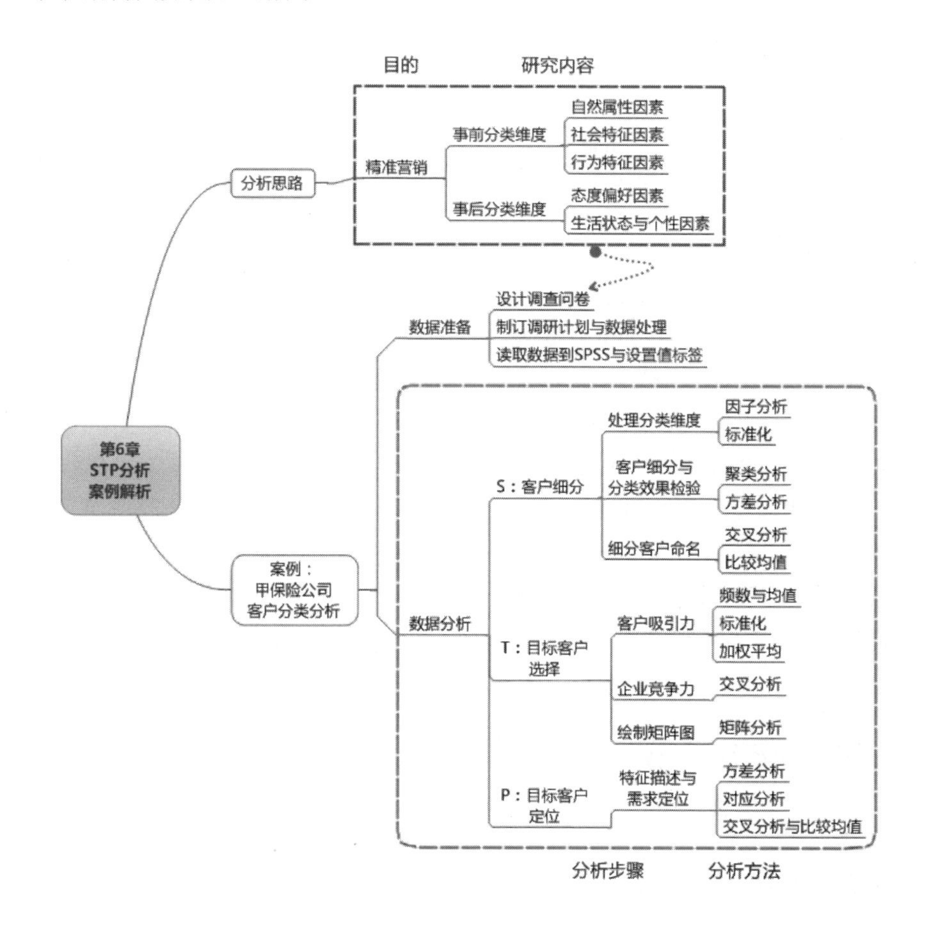

图6-48　第6章结构图

第7章

品牌建设分析案例解析——某手机品牌建设分析[1]

伴随着手机市场的成熟化和同质化，国内手机市场竞争日益激烈。从品牌来讲，尽管苹果、三星仍然是全球手机行业的核心力量，但以华为为代表的中国手机军团和它们之间的距离越来越小，尤其是近两年，苹果和三星在产品上缺乏创新，给中国手机厂商带来巨大的市场机会和想象空间。在这样的背景下，品牌B进入手机市场，经过几年折戟沉沙取得一定的市场份额。随着竞争的进一步加剧，品牌提升成为品牌B获取持续成功的市场利器。而要提升品牌，就要摸清目前品牌建设的现状和存在的问题，为此品牌B立项开展手机品牌建设调研。假设你是品牌B的数据分析师，负责该调研项目,你打算怎么做呢？

7.1 研究目的：提升品牌价值

7.1.1 品牌的内涵

当你接手这个项目时，首先需要搞清楚为什么品牌B重视品牌建设，也就是品牌对于企业而言，究竟有什么价值。而要回答这个问题，首先应知道什么是品牌。

那么，什么是品牌呢？我一提LV，女孩的眼睛会发亮，小猫、小狗的眼睛会发亮吗？不会。也就是说，品牌只会对人发生作用，由于有人，品牌才有了价值。因此，要解释品牌的内涵，就要解释为什么人需要品牌，通过对人的分析导引出品牌的内涵。

人是什么？高等动物。因为人除了有物质上的需求，还有精神上的追求。人心由两部分构成：一部分是兽性；一部分是人性。兽性提出的是对物质的本能需求，但还

1 本章数据资料见本书配套资源中名为“第7章品牌建设分析”的文件夹。

有人性，有对美好事物的追求。比如，你让一只小狗去看电影、听音乐、赏字画，它根本没有感觉，只有人才会仔细地品味其中的境界。这说明每个人的内心都有对美的向往。这不同于对食物、对衣服的本能需求。

正是由于这种人心结构，人们就有了精神和本能两种需求。这就决定了一件好商品，既要满足人们精神层面的需求，又要满足人们本能层面的需求。比如，你买一块手表，本能需求是看时间；但为什么你向往劳力士呢？是劳力士这种机械表比电子表走得更准吗？不是，电子表比机械表走得更准。那你看重的是什么？是劳力士给你贴上成功人士标签的那种愉悦。因此，商品的本质是包含了精神和功能两种价值（见图7-1）。其中，功能价值的载体是产品，而精神价值的载体就是品牌。比如你去麦当劳吃快餐，你吃饱了，这是产品部分实现的功能价值；你感到自己融入了现代的生活中，这就是品牌部分实现的精神价值。所以说，品牌是传达给人们精神价值的载体。

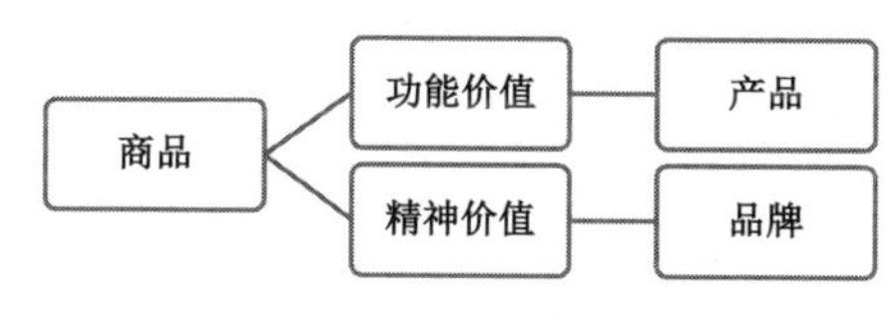

图7-1　商品的本质

7.1.2　品牌的价值

品牌之所以存在，就是因为它象征着一种精神价值，而这种精神价值能让你更快乐。品牌的意义要远远大于产品本身的功能。这就是在商业领域如此重视品牌的原因，只有塑造出品牌，才能为人们提供最大的价值。

也正因为如此，品牌常常会给企业带来溢价。如果没有塑造出品牌，卖的是产品，在产品同质化的背景下，只有微薄的利润空间，在原材料成本及人力成本不断上涨的大环境下，甚至有可能出现零利润或负利润，而企业一旦塑造起深入人心的品牌，其售价就会提高数十倍甚至上百倍，能够给企业创造更多的利润和价值。

因此，本案例研究的目的在于提升品牌价值。更确切地说，是希望获得品牌溢价。

7.2　研究内容：品牌认知与行为

所谓品牌认知，是指品牌在消费者心目中的印象和地位。为了解品牌在消费者心目中的印象，企业需要开展品牌形象分析；为了解品牌在消费者心目中的地位，企业需要开展品牌知名度分析。

所谓品牌行为，是指消费者对品牌的了解、评价、选择和使用等一系列行为。消费者在这些行为的过程中，会产生相应的体验和态度，使之在品牌间进行流转，为了减少消费者的流失，提升消费者对自身品牌的忠诚度，企业需要开展品牌流转分析。

7.2.1 品牌形象分析

正是由于品牌如此重要，因此企业都很重视品牌建设，关心自身品牌在消费者心目中的形象，于是就有了品牌形象分析。

什么是品牌形象？品牌形象是企业留给消费者的印象。这种印象会直接影响到消费者的购买决策，只有消费者对企业的印象与其自己的需求相匹配，他才会买这个企业的东西。比如消费者是价格敏感者，他感觉某企业是高档次的，可能他就不会买这个企业的东西；比如消费者是保守的老年人，他感觉某企业是追求时尚个性的，可能他也不会买这个企业的东西。

一方面，消费者挑企业；另一方面，企业也挑消费者。因为企业资源是有限的，很难满足所有消费者的需求，所以企业需要挑出最适合的目标消费者，然后通过一系列的营销活动去吸引和满足他们。就好像在自己的胸前贴个标签，告诉目标消费者，“快到我这来，我就是你的菜！”这就是品牌定位。

品牌定位与品牌形象既有区别又有联系。比如我是企业，你是目标消费者。品牌定位是我往自己胸前贴个标签来吸引你；品牌形象是凭着对我的印象，你在我胸前贴个标签来评价我（见图7-2）。两者一致，你我一拍即合；两者不一致，独留我一厢情愿，徒劳无功。

企业给自己贴标签：品牌定位

消费者给企业贴标签：品牌形象

图7-2　品牌定位与品牌形象的区别

为避免徒劳无功，企业常常需要换位思考，了解自己在目标消费者眼中的品牌形象，以此判断自己的品牌该如何定位，或者检验自己的品牌定位做得好不好，是一致还是混乱，能否和竞争对手区隔开，形成自己的特色。

因此，品牌形象分析对于企业的品牌定位具有重要价值，既能帮助企业明确定位，又能帮助企业对定位的一致性和独特性进行检验。

品牌形象分析是本项目的第一个研究方向。

那么，具体研究哪些内容呢？如前所述，品牌是传达给人们精神价值的载体。因此，品牌形象分析就是要分析某品牌具体传达给了人们哪些精神价值。通过对手机用户的定性访谈，这里确定15个对精神价值的描述性语句：

正直可靠、社会潮流、实力雄厚、值得信赖、有抱负的

历史悠久、社会认同、自由乐观、国际化的、外观精美

服务优异、关爱亲切、年轻时尚、品牌高档、内在满足

基于上述描述性语句，针对本案例的品牌形象分析部分，设置调研题目如下：

Q0. 我将读出下列语句，在我读出每一个语句时，请您想想在品牌A至品牌H中，哪些品牌适合该语句，则在相应的括号处打“√”。您可以选择一个或多个品牌，或者一个品牌也不选。即使您没有试过这个品牌，也可以根据感觉回答这个问题。现在开始，请问您认为哪些品牌是……（从头开始读语句，依次进行）

	品牌A	品牌B	品牌C	品牌D	品牌E	品牌F	品牌G	品牌H
01正直可靠……	（ ）……	（ ）……	（ ）……	（ ）……	（ ）……	（ ）……	（ ）……	（ ）
02社会潮流……	（ ）……	（ ）……	（ ）……	（ ）……	（ ）……	（ ）……	（ ）……	（ ）
03实力雄厚……	（ ）……	（ ）……	（ ）……	（ ）……	（ ）……	（ ）……	（ ）……	（ ）
04值得信赖……	（ ）……	（ ）……	（ ）……	（ ）……	（ ）……	（ ）……	（ ）……	（ ）
05有抱负的……	（ ）……	（ ）……	（ ）……	（ ）……	（ ）……	（ ）……	（ ）……	（ ）
06历史悠久……	（ ）……	（ ）……	（ ）……	（ ）……	（ ）……	（ ）……	（ ）……	（ ）
07社会认同……	（ ）……	（ ）……	（ ）……	（ ）……	（ ）……	（ ）……	（ ）……	（ ）
08自由乐观……	（ ）……	（ ）……	（ ）……	（ ）……	（ ）……	（ ）……	（ ）……	（ ）
09国际化的……	（ ）……	（ ）……	（ ）……	（ ）……	（ ）……	（ ）……	（ ）……	（ ）
10外观精美……	（ ）……	（ ）……	（ ）……	（ ）……	（ ）……	（ ）……	（ ）……	（ ）
11服务优异……	（ ）……	（ ）……	（ ）……	（ ）……	（ ）……	（ ）……	（ ）……	（ ）
12关爱亲切……	（ ）……	（ ）……	（ ）……	（ ）……	（ ）……	（ ）……	（ ）……	（ ）
13年轻时尚……	（ ）……	（ ）……	（ ）……	（ ）……	（ ）……	（ ）……	（ ）……	（ ）
14品牌高档……	（ ）……	（ ）……	（ ）……	（ ）……	（ ）……	（ ）……	（ ）……	（ ）
15内在满足……	（ ）……	（ ）……	（ ）……	（ ）……	（ ）……	（ ）……	（ ）……	（ ）

7.2.2 品牌知名度分析

定位相同的不同品牌，有些深入人心，有些却被遗忘。企业当然不希望被遗忘，为此需要提高品牌知名度。此外，国外研究人员通过大量统计数据得出了品牌知名度与使用率的关系曲线，如图7-3所示。从该图可知，品牌知名度与使用率正相关，并且品牌知名度呈现J型分布，存在拐点，只有品牌知名度到达某一点，使用率才会迅速上升。

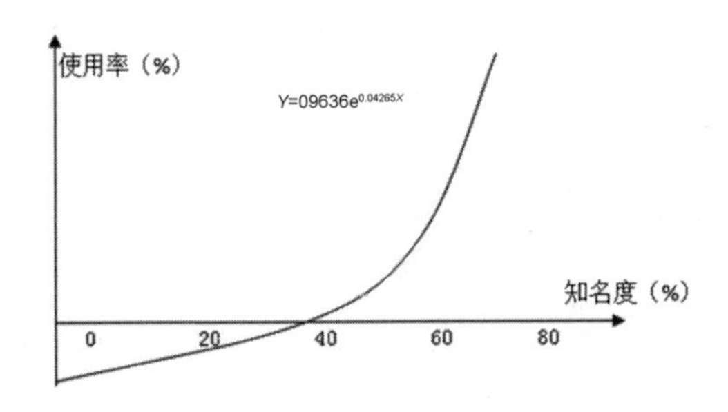

图7-3　品牌知名度与使用率的关系曲线

由此你可以体会到品牌知名度对企业业绩提升的重要性。

那么，什么是品牌知名度呢？

品牌知名度反映的是品牌被消费者知晓的程度，即知道该品牌的人数占总人数的百分比。衡量品牌知名度的指标有三项：第一提及知名度、提示前知名度和提示后知名度。

第一提及知名度是消费者第一提及的品牌，或者其拥有的品牌，或者其想买的品牌，或者其长期接受广告灌输的结果。第一提及知名度最高的品牌，在消费者心目中甚至是该类产品的象征，因此常把第一提及知名度作为品牌在消费者心目中的份额的度量。

严格来说，提示前知名度才是真正的知名度，提示后知名度仅是认知度。但在实际工作中还会使用提示后知名度，因为它可以发现有希望的新品牌。当一个新品牌进入市场时，其提示前知名度往往很小，在调查中容易被忽略，此时，可以通过提示后知名度来判断这个新品牌的发展潜力。

本案例要反映出品牌B的知名度，因此需要调研第一提及知名度、提示前知名度和提示后知名度。为此，在调查问卷中设置下列三个问题：

Q1. 请问您知道手机的哪些品牌【访问员读出该题目并在横线上填写受访者答案】

Q1.1 第一提及的品牌：____________________

Q1.2 随后提及的手机品牌：__________________【按提及顺序填写】

Q2. 请您看一下以下这些品牌，还有哪些是您知道的或听说过的？______【多选】

1品牌A	2品牌B	3品牌C	4品牌D	5品牌E	6品牌F	7品牌G	8品牌H	9其他

7.2.3　品牌流转分析

利用品牌提示前和提示后知名度，可以将品牌分为正常品牌、衰退品牌、利基品牌、强势品牌4类。如果你的品牌是衰退品牌，则急需加以提升；如果你的品牌是强势品牌，那么是否说明你的品牌建设很成功，不需要努力了呢？

仍需努力。品牌知名度的提高，只说明有很多人知道你，但是这些人不是静止不动的，在经过信息收集、方案比选、购买决策、购后行为等阶段后，最终只有一部分用户转化成为你的现实用户，而从上个阶段到下个阶段，总会有用户在品牌间进行流转（简称“品牌流转”）。

企业希望发生品牌流转吗？那要看流转方向。若是流入，则皆大欢喜；若是流出，则要痛定思痛。换句话说，通过分析品牌流转，尤其是品牌的流出，企业可以发现品牌建设的症结所在，从而找到品牌提升的关键点。

那么，如何分析品牌流转呢？由于用户在品牌间的流转贯穿于用户行为五阶段之中，因此要搞清楚品牌流转问题，就要跟踪用户在五阶段中对该品牌态度的转变，然后对不同阶段的用户人数进行统计。

- 产生需求阶段，询问用户是否听说过该品牌，统计听说过的用户人数占比，即品牌知名度。
- 信息收集阶段，询问用户是否熟悉该品牌，统计熟悉的用户人数占比，即品牌熟悉度。
- 方案比选阶段，询问用户是否考虑该品牌，统计考虑的用户人数占比，即品牌美誉度。
- 购买决策阶段，询问用户是否选择该品牌，统计选择的用户人数占比，即品牌购买度。
- 购后行为阶段，询问用户对该品牌是否满意，是否会再次购买或向他人推荐，统计用过该品牌且满意的用户占比，即品牌满意度；统计再次购买或向他人推荐的用户人数占比，即品牌忠诚度。

品牌知名度、品牌熟悉度、品牌美誉度、品牌购买度、品牌满意度、品牌忠诚度这6个比值统称“品牌资产”，它们构成了一个销售漏斗模型（见图7-4）。

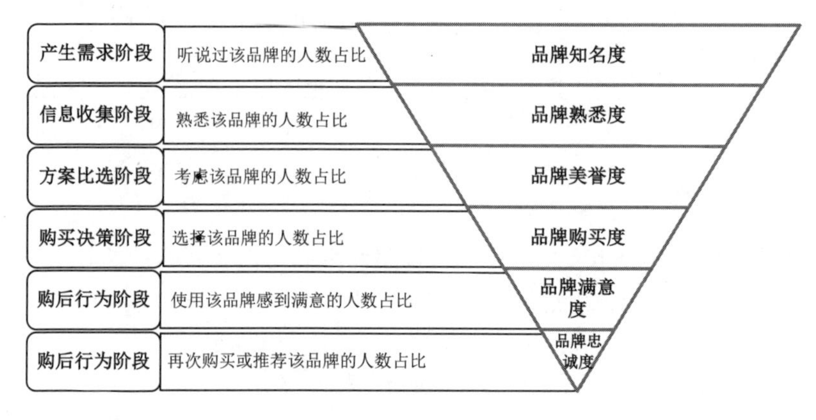

图7-4　销售漏斗模型

对比这些比值，可以回答三个问题：

- 用户流失的程度严不严重？
- 用户是在哪个环节流失的？
- 流失的用户去了哪里？

但是仅回答上述三个问题是不够的，还要搞清楚为什么会发生用户流失，以及如何解决用户流失的问题。为此，还要研究每个环节用户流转的原因和相应的解决方案。

基于上述考虑，针对本案例的品牌流转分析部分，设置调查问卷题目如下：

S1. 请问您最近半年是否购买了手机？____【单选】A、是【继续访问】 B、否【终止访问】

Q1. 请问您知道手机的哪些品牌【访问员读出该题目并在横线上填写受访者答案】

Q1.1 第一提及的品牌：________________________

Q1.2 随后提及的手机品牌：______________________【按提及顺序填写】

Q2. 请您看一下以下这些品牌，还有哪些是您知道的或听说过的？______【多选】

1 品牌A	2 品牌B	3 品牌C	4 品牌D	5 品牌E	6 品牌F	7 品牌G	8 品牌H	9 其他

Q3. 您对哪些手机品牌比较熟悉？______【多选】

1 品牌A	2 品牌B	3 品牌C	4 品牌D	5 品牌E	6 品牌F	7 品牌G	8 品牌H	9 其他

Q4. 在购买手机时，您考虑过哪些品牌？______【多选】

1 品牌A	2 品牌B	3 品牌C	4 品牌D	5 品牌E	6 品牌F	7 品牌G	8 品牌H	9 其他

Q5.【针对Q4题没选2的】您没有考虑品牌B的最主要原因是_________。【请注明】

Q6. 您最近购买的这部手机品牌是________。【单选】

1 品牌 A	2 品牌 B	3 品牌 C	4 品牌 D	5 品牌 E	6 品牌 F	7 品牌 G	8 品牌 H	9 其他

Q7. 您在购买手机时，对下列因素的考虑程度如何？请您用 1~7 分进行打分（1 分表示“非常不重要”，4 分表示“一般”，7 分表示“非常重要”，请在相应的数字上打“ √ ”）。

01 手机外观好	1	2	3	4	5	6	7
02 产品质量好	1	2	3	4	5	6	7
03 知名品牌	1	2	3	4	5	6	7
04 价格便宜	1	2	3	4	5	6	7
05 续航能力强	1	2	3	4	5	6	7
06 售后服务好	1	2	3	4	5	6	7
07 存储空间大	1	2	3	4	5	6	7
08 高清摄像效果	1	2	3	4	5	6	7
09 支持全网通	1	2	3	4	5	6	7
10 具有指纹识别功能	1	2	3	4	5	6	7
11 隐私保护	1	2	3	4	5	6	7
12 促销活动	1	2	3	4	5	6	7
13 广告宣传	1	2	3	4	5	6	7
14 周边亲朋的建议和推荐	1	2	3	4	5	6	7
15 互联网上的评价	1	2	3	4	5	6	7
16 其他__________【请注明】	1	2	3	4	5	6	7

Q8. 最终您决定购买这个品牌手机的原因是______________。【单选，选项见上表】

Q9. 对于您最近购买的这部手机品牌，您是否满意？

A、非常不满意　B、不太满意　C、一般　D、比较满意　E、非常满意

Q10. 您是否愿意把自己所购买的手机品牌向他人推荐？

A、非常不愿意　B、不太愿意　C、一般　D、比较愿意　E、非常愿意

A1. 您的性别：____________【单选】

A、男　B、女

A2. 您的年龄：____________【单选】

A、18 岁及以下　B、19~29 岁　C、30~49 岁　D、50 岁及以上

A3. 您的家庭年收入：______【单选】

A、10 万元及以下　B、10~20 万元　C、20 万元以上

7.3 数据获取与处理

7.3.1 调研计划

为了获取调查问卷数据，需要回答6个问题：调查方法、调查对象、调查地点与样本量、项目周期、项目成员及其职责、项目质量与进度控制。这些问题构成一份调研计划（见表7-1）

表7-1 调研计划

调查方法	网络调查：使用问卷星设计调查问卷，在微信朋友圈发放，调查地点不限
调查对象	最近半年内购买手机的用户，并且根据手机市场现状，设置用户所购买的手机品牌配额
样本量	共计100个样本量
项目周期	共10天
项目成员及其职责	• 项目经理：负责整个项目的统盘，包括沟通业务需求、撰写研究方案、控制项目进度与质量，以及对团队成员的协调与管理 • 督导员：向项目经理汇报工作进展，负责访问员的招聘，对访问员及其访问质量直接负责 • 访问员：负责实际访问，及时向督导员报告进度、反馈问题，接受督导员和项目经理的监督 • 数据处理人员：负责问卷审核、数据录入、数据检查，对各地调研数据质量进行评价 • 数据分析人员：负责对调查和处理好的数据按照研究方案进行分析 • 报告撰写与宣讲人员：负责撰写分析报告并向公司相关领导进行宣讲
项目质量与进度控制	• 质量控制：要求回传受访者购买手机的发票照片，电话复核调研的真实性 • 进度控制：因样本量偏少，且采取网络调查，项目周期较短，因此对进度没有过程控制

对调研数据进行录入和整理，于是得到三类数据：品牌形象数据、品牌知名度数据和品牌流转数据（数据截图见图7-5至图7-7，完整数据见本书配套资源），其中品牌形象数据为Excel数据，品牌知名度和品牌流转数据为SPSS数据。

	A	B	C	D	E	F	G	H	I	J	K	L	M	N	O	P	Q
1	A_1	A_2	A_3	A_4	A_5	A_6	A_7	A_8	A_9	A_10	A_11	A_12	A_13	A_14	A_15	B_1	B_2
2	0	0	1	0	0	1	0	0	1	0	0	0	0	0	0	0	1
3	0	0	1	0	0	1	0	0	1	0	0	0	0	1	0	0	1
4	0	0	0	0	0	0	0	0	1	0	0	0	0	1	0	0	1
5	0	1	1	0	0	1	0	0	1	0	1	0	0	1	0	1	0
6	0	0	1	0	0	0	0	1	0	0	0	0	0	1	0	0	1
7	0	1	1	0	0	0	0	0	1	0	0	0	0	1	0	0	1
8	0	0	1	0	0	1	0	1	0	0	0	0	0	1	0	0	1
9	0	0	0	0	0	1	0	1	0	0	0	0	0	1	0	0	1
10	0	1	0	0	0	1	0	0	1	0	0	0	0	1	0	0	1
11	0	0	1	0	0	1	0	0	0	0	0	0	0	1	0	0	1
12	0	0	1	0	0	0	0	1	1	0	0	0	0	1	0	1	1

图7-5　品牌形象数据截图

	编号	S1是否购买手机	Q1.1第一提及品牌	Q1.2随后提及品牌	Q2.1提示后提及品牌1	Q2.2提示后提及品牌2	Q2.3提示后提及品牌3	Q2.4提示后提及品牌4
1	1	1	1	2	5	6	.	.
2	2	1	1	2	5	.	.	.
3	3	1	3	2	.	.	.	.
4	4	1	3	2	.	.	.	.
5	5	1	3	2	.	.	.	.
6	6	1	1	2	5	6	.	.
7	7	1	2	3	5	.	.	.
8	8	1	6	.	.	.	.	.
9	9	1	6	2	.	.	.	.

图7-6　品牌知名度数据截图

	编号	S1	Q1.1	Q1.2	Q2.1	Q2.2	Q2.3	Q2.4	Q3.1	Q3.2	Q3.3	Q3.4	Q4.1	Q4.2	Q4.3	Q5	Q6	Q7_1	Q7_2	Q7_3	Q7_4	Q7_5	Q7_6	Q7_7	Q7_8	Q7_9	Q7_10	Q7_11	Q7_12	Q7_13	Q7_14	Q7_15	Q8	Q9	Q10	A1	A2	A3
1	1	1	1	2	5	6	.	.	1	2	5	6	5	6	.	6	1	7	6	7	5	5	7	6	4	6	5	6	7	2	7	7	1	4	4	2	2	1
2	2	1	1	2	5	.	.	.	1	2	5	.	5	.	.	2	1	6	6	5	6	6	7	6	5	4	6	6	7	2	6	5	2	3	3	2	2	1
3	3	1	3	2	.	.	.	.	3	2	.	.	6	.	.	3	1	6	6	5	7	6	5	7	4	7	5	7	7	1	7	5	5	1	1	1	2	1
4	4	1	3	2	.	.	.	.	3	2	.	.	3	.	.	3	1	7	7	5	5	7	5	6	4	3	7	5	4	4	6	5	1	2	2	1	2	1
5	5	1	3	2	.	.	.	.	3	2	.	.	3	.	.	2	1	5	5	5	6	5	5	5	3	7	7	5	1	2	5	5	4	3	3	1	2	1
6	6	1	1	2	5	6	.	.	2	5	6	.	5	.	.	5	1	7	6	6	6	6	6	5	3	2	5	5	2	3	5	6	2	4	4	1	2	1

图7-7　品牌流转数据截图

7.3.2　数据处理

1. 品牌形象数据处理

在品牌形象数据（见图7-5）中，第一行是调研题目序号，其命名规则为“品牌_对精神价值的描述性语句的编码”，例如“A_1”表示“品牌A”具有“正直可靠”的精神价值；“B_2”表示“品牌B”具有引领“社会潮流”的精神价值。

品牌形象数据采用二分法，即仅有“0”和“1”两类数据，其中，“0”表示某用户认为该品牌不具有该精神价值；“1”表示某用户认为该品牌具有该精神价值。

而品牌形象分析的常用方法是品牌知觉图，制作品牌知觉图所需的数据格式如图7-8所示。第一列“品牌”数据是品牌名称的编码；第二列“指标”数据是对精神价值的描述性语句的编码；第三列“人数”数据是认为该品牌符合该指标的人数。

	A	B	C
1	品牌	指标	人数
2	1	2	14
3	1	3	74
4	1	5	28
5	1	6	66
6	1	8	19
7	1	9	70
8	1	11	19
9	1	14	92
10	2	2	95

图7-8 制作品牌知觉图所需的数据格式

因此，需要将调研数据（见图7-5）处理成如图7-8所示的数据格式。具体的处理步骤如下。

第一步：计算人数

品牌形象数据采用二分法，因此认为某品牌符合某指标的人数为列汇总（见图7-9）。

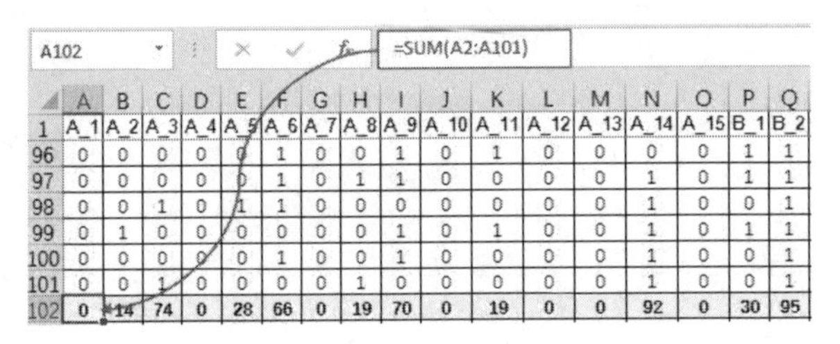

A102 =SUM(A2:A101)

	A	B	C	D	E	F	G	H	I	J	K	L	M	N	O	P	Q
1	A_1	A_2	A_3	A_4	A_5	A_6	A_7	A_8	A_9	A_10	A_11	A_12	A_13	A_14	A_15	B_1	B_2
96	0	0	0	0	0	1	0	0	1	0	1	0	0	0	0	1	1
97	0	0	0	0	0	1	0	1	1	0	0	0	0	1	0	1	1
98	0	0	1	0	1	1	0	0	0	0	0	0	0	1	0	0	1
99	0	1	0	0	0	0	0	0	1	0	1	0	0	1	0	1	1
100	0	0	0	0	0	1	0	0	1	0	0	0	0	1	0	0	1
101	0	0	1	0	0	0	0	1	0	0	0	0	0	1	0	0	1
102	0	14	74	0	28	66	0	19	70	0	19	0	0	92	0	30	95

图7-9 计算人数

第二步：提取品牌编码

本案例共有8个品牌，品牌名称为A~H，对应编码为1~8，位于数据第一行（见图7-9），因此品牌编码从这行提取。提取方法如图7-10所示。图中公式用于判断第一行相应单元格中的第一个字符是哪个字母，返回相应编码（如A1单元格中的第一个字符是A，则返回数字1）。

于是，得到品牌编码数据（见图7-10中的103行）。

A103 =IF(LEFT(A1,1)="A",1,IF(LEFT(A1,1)="B",2,IF(LEFT(A1,1)="C",3,IF(LEFT(A1,1)="D",4,IF(LEFT(A1,1)="E",5,IF(LEFT(A1,1)="F",6,IF(LEFT(A1,1)="G",7,8)))))))

	A	B	C	D	E	F	G	H	I	J	K	L	M	N	O	P
1	A_1	A_2	A_3	A_4	A_5	A_6	A_7	A_8	A_9	A_10	A_11	A_12	A_13	A_14	A_15	B_1
96	0	0	0	0	0	1	0	0	1	0	1	0	0	0	0	1
97	0	0	0	0	0	1	0	1	1	0	0	0	0	1	0	1
98	0	0	1	0	1	1	0	0	0	0	0	0	0	1	0	0
99	0	1	0	0	0	0	0	0	1	0	1	0	0	1	0	1
100	0	0	0	0	0	1	0	0	1	0	0	0	0	1	0	0
101	0	0	1	0	0	0	0	1	0	0	0	0	0	1	0	0
102	0	14	74	0	28	66	0	19	70	0	19	0	0	92	0	30
103	1	1	1	1	1	1	1	1	1	1	1	1	1	1	1	2

图7-10 提取品牌编码

第三步：提取指标编码

本案例共有15个描述性语句，即15项指标，对应编码为1~15，也位于数据第一行（见图7-9），因此指标编码也从这行提取。提取方法是在A104~O104单元格中依次输入1~15，然后选中这15个数，在P104~DP104区域内复制7次，如图7-11所示。

	A	B	C	D	E	F	G	H	I	J	K	L	M	N	O	P
1	A_1	A_2	A_3	A_4	A_5	A_6	A_7	A_8	A_9	A_10	A_11	A_12	A_13	A_14	A_15	B_1
96	0	0	0	0	0	1	0	0	1	0	1	0	0	0	0	1
97	0	0	0	0	0	1	0	1	1	0	0	0	0	1	0	1
98	0	0	1	0	1	1	0	0	0	0	0	0	0	1	0	0
99	0	1	0	0	0	0	0	0	1	0	1	0	0	1	0	1
100	0	0	0	0	0	1	0	0	1	0	0	0	0	1	0	0
101	0	0	1	0	0	0	0	1	0	0	0	0	0	1	0	0
102	**0**	**14**	**74**	**0**	**28**	**66**	**0**	**19**	**70**	**0**	**19**	**0**	**0**	**92**	**0**	**30**
103	1	1	1	1	1	1	1	1	1	1	1	1	1	1	1	2
104	1	2	3	4	5	6	7	8	9	10	11	12	13	14	15	1

图7-11　提取指标编码

第四步：调整数据格式

制作品牌知觉图所需的“品牌”、“指标”和“人数”数据都计算出来了（见图7-11中的102~104行），接下来按照图7-8所示的数据格式进行调整。

选中102~104行的数据，右键选择“复制”。打开一个新的工作表，选择A2单元格，右键选择“选择性粘贴”，在弹出的对话框中选择“数值”（用于去掉102行和103行的公式）和“转置”（用于行列转换），得到三列数据。调整这三列数据的顺序，并在第一行增加题名，去掉“人数”为0的记录，于是得到用于制作品牌知觉图的最终数据（见图7-12）。

	A	B	C
1	品牌	指标	人数
2	1	2	14
3	1	3	74
4	1	5	28
5	1	6	66
6	1	8	19
7	1	9	70
8	1	11	19
9	1	14	92
10	2	1	30

图7-12　用于制作品牌知觉图的最终数据

2. 品牌知名度数据处理

衡量品牌知名度有三项指标：第一提及知名度、提示前知名度和提示后知名度。那么，如何用调查问卷中的Q1题、Q2题（见147页的调查问题）计算品牌B在这三项指标上的表现呢？

假设在本例的调研中共有受访者100人，其中有30人在Q1.1题回答“品牌B”，有10人在Q1.2题回答“品牌B”，有20人在Q2题选择“品牌B”，则品牌B的第一提及知名度、提示前知名度和提示后知名度分别是多少？

第一提及知名度是指一提到某产品或服务，在没有任何提示下，首先想到该品牌的受访人数占总受访人数的百分比，即：$\frac{\text{Q1 题中首先回答该品牌的人数}}{\text{调查总人数}}\times 100\%$，公式中的“Q1题中首先回答该品牌的人数”就是Q1.1题中回答该品牌的人数。因此，品牌B的第一提及知名度=30/100=30%。

提示前知名度是指一提到某产品或服务，在没有任何提示下，想到该品牌的受访人数占总受访人数的百分比。换句话说，只要没人提示，不管是第一提及还是随后提及，就都属于提示前的范畴。即：提示前知名度=$\frac{\text{Q1 题中回答该品牌的人数}}{\text{调查总人数}}\times 100\%$，公式中的“Q1题中回答该品牌的人数”就是Q1.1题与Q1.2题中回答该品牌的人数合计。因此，品牌B的提示前知名度=(30+10)/100=40%。

提示后知名度是指提到某产品或服务，在他人提示下（如出示品牌选项），想到该品牌的受访人数占总受访人数的百分比。若一个受访者在没有任何提示下都能想到一个品牌，则在他人提示下也会想到这个品牌。因此，提示后知名度=$\frac{\text{(Q1 题+Q2 题)中回答该品牌的人数}}{\text{调查总人数}}\times 100\%$，公式中的“（Q1题+Q2题）中回答该品牌的人数”就是Q1.1题、Q1.2题和Q2题中回答该品牌的人数合计。因此，品牌B的提示后知名度=(30+10+20)/100=60%。

按照上述思想，基于本案例数据（见图7-6），品牌知名度指标计算的SPSS操作如下。

（1）各品牌第一提及知名度

各品牌第一提及知名度就是统计Q1.1题中各品牌出现的频率，具体操作如下：

打开数据文件	双击打开本书配套资源中名为“品牌知名度数据”的SPSS文件。
选择菜单	分析→描述统计→频率。
设置变量	在“频率”对话框中，将“Q1.1第一提及品牌”选入“变量”框中（见图7-13）。

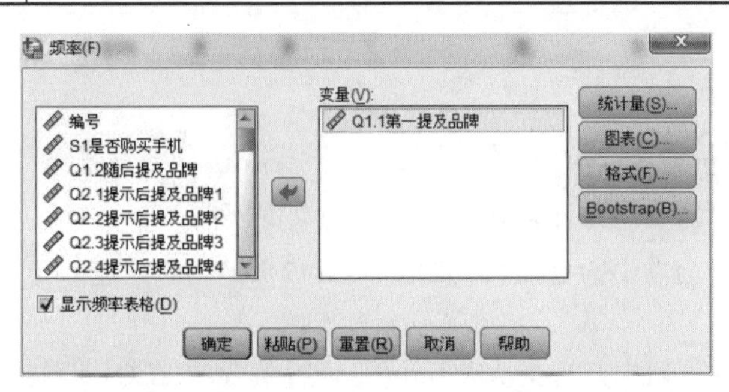

图7-13 频数统计的变量设置

统计结果如表7-2所示。由该表可知，第一提及知名度前4名依次为品牌A、品牌C、品牌B、品牌F。

表7-2　Q1.1第一提及品牌频率统计结果

		频率	百分比	有效百分比	累积百分比
有效	品牌A	35	35.0	35.0	35.0
	品牌B	18	18.0	18.0	53.0
	品牌C	24	24.0	24.0	77.0
	品牌D	1	1.0	1.0	78.0
	品牌E	2	2.0	2.0	80.0
	品牌F	16	16.0	16.0	96.0
	品牌G	3	3.0	3.0	99.0
	品牌H	1	1.0	1.0	100.0
	合计	100	100.0	100.0	

（2）各品牌提及前知名度

计算各品牌提及前知名度就是统计Q1.1题和Q1.2题中各品牌出现的频率，既要考虑Q1.1题中的品牌选择，又要考虑Q1.2题中的品牌选择，相当于做多选题的频数统计。若按照“分析”→“描述统计”→“频率”的路径，则统计结果如图7-14和图7-15所示。

		频率	百分比	有效百分比	累积百分比
有效	品牌A	35	35.0	35.0	35.0
	品牌B	18	18.0	18.0	53.0
	品牌C	24	24.0	24.0	77.0
	品牌D	1	1.0	1.0	78.0
	品牌E	2	2.0	2.0	80.0
	品牌F	16	16.0	16.0	96.0
	品牌G	3	3.0	3.0	99.0
	品牌H	1	1.0	1.0	100.0
	合计	100	100.0	100.0	

图7-14　Q1.1第一提及品牌频率统计结果

		频率	百分比	有效百分比	累积百分比
有效	品牌A	18	18.0	20.9	20.9
	品牌B	40	40.0	46.5	67.4
	品牌C	12	12.0	14.0	81.4
	品牌D	1	1.0	1.2	82.6
	品牌E	2	2.0	2.3	84.9
	品牌F	13	13.0	15.1	100.0
	合计	86	86.0	100.0	
缺失	系统	14	14.0		
合计		100	100.0		

图7-15　Q1.2随后提及品牌频率统计结果

显然这不是想要的结果。以品牌A为例，35人第一提及，18人随后提及，则提示前知道品牌A的有35+18=53人。因此，对于多选题，需要先将各种选择的结果合并同类项，然后再做频数统计。这种处理叫作多重响应，具体操作如下：

打开数据文件	双击打开本书配置资源中名为“品牌知名度数据”的SPSS文件。
选择菜单	分析→多重响应→定义变量集。
设置变量	在“定义多重响应集”对话框中，按图7-16所示进行设置。
计算频率	选择“分析”→“多重响应”→“频率”，在“多响应频率”对话框中，将前面设置的“$提示前知名度”从“多响应集”框选入“表格”框中，单击“确定”按钮（见图7-17）。

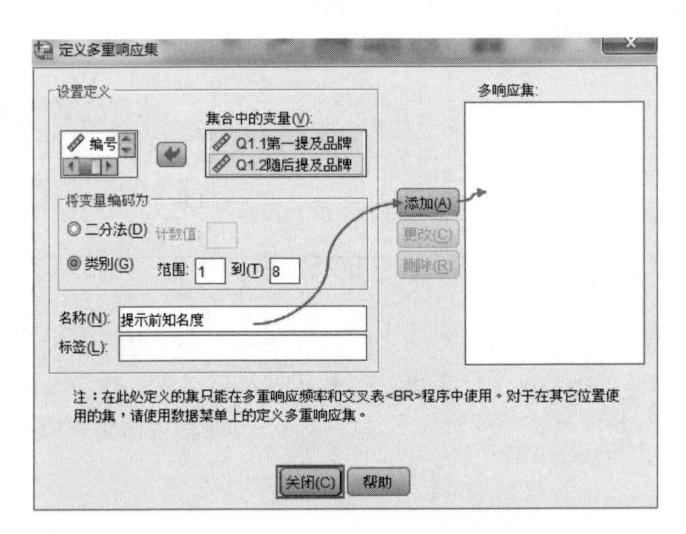

图7-16　多重响应设置

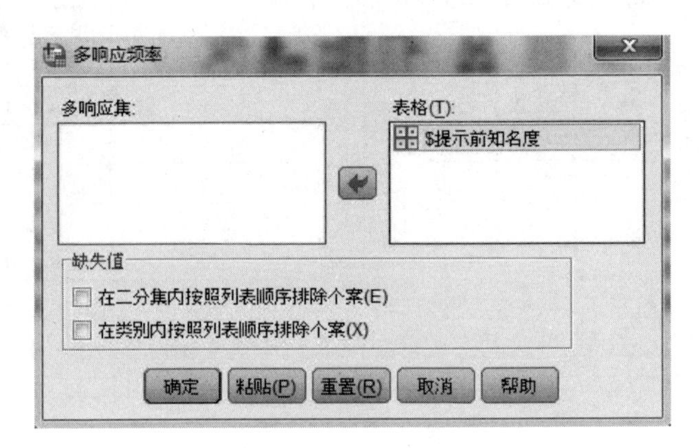

图7-17　提示前知名度频数统计

于是，得到提示前知名度的频率统计结果，如表7-3所示。

表 7-3　提示前知名度频率统计结果

		响应		个案百分比
		N	百分比	
$提示前知名度	品牌A	53	28.5%	53.0%
	品牌B	58	31.2%	58.0%
	品牌C	36	19.4%	36.0%
	品牌D	2	1.1%	2.0%
	品牌E	4	2.2%	4.0%
	品牌F	29	15.6%	29.0%
	品牌G	3	1.6%	3.0%
	品牌H	1	0.5%	1.0%
总计		186	100.0%	186.0%

在表 7-3 中有两列都是百分比，要用哪个百分比呢？

以品牌A为例，品牌A的提示前知名度等于在没有提示下想到该品牌的受访人数除以总受访人数。而从表 7-3 中可知，在没有提示下想到品牌A的受访人数等于53，而从数据中可以看到总受访人数是100人，因此品牌A的提示前知名度=53/100=53%，显然应用个案百分比。

那28.5%的百分比是怎么计算出来的呢？28.5%=53/186，186是所有品牌被选择的次数。由于是多选题，每人可选择多个品牌，所以，所有品牌被选择的次数高于总受访人数。

（3）各品牌提示后知名度

同理，利用SPSS多重响应模块，可以计算出各品牌提示后知名度，计算结果如表 7-4 所示。由该表可知，提示后知名度前4名依次为品牌B、品牌A、品牌F和品牌C。

表 7-4　提示后知名度频率统计结果

		响应		个案百分比
		N	百分比	
$提示后知名度	品牌A	63	20.3%	63.0%
	品牌B	74	23.8%	74.0%
	品牌C	49	15.8%	49.0%
	品牌D	27	8.7%	27.0%
	品牌E	32	10.3%	32.0%
	品牌F	54	17.4%	54.0%
	品牌G	8	2.6%	8.0%
	品牌H	4	1.3%	4.0%
总计		311	100.0%	311.0%

3. 品牌流转数据处理

如前所述，用户在品牌间的流转体现在品牌知名度、熟悉度、美誉度、购买度、满意度和忠诚度6项指标上。因此，要做品牌流转分析，需要先计算出这6项指标的数值。

品牌知名度，前面已经求出（见表7-4）；品牌熟悉度和美誉度也是多选题，同样应用SPSS多重响应模块，操作过程同前（见图7-16和图7-17），统计结果如表7-5和表7-6所示。

表7-5　品牌熟悉度频率统计结果

		响应		个案百分比
		N	百分比	
$品牌熟悉度	品牌A	55	22.9%	55.0%
	品牌B	63	26.3%	63.0%
	品牌C	35	14.6%	35.0%
	品牌D	21	8.8%	21.0%
	品牌E	24	10.0%	24.0%
	品牌F	42	17.5%	42.0%
总计		240	100.0%	240.0%

表7-6　品牌美誉度频率统计结果

		响应		个案百分比
		N	百分比	
$品牌美誉度	品牌A	46	27.7%	46.0%
	品牌B	32	19.3%	32.0%
	品牌C	23	13.9%	23.0%
	品牌D	17	10.2%	17.0%
	品牌E	15	9.0%	15.0%
	品牌F	33	19.9%	33.0%
总计		166	100.0%	166.0%

品牌购买度题目（Q6）为单选题，只要按照“分析”→“描述统计”→“频率”路径进行相应设置（见图7-18），即可得到统计结果（见表7-7）。

图7-18　品牌购买度频数统计

表 7-7　品牌购买度频率统计结果

		频率	百分比	有效百分比	累积百分比
有效	品牌 A	29	29.0	29.0	29.0
	品牌 B	13	13.0	13.0	42.0
	品牌 C	12	12.0	12.0	54.0
	品牌 D	10	10.0	10.0	64.0
	品牌 E	9	9.0	9.0	73.0
	品牌 F	27	27.0	27.0	100.0
	合计	100	100.0	100.0	

品牌满意度和品牌忠诚度题目（Q9 和 Q10）需要与用户最近购买的品牌做交叉分析，方知各品牌的相关表现。按照“分析”→“描述统计”→“交叉表”的路径找到交叉表，然后在交叉表中进行相应设置（见图 7-19），即可得到分析结果（见表 7-8 和表 7-9）。

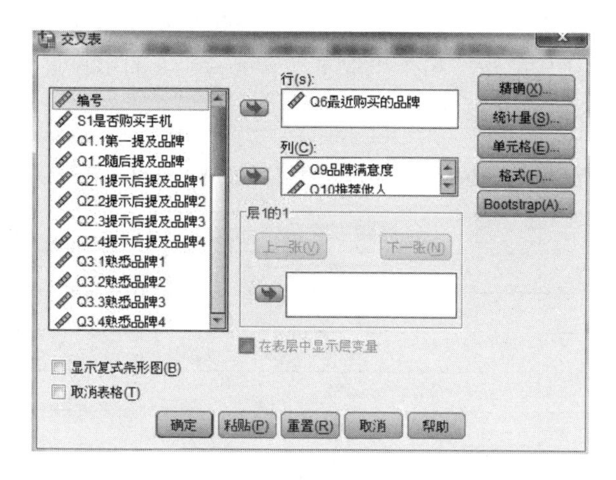

图 7-19　品牌满意度与品牌忠诚度交叉分析设置

表 7-8　Q6 最近购买的品牌和 Q9 品牌满意度交叉分析结果

		Q9 品牌满意度					合计
		非常不满意	不太满意	一般	比较满意	非常满意	
Q6 最近购买的品牌	品牌 A	1	1	4	17	6	29
	品牌 B	0	0	4	9	0	13
	品牌 C	0	0	3	7	2	12
	品牌 D	1	0	5	2	2	10
	品牌 E	0	0	4	3	2	9
	品牌 F	0	0	9	14	4	27
合计		2	1	29	52	16	100

表7-9　Q6最近购买的品牌和Q10推荐他人交叉分析结果

		Q10推荐他人					合计
		非常不愿意	不太愿意	一般	比较愿意	非常愿意	
Q6最近购买的品牌	品牌A	1	1	7	17	3	29
	品牌B	0	0	5	8	0	13
	品牌C	0	1	4	5	2	12
	品牌D	2	0	5	2	1	10
	品牌E	0	0	5	3	1	9
	品牌F	0	0	12	14	1	27
合计		3	2	38	49	8	100

由于品牌满意度是指用过该品牌且满意的用户占总受访人数的比例，而“满意”包含“比较满意”和“非常满意”两种态度，因此，各品牌的品牌满意度等于表7-8中“比较满意”和“非常满意”的用户人数占受访100人的比例。同理，各品牌的品牌忠诚度等于表7-9中“比较愿意”和“非常愿意”推荐他人的用户人数占受访100人的比例。由此得到表7-10。

表7-10　各品牌的品牌满意度和品牌忠诚度分析结果

	品牌满意度	品牌忠诚度
品牌A	23%	20%
品牌B	9%	8%
品牌C	9%	7%
品牌D	4%	3%
品牌E	5%	4%
品牌F	18%	15%

7.4　品牌形象分析与解读

7.4.1　品牌知觉图的基本思想

前面提到，品牌形象分析的常用方法是品牌知觉图。

所谓品牌知觉图，是指用距离远近反映品牌与精神价值相关程度的图形。距离越近，表示相关程度越大。品牌知觉图示例如图7-20所示。

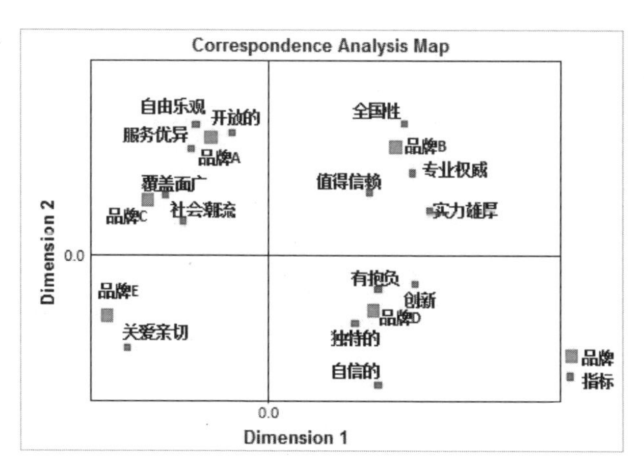

图 7-20　品牌知觉图示例

从图7-20中可以直观地看到反映品牌精神价值的各项指标分散在各品牌周围。如何解读这个品牌知觉图所反映的相关信息呢？

解读方法主要有4种。

1. 圆心定理

在品牌知觉图中，以各品牌为圆心画圆，最先圈进去的指标就是最符合该品牌定位的精神价值（见图7-21），从图中可知各品牌定位的差异：

- 品牌A强调自由乐观、开放的和服务优异。
- 品牌B强调全国性、专业权威、值得信赖和实力雄厚。
- 品牌C强调覆盖面广和社会潮流。
- 品牌D强调有抱负、独特的、创新和自信的。
- 品牌E营造的是一种关爱亲切的品牌形象。

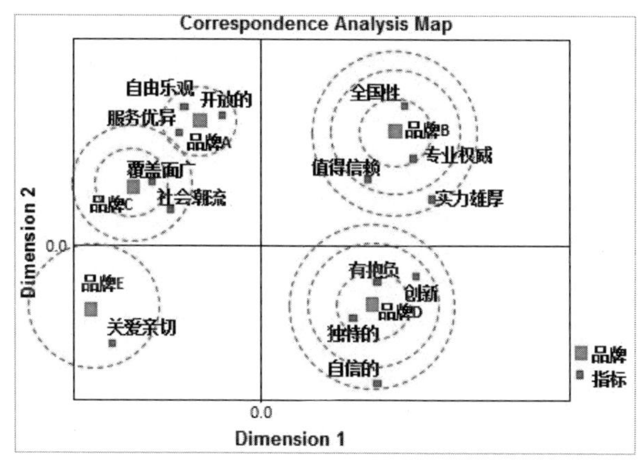

图 7-21　用圆心定理解读品牌知觉图

2. 向量分析

在品牌知觉图中，从原点向任意指标画一条射线，构成一个向量，然后将所有品牌对这个向量做垂线，垂点越靠近向量箭头指向的指标，表示该品牌越具有该指标描述的形象。

例如在该示例中，从原点向“自信的”指标画一条射线，得到一个向量，品牌A、品牌B、品牌C、品牌D、品牌E对该向量做垂线，可以看到垂点到“自信的”指标的距离由近及远依次为品牌D、品牌B、品牌E、品牌C和品牌A，由此得出品牌D最具有自信的形象（见图7-22）。

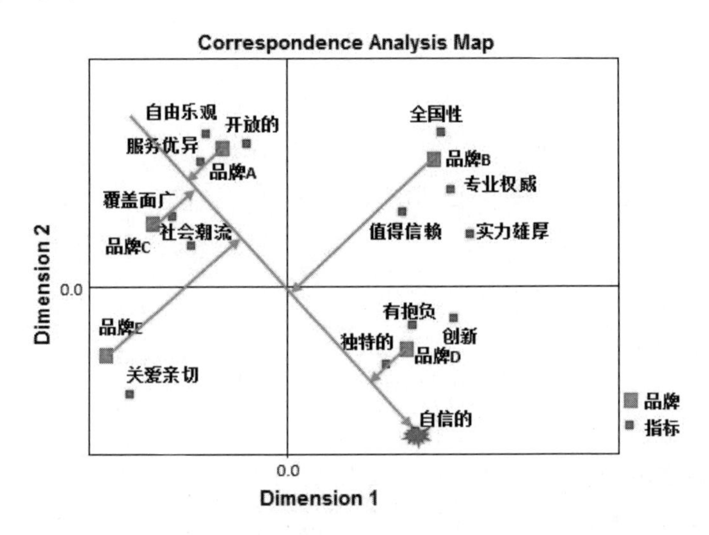

图7-22 用向量分析解读品牌知觉图

3. 余弦定理

在品牌知觉图中，从原点向任意同类别的两个点分别画一条射线，构成两个向量，向量夹角越小，则夹角余弦越大，表明这两个点的相关性越强。例如在该示例中，从原点向品牌A和品牌C分别画一条射线，构成了两个向量，向量夹角为α，是锐角，而且α在所有品牌两两间的夹角中最小，说明品牌A和品牌C在定位上相似性最强，最具竞争关系（见图7-23）。

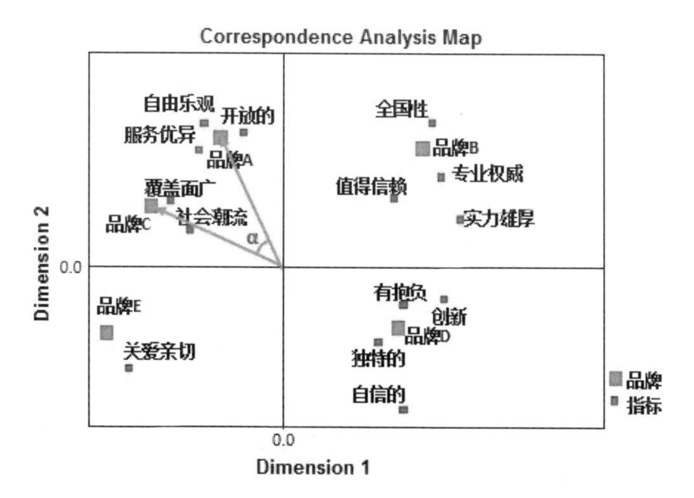

图7-23 用余弦定理解读品牌知觉图

4. 原点定理

从品牌角度思考，越远离原点的品牌，消费者越容易识别，说明品牌的特征越明显；越靠近原点的品牌，消费者越不易识别，说明品牌越没有显著特征，越缺乏差异化认知。

例如在该示例中，品牌B和品牌E到原点的距离相似，品牌A、品牌C、品牌D到原点的距离相似，且品牌B和品牌E到原点的距离比品牌A、品牌C、品牌D到原点的距离远，说明相对于品牌A、品牌C、品牌D，品牌B和品牌E的定位更具差异性，特征更明显，更容易被消费者识别（见图7-24）。

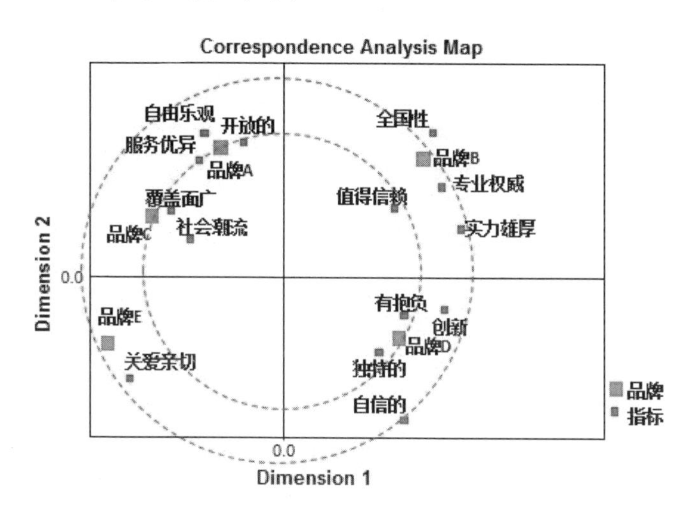

图7-24 用原点定理解读品牌知觉图

7.4.2 品牌知觉图的制作

制作品牌知觉图的数据为“品牌形象数据”（见图7-12），制作方法采用对应分析。

对应分析是一种数据分析技术，它将交叉表中变量间的关联关系转化为散点间的位置关系，以形象的对应图直观展示出来。其主要适用于有多个类别的分类型变量。在本案例中，“品牌”和“指标”两个变量均为分类型变量，适用于对应分析。具体操作如下。

第一步：读取数据与设置值标签

将“品牌形象数据”读取到SPSS中，设置“指标”和“品牌”值标签（见图7-25）。

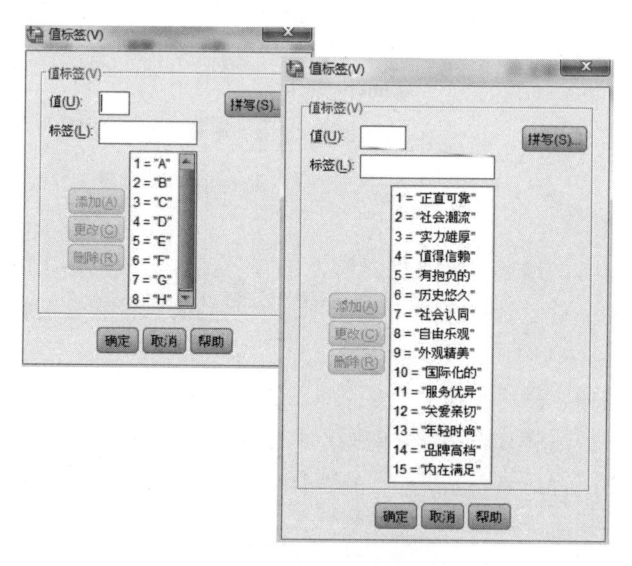

图7-25 “指标”与“品牌”的值标签设置

第二步：在读取数据的SPSS文件中做对应分析

设置权数	打开SPSS数据文件，选择“数据”→“加权个案”，在“频数变量”框中选择“人数”。
选择菜单	分析→降维→对应分析。
设置选项	“行”框：☑指标；“定义范围”框：最小值为1，最大值为15；单击“更新”按钮。 “列”框：☑品牌；“定义范围”框：最小值为1，最大值为8；单击“更新”按钮。

按照此操作，对应分析有多项输出，其中最后一项输出为对应分析图（见图7-26）。

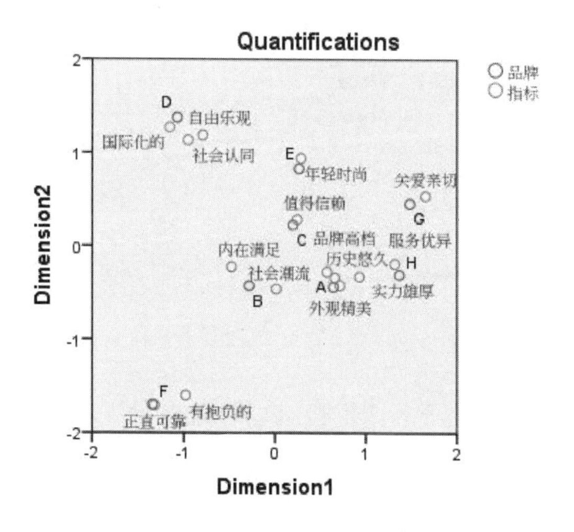

图7-26　对应分析图

第三步：在对应分析图的基础上制作品牌知觉图

双击对应分析图，进入图表编辑器，选中图形，右键选择“添加X轴参考线”（见图7-27）。

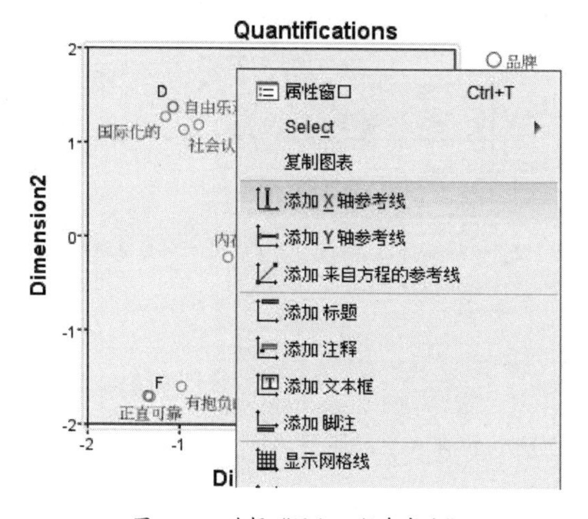

图7-27　选择“添加X轴参考线”

在弹出的“属性”对话框中，将“位置”改为“0”，单击“应用”按钮（见图7-28）。

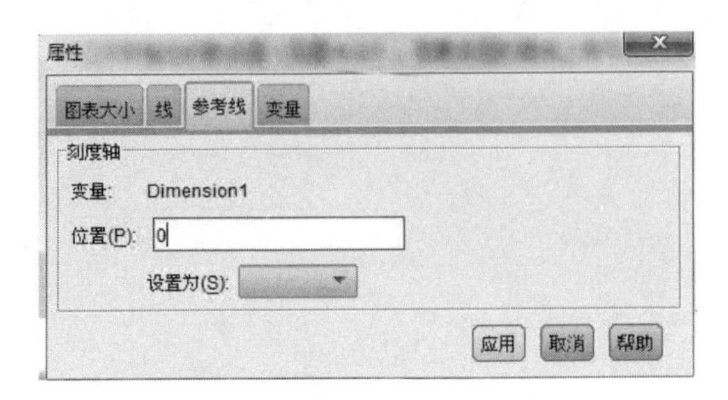

图7-28 修改添加X轴参考线的位置

于是，X轴参考线就设置好了。同理，设置Y轴参考线，结果如图7-29所示。

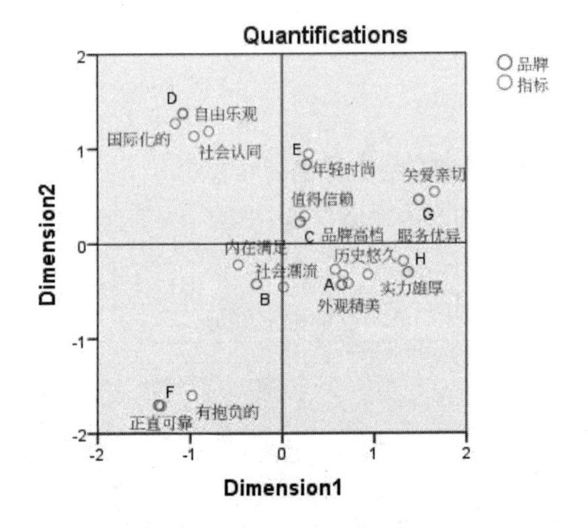

图7-29 添加了X轴和Y轴参考线的对应分析图

7.4.3 分析结果解读

利用圆心定理，分别以品牌A至品牌H为圆心用虚线画圆（见图7-30），根据各品牌所圈进去的指标可知：

- 品牌A在消费者心目中的品牌形象为外观精美、历史悠久、品牌高档、实力雄厚。
- 品牌B在消费者心目中的品牌形象为内在满足和社会潮流。
- 品牌C在消费者心目中的品牌形象为值得信赖。
- 品牌D在消费者心目中的品牌形象为国际化的、自由乐观和社会认同。
- 品牌E在消费者心目中的品牌形象为正直可靠、有抱负的。

- 品牌F在消费者心目中的品牌形象为年轻时尚。
- 品牌G在消费者心目中的品牌形象为关爱亲切。
- 品牌H在消费者心目中的品牌形象为服务优异。

这说明包括品牌B在内的手机品牌，品牌定位都较为明确，能够和竞争对手区隔开。

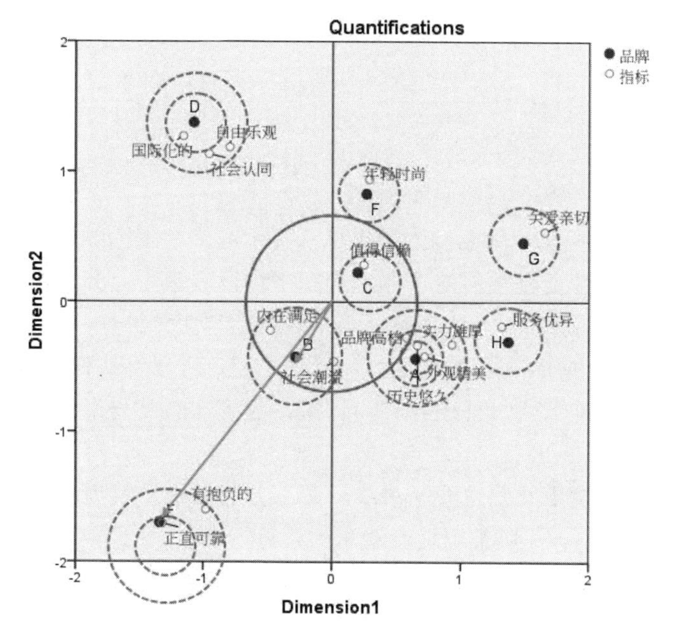

图 7-30　品牌知觉图分析与解读

利用原点定理，以原点为圆心用实线画圆（见图7-30），可以看到品牌B和品牌C最靠近原点，表明与其他品牌相比，其品牌特征相对不易识别，特征差异化不够显著。

利用余弦定理，从原点向各品牌画射线，会发现品牌B和品牌E这两条射线的夹角最小，这说明品牌B和品牌E在定位上相似性最强，最具竞争关系（见图7-30）。

7.5　品牌知名度分析与解读

7.5.1　Graveyard模型的基本思想

品牌提示前知名度反映消费者对品牌的回忆状况，提示后知名度反映消费者对品牌的认知程度，两项指标各有侧重。要想全面反映品牌在知名度上的表现，则要使用能够反映提示前知名度和提示后知名度之间内在关系的Graveyard模型（见图7-31）。

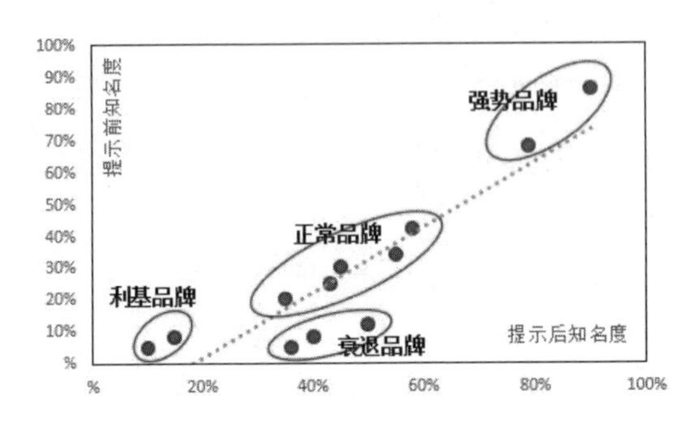

图7-31 Graveyard模型示意图

Graveyard模型以提示后知名度为横坐标，提示前知名度为纵坐标，图7-31中的回归拟合线反映了各品牌变化发展的总体趋势和平均发展水平，分布在该回归拟合线周围的品牌则体现了各品牌相对于平均发展水平的波动和变异。

根据各品牌点相对于回归拟合线而言所处的位置，可以将品牌分为4种类型。

（1）正常品牌：位于回归直线(曲线)周围，品牌知名度与市场上的平均水平比较一致。

（2）衰退品牌：位于回归直线（曲线）右下方的品牌，其提示前知名度明显低于提示后知名度，显现出该品牌被消费者淡忘的趋势。

（3）利基品牌：位于回归直线（曲线）左上方的品牌，其提示前知名度比提示后知名度高，虽然品牌认知率相对不高，但是品牌回忆率较高，消费者对其忠诚度较高。

（4）强势品牌：位于回归直线（曲线）右上方的品牌，其提示前知名度和提示后知名度均很高，消费者对其忠诚度极高，这些品牌大多是市场上的强势品牌。

7.5.2 Graveyard模型的制作

Graveyard模型是如何制作出来的呢？

Graveyard模型的制作思路是：首先计算各品牌的提示前知名度和提示后知名度，然后以提示后知名度为X轴，提示前知名度为Y轴画出散点图，每个点代表一个品牌，最后对散点做出回归拟合线。于是，根据代表各品牌的散点与回归拟合线之间的位置关系，就可以判断出各品牌的类型。

按照该制作思路，本案例Graveyard模型的具体制作步骤如下。

第一步：整理数据

整理前面对各手机品牌的提示前知名度和提示后知名度的计算结果（见表7-3和表

7-4），并录入Excel中，形成Graveyard模型的数据源（见图7-32）。

	A	B	C
1	品牌	提示后知名度	提示前知名度
2	品牌A	63.00%	53.00%
3	品牌B	74.00%	58.00%
4	品牌C	49.00%	36.00%
5	品牌D	27.00%	2.00%
6	品牌E	32.00%	4.00%
7	品牌F	54.00%	29.00%
8	品牌G	8.00%	3.00%
9	品牌H	4.00%	1.00%

图 7−32　各品牌提示前知名度和提示后知名度数据

第二步：制作散点图

选中图7-32所示的数据区域（B2:C9），选择“插入”→“散点图”，得到散点图（见图7-33）。

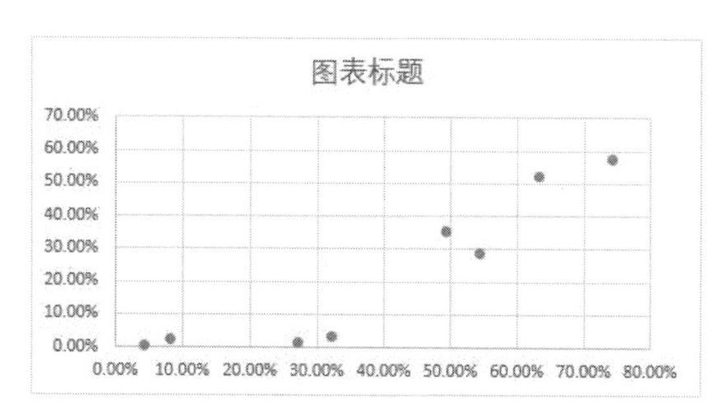

图 7−33　散点图

第三步：调整散点图格式

选择布局	双击图表区域，选择“图表工具”→“设计”→“快速布局”→“布局1”，得到带有图表标题、坐标轴标题和系列名称的散点图布局，去掉网格线、系列1、外边框。
更改标题	将横坐标轴标题改为“提示后知名度”，将纵坐标轴标题改为“提示前知名度”，将图表标题改为“Graveyard模型”。
设置回归拟合线	选中所有散点，右键选择“添加趋势线”，弹出“趋势项选项”对话框，选择“线性”。
添加标签名称	选中图中的散点，右键选择“添加数据标签”，添加上散点标签值。选择其中一点的标签值（例如选择58%），将鼠标指针放入“*f*x”后的编辑栏内，输入“=”，然后将鼠标指针放入A3单元格内（因为58%对应的品牌名称在A3单元格内，见图7-32），于是在编辑栏内显示“=Sheet1!$A$3”，按回车键，A3单元格内的“品牌B”就被链接到该散点的标签上。同理，添加其他散点的标签名称。

7.5.3 分析结果解读

对于本案例Graveyard模型的输出结果，为方便辨识，用圆圈标注各品牌的类型（见图7-34）。

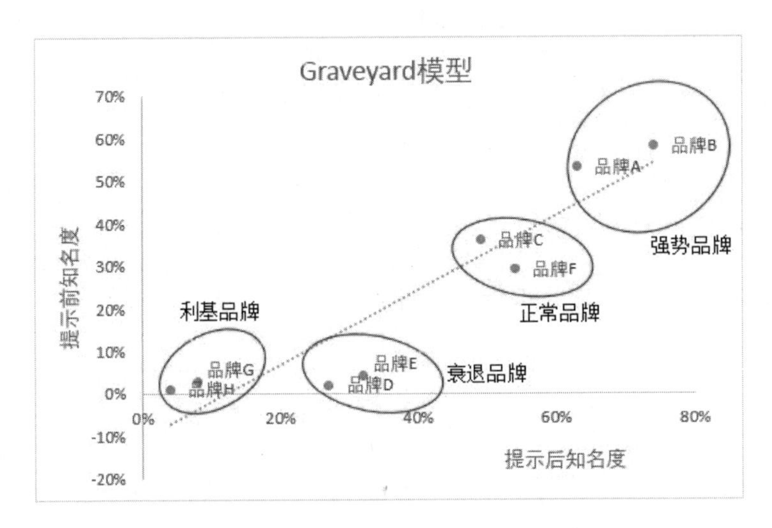

图7-34 利用Graveyard模型确定品牌类型

由图7-34可知，品牌A和品牌B是强势品牌；品牌C和品牌F是正常品牌；品牌D和品牌E是衰退品牌；品牌G和品牌H是利基品牌。

7.6 品牌流转分析与解读

在分析品牌流转问题前，先说说我的一个亲身经历。

换房后，我家需要买一台空调。之前我买的是海尔空调，很便宜，用了5年，制冷和制热效果都很好，而且噪声也不大。所以，在产生需求阶段我考虑的是海尔空调。后来我爱人跟我说，换个牌子吧，我们很多同事家里用的都是格力空调，据说很不错。于是，我就上网查，一看格力空调有点贵，想着还是买海尔空调吧。所以，在信息收集阶段我虽然考虑了格力空调，但还是更倾向于买海尔空调。又过了一些日子，单位要集中采购一批格力空调，采购部同事说可以多采购一台给我，这样按采购价，比海尔空调的价格还便宜。于是在购买决策阶段，我最终买的是格力空调。

我的亲身经历说明，用户的选择会随着时间的推移而改变。企业为了减少用户流失，就要分析品牌流转问题，比如分析用户流失了多少、在哪个环节流失的（即品牌流转程度分析）、流向了哪里（即品牌流转方向分析）、为什么会流失（即品牌流转原因分析）等，以此找到用户流失的关键环节和关键原因，从而为留住用户提供方向性指导。

7.6.1　品牌流转程度分析

如何衡量一个品牌的用户流失程度呢？使用品牌转化率。

什么是品牌转化率？品牌转化率包括总体转化率和上一步转化率。

1. 总体转化率分析

总体转化率就是计算某品牌有多大比例的潜在用户最终转换成该品牌的现实用户。所谓潜在用户，即在产生需求阶段听说过该品牌的用户；所谓现实用户，即在购买决策阶段购买该品牌的用户。因此，总体转化率=品牌购买度/品牌知名度。显然，一个品牌的总体转化率越高，表明转化为该品牌的现实用户就越多，流失的用户就越少。所以，总体转化率与品牌流失率是反向关系。

在本案例中，前面已求出各品牌的品牌知名度和品牌购买度（见表7-4和表7-7），于是，可以计算出这些品牌的总体转化率（见图7-35）。

品牌	品牌知名度(a)	品牌购买度(b)	总体转化率（b/a）
品牌A	63.0%	29.0%	46.0%
品牌B	74.0%	13.0%	17.6%
品牌C	49.0%	12.0%	24.5%
品牌D	27.0%	10.0%	37.0%
品牌E	32.0%	9.0%	28.1%
品牌F	54.0%	27.0%	50.0%

图7-35　各品牌的总体转化率

从图7-35可以看出，品牌B的总体转化率最低，仅为17.6%，远低于品牌F的50.0%。这说明品牌B的用户流失程度相对比较严重。

2. 上一步转化率分析

为什么品牌B的用户流失这么多呢？用户是在哪个环节流失的？

要回答上述问题，就要计算上一步转化率了。

什么是上一步转化率？

所谓上一步转化率，是指在上一阶段选择某品牌的用户中有多大比例在这一阶段也选择了该品牌。用户行为五阶段对应的品牌资产依次为知名度、熟悉度、美誉度、购买度、满意度和忠诚度，因此上一步转化率有5个：从知名度到熟悉度、从熟悉度到美誉度、从美誉度到购买度、从购买度到满意度、从满意度到忠诚度。

如何求上一步转化率？我们举例说明。假设某品牌的知名度为20%，熟悉度为15%，这表明在知道该品牌的20%的用户中有15%熟悉该品牌，因此，该品牌从知名度到熟悉度的转化率为15%/20%=75%。在本案例中，各品牌的知名度、熟悉度、美誉度、购买度、满意度、忠诚度的数据见表7-4至表7-10，则各品牌上一步转化率的计算步骤如下。

第一步：将表7–4至表7–10中的品牌数据汇总整理到表7–11中

表7-11　各品牌的知名度、熟悉度、美誉度、购买度、满意度、忠诚度数据

	知名度(a)	熟悉度(b)	美誉度(c)	购买度(d)	满意度(e)	忠诚度(f)
品牌A	63%	55%	46%	29%	23%	20%
品牌B	74%	63%	32%	13%	9%	8%
品牌C	49%	35%	23%	12%	9%	7%
品牌D	27%	21%	17%	10%	4%	3%
品牌E	32%	24%	15%	9%	5%	4%
品牌F	54%	42%	33%	27%	18%	15%

第二步：计算各品牌的上一步转化率（见表7–12）

表7-12　各品牌的上一步转化率

	从知名度到熟悉度(b/a)	从熟悉度到美誉度(c/b)	从美誉度到购买度(d/c)	从购买度到满意度(e/d)	从满意度到忠诚度(f/e)
品牌A	87%	84%	63%	79%	87%
品牌B	85%	51%	41%	69%	89%
品牌C	71%	66%	52%	75%	78%
品牌D	78%	81%	59%	40%	75%
品牌E	75%	63%	60%	56%	80%
品牌F	78%	79%	82%	67%	83%

第三步：制作折线图并解读

为直观呈现和对比各品牌的上一步转化率，基于表7-12制作折线图（见图7-36）。

从图7-36可知，品牌B的用户流失主要出在两个环节上：从熟悉度到美誉度（转化率只有51%）和从美誉度到购买度（转化率只有41%）。

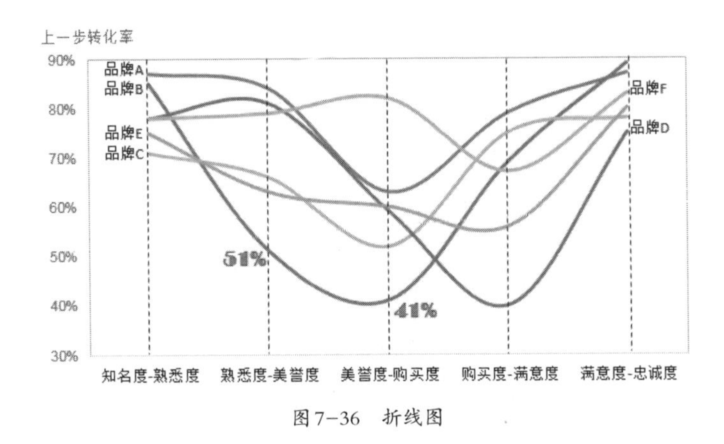

图 7-36　折线图

7.6.2　品牌流转方向分析

品牌B在这两个环节流失的用户去了哪里？这就是品牌流转方向问题。

要研究从熟悉度到美誉度的环节，品牌B流失用户的去向，就要统计在熟悉品牌B的用户中（调查问卷Q3题），在方案比选阶段考虑其他品牌（调查问卷Q4题）的占比，因此，要做Q3题和Q4题的交叉分析。

要研究从美誉度到购买度的环节，品牌B流失用户的去向，就要统计在考虑品牌B的用户中（调查问卷Q4题），在购买决策阶段购买其他品牌（调查问卷Q6题）的占比，因此，要做Q4题和Q6题的交叉分析。

由于Q3题、Q4题和Q6题是多选题，因此需要先做多重响应分析，再做交叉分析。

这里以从熟悉度到美誉度的环节为例，具体操作如下。

第一步：多重响应分析

打开数据文件	双击打开本书配套资源中名为“品牌流转数据”的SPSS文件。
选择菜单	分析→多重响应→定义变量集。
设置变量	在“定义多重响应集”对话框中，按图7-37和图7-38所示进行设置。

第二步：多重响应下的交叉分析

打开数据文件	双击打开本书配套资源中名为“品牌流转数据”的SPSS文件。
选择菜单	分析→多重响应→交叉表。
设置变量	在“多响应交叉表”对话框（见图7-39）中，将“多响应集”中的“$熟悉品牌”和“$考虑品牌”分别放入“行”和“列”框中；单击“选项”按钮，在打开的“多响应交叉表：选项”对话框中，在“单元格百分比”中选择“行”，单击“继续”按钮返回主菜单后，单击“确定”按钮。

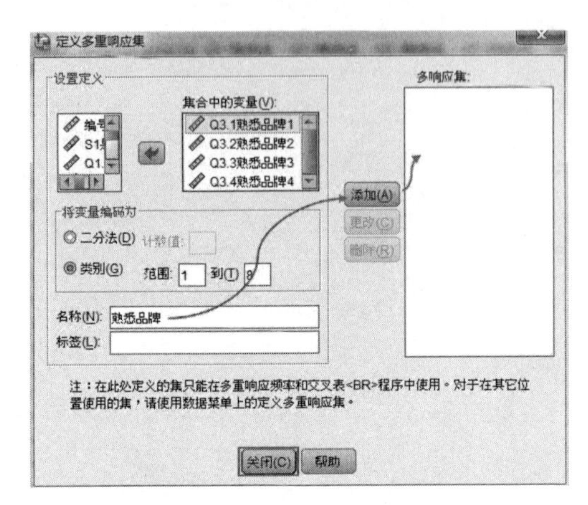

图 7-37　熟悉品牌的多重响应设置

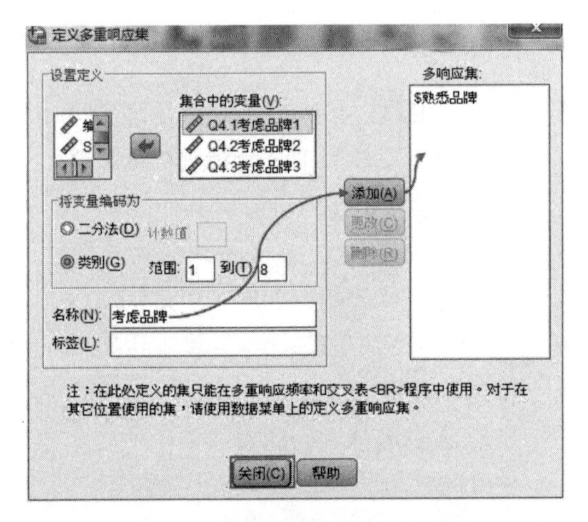

图 7-38　考虑品牌的多重响应设置

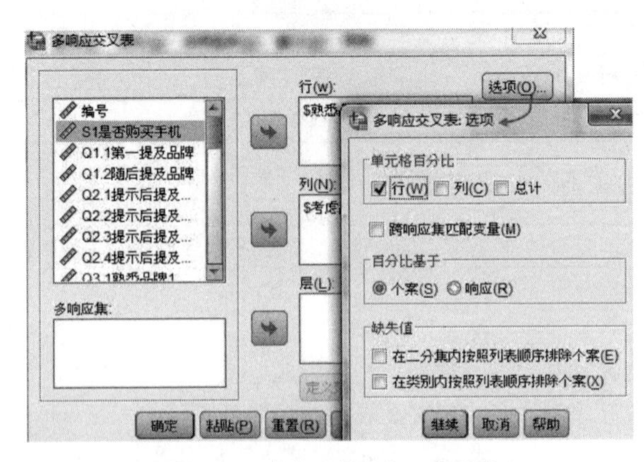

图 7-39　考虑品牌的交叉表设置

对输出结果进行整理，得到表7-13。我们关心表中熟悉品牌B的用户考虑其他品牌的比例。

表7-13 熟悉品牌和考虑品牌交叉分析结果

		$考虑品牌					
		品牌A	品牌B	品牌C	品牌D	品牌E	品牌F
$熟悉品牌	品牌A	61.8%	41.8%	27.3%	12.7%	10.9%	32.7%
	品牌B	50.8%	25.4%	30.2%	17.5%	19.0%	30.2%
	品牌C	40.0%	34.3%	34.3%	14.3%	17.1%	20.0%
	品牌D	28.6%	28.6%	14.3%	66.7%	14.3%	4.8%
	品牌E	50.0%	25.0%	12.5%	12.5%	58.3%	25.0%
	品牌F	35.7%	23.8%	14.3%	16.7%	14.3%	52.4%

从表7-13可知，在熟悉品牌B的用户中有50.8%会转而考虑品牌A；30.2%会转而考虑品牌C或品牌F。这说明在方案比选阶段，品牌A是品牌B最主要的竞争对手，其次是品牌C和品牌F。

同理，分析考虑品牌B的用户在购买决策阶段的流向，分析结果如表7-14所示。

表7-14 考虑品牌和Q6最近购买的品牌交叉分析结果

		Q6最近购买的品牌					
		品牌A	品牌B	品牌C	品牌D	品牌E	品牌F
$考虑品牌	品牌A	28.3%	10.9%	10.9%	13.0%	13.0%	23.9%
	品牌B	25.0%	15.6%	3.1%	9.4%	12.5%	34.4%
	品牌C	21.7%	13.0%	13.0%	8.7%	0.0%	43.5%
	品牌D	17.6%	11.8%	11.8%	17.6%	5.9%	35.3%
	品牌E	46.7%	6.7%	13.3%	13.3%	0.0%	20.0%
	品牌F	27.3%	21.2%	15.2%	6.1%	15.2%	15.2%

从表7-14可知，在考虑品牌B的用户中有34.4%会转而购买品牌F；25.0%会转而购买品牌A。这说明在购买决策阶段，品牌F是品牌B最主要的竞争对手，其次是品牌A。

7.6.3 品牌流转原因分析

为什么品牌B在从熟悉度到美誉度、从美誉度到购买度这两个环节上用户流失最严重？为此需要分析在这两个环节上品牌流转的原因。

通过对比各环节的上一步转化率，可以大体对各环节的品牌流转原因进行诊断：

- 如果品牌从知名度到熟悉度的转化率很低，说明什么？用户在产生需求时知道你，在收集信息时却看不到你，说明营销工作不够努力。
- 如果品牌从熟悉度到美誉度转化率低，说明什么？用户在收集信息时比较过你，但对你的评价不高，可能是你提供的信息与用户需求不匹配。
- 如果品牌从美誉度到购买度的转化率低，说明什么？用户喜欢你，但最终却没选你，说明竞争对手比你做得更好，让用户更喜欢。
- 如果品牌从购买度到满意度的转化率低，说明什么？用户选择了你，但其使用体验却很差，所以用户满意度很低，说明你的产品质量或服务可能存在问题，使用户的使用体验低于其期望。
- 如果品牌从满意度到忠诚度的转化率低，说明什么？用户对你满意，但再次购买或向他人推荐时却没选你，说明其有更好的选择，可能竞争对手比你的表现更优秀。

但这种诊断是粗糙的。比如，某品牌从熟悉度到美誉度的转化率很低，你只能判断出用户有不喜欢的地方，但搞不清楚到底哪些地方不喜欢，这就需要调研，调研用户行为背后的心理动机和态度习惯。因此，本案例设置了Q5、Q7和Q8题（见150页）。其中，Q5题用于分析从熟悉度到美誉度的流转原因；Q7题和Q8题用于分析从美誉度到购买度的流转原因。

1. 从熟悉度到美誉度

如前所述，与其他品牌相比，品牌B在此环节上转化率最低，只有51%，流失率高达49%，因此需要分析此环节的流失原因。即对Q5题进行频数统计，具体操作如下：

打开数据文件	双击打开本书配套资源中名为“品牌流转数据”的SPSS文件。
选择菜单	分析→描述统计→频率。
设置变量	在“频率”对话框中，按图7-40所示进行设置。

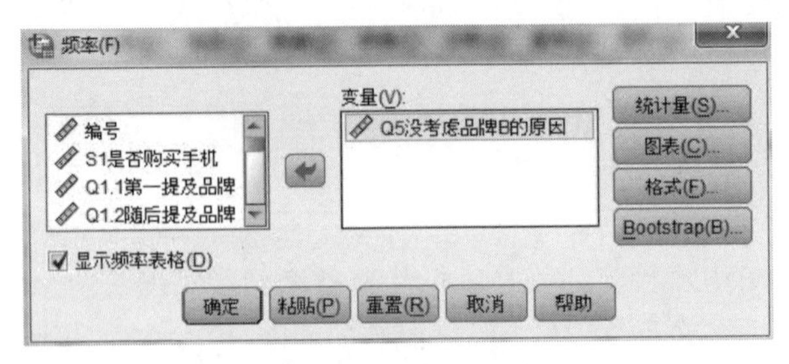

图7-40　从熟悉度到美誉度的流转原因频数统计

为直观呈现，基于输出结果制作条形图（见图7-41）。

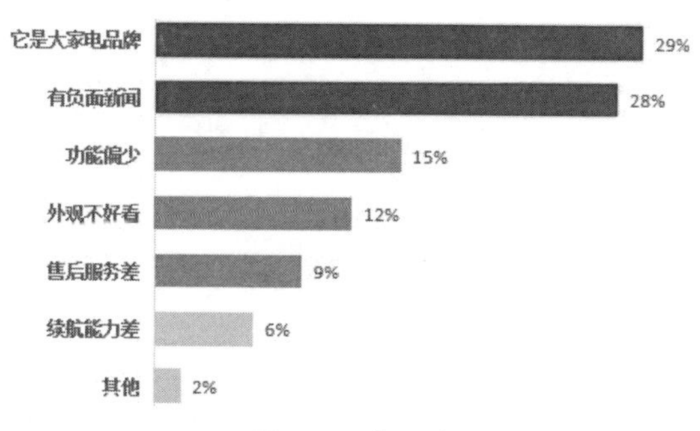

图7-41 条形图

由图7-41可知，对品牌B的固有印象（认为品牌B是大家电品牌，即品牌B做手机非科班出身，是半道出家）是用户不考虑它的首要原因，有负面新闻是用户不考虑品牌B的重要原因。这说明品牌B在用户引导以及舆情公关方面有待加强。另外，在不考虑品牌B的用户中有15%认为其功能偏少，12%认为其外观不好看，这说明品牌B在产品设计上也需要提高。

2. 从美誉度到购买度

从品牌流转程度分析可知，与其他品牌相比，品牌B在此环节上的转化率最低，只有41%，流失率高达59%。这个环节的用户流失，说明竞争对手比品牌B做得更好。

从品牌流转方向分析可知，在这个环节品牌B的流失用户34.4%流向品牌F，25.0%流向品牌A。这说明对品牌B产生严重威胁的竞争对手是品牌F和品牌A。

为提升品牌B相对于品牌F和品牌A的竞争力，减少用户流失，需要搞清楚两个问题：

- 用户在购买手机时主要关注哪些因素，即各项因素的重要性如何？
- 品牌B在这些因素上的表现如何，即与品牌F和品牌A的差距具体是什么？

在调查问卷中Q7题用于回答第一个问题；Q8题用于回答第二个问题。

由于Q7题为7分制量表，属于数值型数据，因此采用均值分析方法。具体操作如下：

打开数据文件	双击打开本书配置资源中名为“品牌流转数据”的SPSS文件。
选择菜单	分析→描述统计→描述。
设置变量	在“描述性”对话框中，在“变量”框中选入Q7_1至Q7_15题。单击“选项”按钮，在打开的“描述：选项”对话框中，选择“均值”，如图7-42所示。

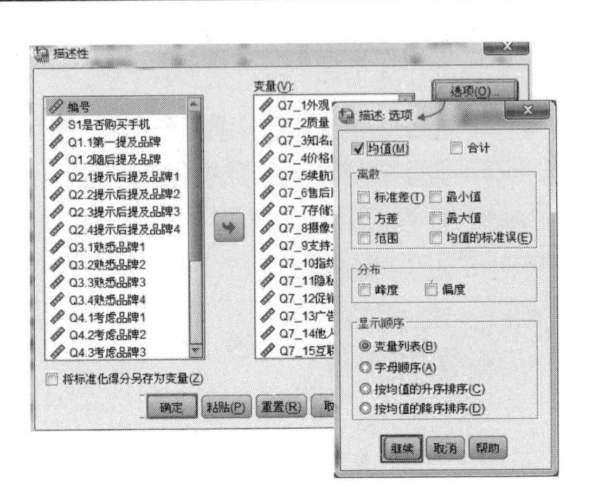

图7−42　各因素重要性分析SPSS设置

输出结果如表7-15所示。

表7-15　描述统计量

	N	均值
Q7_1外观	100	5.97
Q7_2质量	100	5.91
Q7_3知名品牌	100	5.91
Q7_4价格便宜	100	5.94
Q7_5续航能力	100	5.97
Q7_6售后服务	100	6.07
Q7_7存储空间	100	5.50
Q7_8摄像效果	100	4.71
Q7_9支持全网通	100	4.75
Q7_10指纹识别	100	5.42
Q7_11隐私保护	100	5.44
Q7_12促销活动	100	3.86
Q7_13广告宣传	100	3.10
Q7_14他人推荐	100	5.97
Q7_15互联网评价	100	5.99
有效的*N*（列表状态）	100	

Q8题只有和Q6题进行交叉分析，才能明确购买各品牌手机的原因，因此需要使用SPSS的交叉表模块。具体操作如下：

打开数据文件	双击打开本书配套资源中名为“品牌流转数据”的SPSS文件。
选择菜单	分析→描述统计→交叉表。

续表

设置变量	在“交叉表”对话框中，在“行”框中选入“Q8购买原因”，在“列”框中选入“Q6最近购买的品牌”。单击“单元格”按钮，在打开的“交叉表：单元显示”对话框中，选择“列”，如图7-43所示。

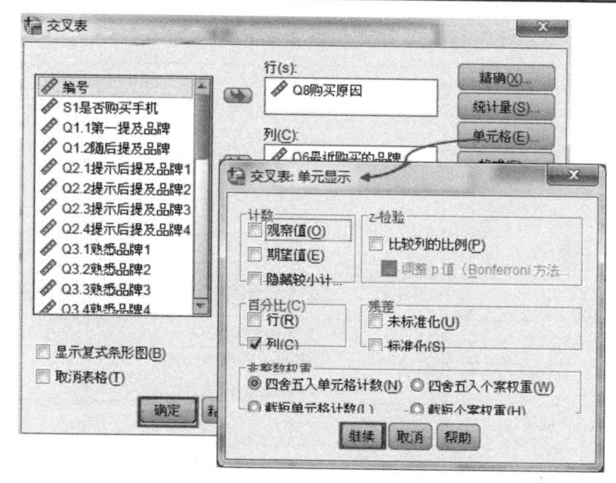

图7－43　各品牌表现分析SPSS设置

输出结果如表7-16所示。

表7-16　Q8购买原因和Q6最近购买的品牌交叉分析结果

		Q6最近购买的品牌						合计
		品牌A	品牌B	品牌C	品牌D	品牌E	品牌F	
Q8购买原因	外观	10.3%	15.4%	25.0%	20.0%	11.1%	22.2%	17.0%
	质量	10.3%	7.7%	8.3%	10.0%	11.1%	14.8%	11.0%
	知名品牌	17.2%	15.4%				7.4%	9.0%
	价格便宜	6.9%	7.7%	16.7%	20.0%	33.3%	7.4%	12.0%
	续航能力	6.9%	7.7%	16.7%	10.0%		7.4%	8.0%
	售后服务	6.9%	23.1%	8.3%	10.0%	11.1%	3.7%	9.0%
	存储空间		7.7%	8.3%	10.0%		3.7%	4.0%
	摄像效果	3.4%			10.0%		7.4%	4.0%
	支持全网通	3.4%		8.3%		11.1%	3.7%	4.0%
	指纹识别	3.4%					7.4%	3.0%
	隐私保护						3.7%	1.0%
	促销活动	10.3%	7.7%	8.3%	10.0%		3.7%	7.0%
	广告宣传	10.3%	7.7%				3.7%	5.0%
	他人推荐	6.9%				22.2%	3.7%	5.0%
	互联网评价	3.4%						1.0%
合计		100.0%	100.0%	100.0%	100.0%	100.0%	100.0%	100.0%

对表7-15与表7-16进行汇总整理，得到表7-17（注表中仅显示各品牌的优势数据）。

表7-17 品牌B和竞争对手的表现对比

因素分类	决定性因素	品牌A	品牌B	品牌F	各因素重要性
基本类	外观	10.3%	15.4%	22.2%	5.97
	质量	10.3%	7.7%	14.8%	5.91
	知名品牌	17.2%	15.4%	7.4%	5.91
	价格便宜	6.9%	7.7%	7.4%	5.94
	续航能力	6.9%	7.7%	7.4%	5.97
	售后服务	6.9%	23.1%	3.7%	6.07
	小计	58.6%	76.9%	63.0%	5.96
功能类	存储空间		7.7%	3.7%	5.50
	摄像效果	3.4%		7.4%	4.71
	支持全网通	3.4%		3.7%	4.75
	指纹识别	3.4%		7.4%	5.42
	隐私保护			3.7%	5.44
	小计	10%	8%	26%	5.16
广告促销	促销活动	10.3%	7.7%	3.7%	3.86
	广告宣传	10.3%	7.7%	3.7%	3.10
	小计	20.7%	15.4%	7.4%	3.48
评价推荐	他人推荐	6.9%		3.7%	5.97
	互联网评价	3.4%			5.99
	小计	10.3%	0.0%	3.7%	5.98
合计		100%	100%	100%	

从表7-17可知：

- 在基本类因素上，品牌B的整体表现不错，超过品牌A和品牌F。细化到具体项目上，则各有千秋——品牌A的优势是知名品牌（虽然品牌B的知名度最高，但是用户认为它是知名的大家电品牌，品牌A才是手机知名品牌）；品牌F的优势是外观和质量；而品牌B的优势是价格、续航能力和售后服务。
- 在功能类、广告促销以及评价推荐因素上，品牌B则不占优势。更确切地说，在广告促销方面，品牌B略好于品牌F，但不及品牌A；而在功能类和评价推荐因素上，品牌B的表现同时逊色于品牌A和品牌F。

上述分析没有考虑到各类因素的重要性，但重要性却指导着品牌提升工作的优先级。因此，需要增加重要性维度，制作四分图（四类因素数据由表7-17整理，见

表7-18；重要性分界线为4，因为Q7题为7分制量表，4为平均分；品牌表现分界线为25%，因为每个品牌对应4个因素，因此，每个因素平均被选中的比例为1/4，等于25%）。四分图的制作思路基本同第6章目标客户选择矩阵图，但在选择数据时，品牌A、品牌B和品牌F应分三个系列添加，于是得到图7-44。

表7-18 品牌四分图数据源

	重要性	品牌表现		
		品牌A	品牌B	品牌F
基本类因素	5.96	58.6%	76.9%	63.0%
功能类因素	5.16	10.0%	8.0%	26.0%
广告促销因素	3.48	20.7%	15.4%	7.4%
评价推荐因素	5.98	10.3%	0.0%	3.7%
分界线	4	25%		

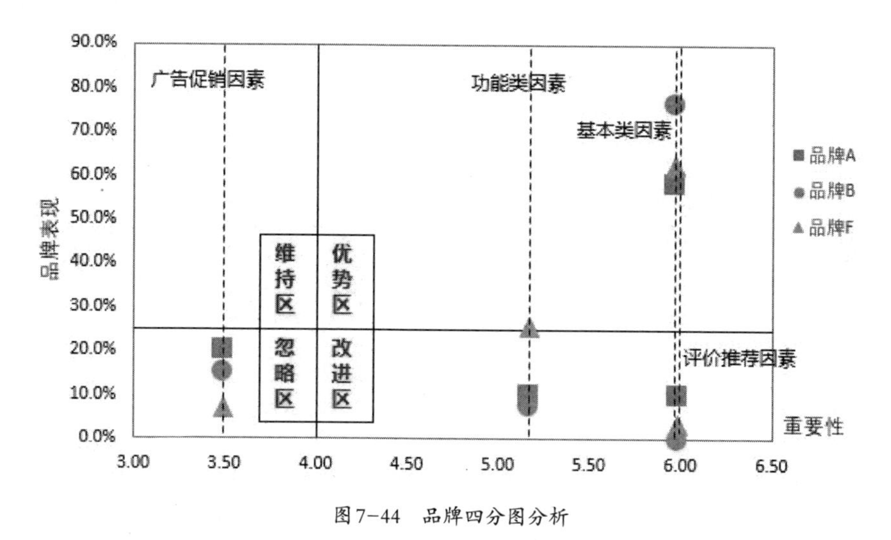

图7-44 品牌四分图分析

从图7-44可以直观地看到：

- 基本类因素重要性高，且品牌B的表现优于品牌F和品牌A，处于优势区，品牌B需要加以保持，继续发挥其优势水平。
- 广告促销类因素，虽然品牌B的表现较差，但因为用户并不看重该类因素，因此属于忽略区，如果资源有限，品牌B可以暂不考虑。
- 功能类和评价推荐类因素重要性高，尤其是评价推荐因素，用户最看重。但品牌B在这两类因素上表现很差，因此处于改进区，是品牌B急需改进的关键因素。

7.7 本章结构图

本章结构图如图7-45所示。

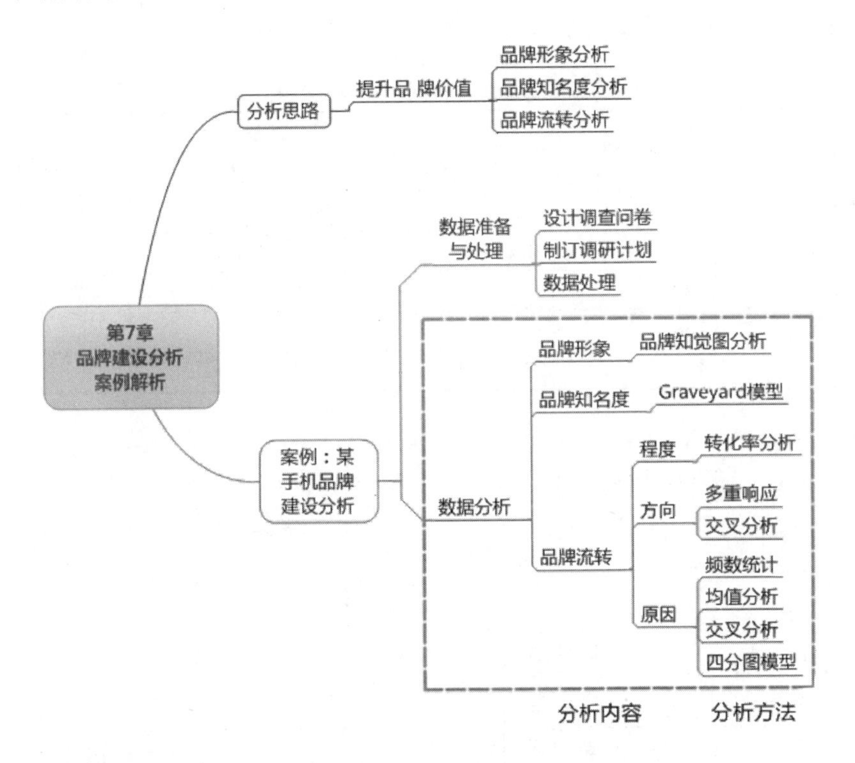

图7−45　第7章结构图

第8章

营销组合分析案例解析——甲厨电公司的营销决策[1]

厨房电器行业经过30多年的发展，已从发展期慢慢步入成熟期，在宏观环境低迷和终端购买力不足的双重影响下，市场竞争白热化，行业洗牌加速，品牌集中度提高，形成了以老板和方太为代表的双寡头竞争格局。

甲厨电公司主要经营吸油烟机、燃气灶、消毒柜三大厨房大家电品类，市场份额在10%左右。一方面，市场份额上升空间有限；另一方面，面临二三线品牌的竞争，甲厨电公司很可能会被赶超。甲厨电公司要想在厨电行业提升竞争力，需要精耕细作——做好产品、定好价格、铺好渠道、打好促销。假设你是甲厨电公司数据资源管理部的研究总监，你该如何为公司营销决策提供支持呢？

8.1 研究目的：营销决策

产品、价格、渠道和促销合称营销组合。通过营销组合，企业引导商品或服务从生产者到达消费者的决策活动叫作营销决策。换句话说，企业做好产品、定好价格、铺好渠道、打好促销的目的是做出科学的营销决策。

营销决策是否科学，一个关键的问题是营销组合是否均衡。也就是说，不管什么样的产品，都必须要有其他三个方面来支持。比如，一些非常贵的珠宝，放到农贸市场里去卖，有人去买吗？肯定没人。但是，如果把这些珠宝摆在非常豪华的商场里，用灯光、丝绒衬托，消费者就很容易接受了。再比如，产品价格要和产品价值相匹配，好东西卖得太便宜，消费者很难相信；坏东西卖得太贵，消费者会觉得离谱。

营销决策既要考虑企业自身的目标市场选择和品牌定位，又要考虑消费者的实际

1　本章数据资料见本书配套资源中名为“第8章营销组合分析”的文件夹。

需求，只有与市场发展趋势相一致，与自身的战略发展相匹配，才能有一个较好的营销效果，才是科学的营销决策。因此，营销决策需要进行严谨、有效的分析。

具体要分析哪些内容呢？这取决于企业在营销组合上存在的问题。如前所述，营销组合是产品、价格、渠道和促销的合称，因此，营销决策的研究内容取决于企业在这四个方面所面临的问题。

8.2 研究内容：营销组合分析

8.2.1 产品决策分析

在产品决策方面，企业需要搞清楚两个问题：生产多少和生产什么。

1. 规模预测分析

如何决定生产多少呢？你要思考该生产多少、能生产多少。

- 在市场经济环境下，该生产多少是由市场需求决定的，需要预测市场规模。
- 在资源约束条件下，能生产多少是由企业所拥有的生产要素决定的，需要预测产出规模。市场规模预测和产出规模预测统称为“规模预测”。

在本案例中，甲厨电公司对规模预测的需求有三个：

- 厨房大家电（包括吸油烟机、燃气灶、消毒柜三大品类）的市场规模预测。
- 吸油烟机的市场规模预测。
- 吸油烟机的生产规模预测。

2. 产品属性分析

如何决定生产什么呢？

这要看市场所需要的产品具有哪些属性、需求程度如何，以此挖掘出消费者对产品的核心需求和偏好，明确产品属性开发的优先级。

在本案例中，甲厨电公司的需求是如何确定吸油烟机新品的功能属性开发优先级。

8.2.2 定价决策分析

欧洲商学院的调查显示，在令全世界营销管理人员头疼的问题中，价格问题位居第一。因为价格问题绝不仅仅是一个关于价格的问题，它是产品优劣的反映，是顾客眼中的产品价值，是产品的竞争性定位和销售力的体现。用哈佛大学雷蒙德 · 科里教授的话说，定价是一门艺术，是一种投机游戏，是营销战略家们的游戏，其重要性在于各种营销手段最终都会聚焦在定价决策上。

在本案例中，甲厨电公司开发吸油烟机新品，不仅会遇到产品功能属性设计的问题，还会面临如何为新功能属性定价的问题。

8.2.3　流量渠道价值评价

如果说产品和价格回答的是买什么、花多少钱买的问题，那么渠道回答的则是在哪里买的问题。若一个企业渠道铺得不好，消费者很难接触到（无论是线上还是线下），那么即使做得再好，交易也难以达成。因此，渠道为王成为业内共识，是影响企业能否赢得市场的一个重要竞争力。

在本案例中，甲厨电公司为有效实现其网上销售服务平台上的用户接触和转化，购买了多个流量渠道。甲厨电公司的需求是，在这些渠道共同发生作用时，如何客观、准确地对每个渠道的价值进行评价，这关系到渠道资源分配的问题，更是甲厨电公司实现多渠道良性合作与发展的基础。

8.2.4　促销资源配置分析

所谓促销就是指营销者通过多种手段说服或吸引消费者购买其产品，以达到扩大销售量目的的行为。常用的促销手段有广告、人员推销、网络营销、营业推广和公共关系等。

而事实上，即使是一种手段，在具体的促销活动中，也会面临多种选择。比如企业做广告，就会面临多家广告媒体的选择问题。

当促销手段很多或某一种促销手段有多种实施方案时，企业就会面临这样一个问题：在现有资源约束条件下多种促销手段或多种实施方案如何组合，才能达到最佳促销效果，达到资源的优化配置。这个问题是典型的线性规划问题。

在本案例中，将利用线性规划帮助甲厨电公司对多种广告媒体进行有效组合，以实现资源的优化配置。

8.3　规模预测分析

2017 年年底，甲厨电公司开始着手制订 2018 年度经营计划，而制订经营计划的基础是对市场的预测。

作为数据资源管理部的研究总监，你收到了来自战略部和吸油烟机事业部的需求：

- 战略部需求：从公司经营的全部品类出发，预测出2018年厨房大家电的市场规模。
- 吸油烟机事业部需求：①大体估算出2016—2025年吸油烟机的市场规模及其走向；②为吸油烟机事业部2018年的生产要素投入提供数据支撑。

8.3.1 预测思路与方法

什么是预测呢？预测就是一个推断的过程，由已知推断未知，由过去和现在推断未来。

推断的依据是什么？可以是经验和判断，也可以是数据和模型。不同的预测者，经验和判断能力是不同的，推断结果往往会大相径庭。因此，基于经验和判断的推断主观性更强，叫作定性预测。而基于同样的数据，使用同样的模型，不管你是谁，都会得出同样的结论。因此，基于数据和模型的推断客观性更强，叫作定量预测。

推断的思路是什么？从已知到未知，从过去和现在到未来。

若要由已知推断未知，则需要已知和未知具有相似性或相关性。基于相似性的推断思路叫作类推原则；基于相关性的推断思路叫作相关原则。

若要由过去、现在推断未来，则需要市场具有一定的惯性，这种推断思路叫作惯性原则。

接下来，我们就来介绍这三个原则及其相应的预测方法。

1. 类推原则与方法

由于同类事物具有相似性，因此，可以用已知事物推断未知的同类事物。这种思路就是类推原则，基于类推原则的预测方法叫类比法，类比法大多是依据经验和判断进行预测的，是定性预测。

例如，通过对日本轿车的研究，你会发现，当轿车价格是人均国民收入的2倍时，轿车开始进入家庭；当轿车价格是人均国民收入的1.4倍时，轿车开始在家庭中普及。由于日本与中国同属于东方国家，人口密集以及生活习惯相近，所以，用日本轿车的发展规律可以类推中国轿车的市场规模。按照上述类比经验，你可以去查国家统计局的相关资料，看看到目前为止收入在5万元以上的家庭共有多少户，这些家庭就是10万元左右轿车的潜在市场。

2. 相关原则与方法

市场和生产的发展受到诸多因素的影响，有些因素是正相关的，比如高速公路建设会推动长途客运的发展；有些因素是负相关的，比如环保政策会导致一次性资源替代品的出现。若这种影响能被量化，那么已知因（即影响因素）的变化就可以推断果（即市场和生产）的变化。这种预测思路就是相关原则，基于相关原则的预测方法有两个：市场因素推算法（简称因素推算法）和回归分析。前者是定性预测法，后者是定量预测法。

市场因素包括消费者、购买欲望和购买量三个要素。只有同时具备这三个要素，才能产生购买行为，使企业的产品或服务具有一定的市场规模。设市场规模为s，消费者总人口数为j，其中，有购买欲望的人数占总人口数的比例（即购买率）为f，平均每人购买量为g，则有$s=j\times f\times g$。由于j、f、g均是动态变化的，在预测市场规模时还要考虑到这些因素的变动影响。在实践中，这些因素的发展水平及其变动量往往是预测人员基于二手资料及自身经验和判断大体估计出来的，有较强的主观性，因此市场因素推算法是一种定性预测法。

回归分析通过建立模型$y=f(x1, x2,\cdots)$预测规模。其中，y为研究对象，$x1, x2,\cdots$为研究对象的相关因素。例如，粮食产量y与种植面积$x1$、施肥量$x2$、降雨量$x3$等因素相关，如果能基于数据将相关关系量化，构建出$y=f(x1, x2, x3)$的回归模型，则已知$x1$、$x2$、$x3$的变化，就能得到y的预测值。显然，回归分析的依据是数据和模型，是一种定量预测法。

3. 惯性原则与方法

如果说由已知推断未知，利用的是结构思维，那么由过去和现在推断未来，则利用的是时间思维。由于事物的发展具有一定的惯性，在一定时间、一定条件下会保持原来的状态和趋势，因此知道事物的昨天和今天，就能推断出它的明天。这种预测思路就是惯性原则。

大家想想，什么时候才能用惯性原则？首先，市场要平稳，如果市场波动性很大，惯性就被打破了；其次，是短期预测，若预测期过长，则可能会有一些突发因素打破惯性。

惯性原则是从时间思维来探讨市场发展变化的，要求数据是逐周/月/季地反映真实企业经营或市场状况的时间序列，预测方法主要是定量预测法，具体包括移动平均法、指数平滑法、曲线估计、一般线性模型、ARIMA模型、季节分解法等，其中季节分解法最常用。

综上所述，预测思路及对应的预测方法如表8-1所示，接下来，将针对甲厨电公司的需求，介绍这些预测方法的基本思想、实践操作和业务应用。

表8-1　预测思路及对应的预测方法

预测思路	定性预测法	定量预测法
类推原则	类比法	

续表

预测思路	定性预测法	定量预测法
相关原则	市场因素推算法	回归分析
惯性原则		季节分解法

8.3.2 季节分解法预测

为满足战略部的需求，这里采用季节分解法，预测2018年厨房大家电的市场规模。

1. 数据准备

通过多渠道地比对和询价，你从某个家电监测机构购买了厨房大家电（包括吸油烟机、燃气灶、消毒柜三大品类）近四年的分季度销售额数据（见表8-2），以预测2018年厨房大家电市场规模。

表8-2 厨房大家电产品销售额数据（单位：亿元）

年份	季度	销售额
2014	1	102
2014	2	141
2014	3	138
2014	4	162
2015	1	108
2015	2	150
2015	3	147
2015	4	176
2016	1	121
2016	2	163
2016	3	156
2016	4	187
2017	1	136
2017	2	180
2017	3	169
2017	4	198

显然，这个数据是时间序列。由于厨房电器行业逐渐步入成熟期，市场相对平稳，并且这里仅预测一年，属于短期预测，符合惯性原则的要求，这里使用季节分解法进行预测。

2. 分析思路

要想正确使用季节分解法，首先要理解季节分解法的分析思路。

（1）明确构成要素

用表 8-2 所示的数据做成折线图，效果如图 8-1 所示。

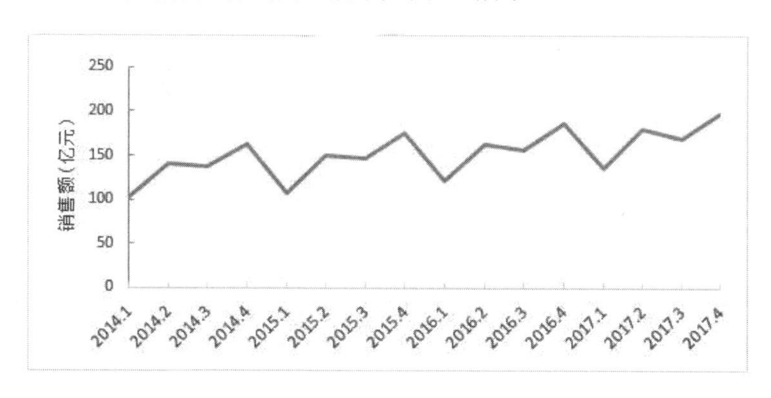

图 8-1　折线图

从图 8-1 可以看出，厨房大家电销售额随时间变化呈稳步增长态势，这叫作长期趋势（Trend，简称 T）。此外，厨房大家电的销售额还具有波动的特点。这种波动由三个因素综合形成。

第一，厨房大家电的寿命在 10 年左右。因此，每隔 10 年，厨房大家电就会因更新换代迎来销售的高峰，从而产生销售额的波动。我们把这种一年以上的波动叫作周期变动（Cycle，简称 C）。由于 C 的周期较长，同样体现一种趋势，因此往往和 T 放在一起考虑。

第二，厨房大家电的销售具有季节性，每年二、四季度处于旺季，一、三季度处于淡季。我们把这种一年之内的波动叫作季节变动（Season，简称 S）。

第三，还有一些不可控因素或特殊事件的影响也会引起销售额的波动。比如延庆区的生产总值在北京各区中排名倒数第一，2016 年农业户仍占全区总户数的 20% 以上，农民对厨房大家电的需求不足，但自从成为 2019 年世园会的举办地、2022 年冬奥会的三大赛区之一之后，近几年延庆区宜居新城建设和棚户区改造紧锣密鼓地进行，随着居民入住新房，厨房大家电在延庆地区的销售将会显著放量，这就是特殊事件引起的销量变动。我们把这种由于不可控因素或特殊事件的影响所引起的波动叫作不规则变动（Irregular，简称 I）。

综上所述，时间序列由长期趋势（T）、季节变动（S）、周期变动（C）、不规则变动（I）构成（见图 8-2）。

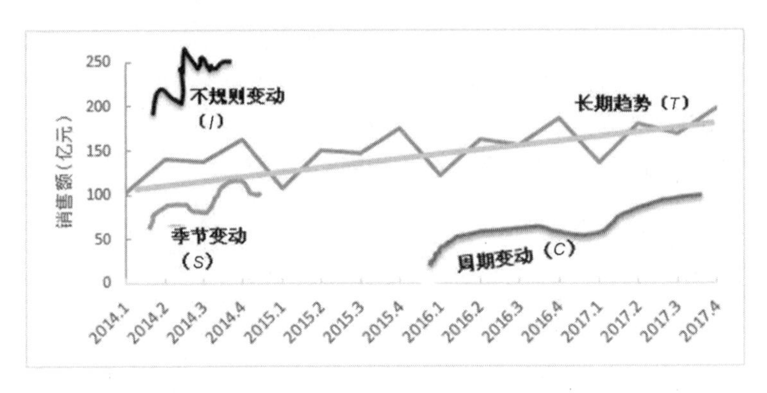

图8–2　厨房大家电销售额时间序列的构成要素

于是，销售额Y可以被看成T、C、S、I的函数，即$Y=f(T,C,S,I)$。若能确定f表达式，同时又能从Y中将T、C、S、I分解出来并预测T、C、S、I的变化，则销售额Y就可以被预测。

（2）确定f表达式

在季节分解法中，f表达式有两种备选模型。

- 加法模型：$Y=T+C+S+I$　　（8-1）
- 乘法模型：$Y=T\times C\times S\times I$　　（8-2）

在加法模型中，T、C、S、I都是绝对数，有同样的量纲；而在乘法模型中，只有T是绝对数，C、S、I都是比值，通过影响T来影响Y。是否会产生影响，要和1进行比较。例如，若$S=1$，表明S对Y没有影响，处于销售平均水平；若$S>1$，表明S使Y提升，处于销售旺季；若$S<1$，表明S使Y下滑，处于销售淡季。

因此，加法模型和乘法模型的本质区别是T、C、S、I对Y的影响模式不同。

在这两种模型中，乘法模型最常用，本案例就选择乘法模型进行预测。

（3）分解构成要素与预测

比如有一家服装店在卖羽绒服，显然羽绒服在冬季最好卖，然后依次是秋季、春季和夏季。假设根据销售数据，求得这家服装店春、夏、秋、冬四个季度羽绒服销量季节指数分别为$S1=0.76$、$S2=0.49$、$S3=1.21$、$S4=1.54$，则这四个季节指数的平均数$\bar{S}=(1.54+1.21+0.49+0.76)/4=1$，表明通过对季节指数的平均，季节变动对羽绒服的销量不产生影响了。推而广之，即平均可以剔除波动。有了这个认识背景，就容易理解分解构成要素的三个步骤了。

第一步：对Y做n项移动平均，剔除$S\times I$

这里的n表示一年内的n期变化（若是分季数据，则$n=4$；若是分月数据，则$n=12$）。如前所述，一年内的波动为季节变动S，因此，这一步剔除的是S。此外，还近似认为剔除了I的影响，得到$T \times C$，然后用$Y / T \times C$得到$S \times I$。

第二步：对$S \times I$做月度（或季度）平均，剔除I

到底选择月度平均法还是季度平均法，取决于所用数据是分月还是分季的。由于季节指数只反映季节变化，换句话说，不管哪一年，只要是同样的季节（季或月），季节指数就相等。而目前同样的季节（季或月），$S \times I$不同，是因为受I的影响，而I存在，是因为年度的变化。因此，月度（或季度）平均法就是对同样的季节（比如一季度）、不同的年份（比如2014年至2017年）的$S \times I$求平均，从而剔除I，得到季节指数S，则未来预测年份各季节的季节指数预测值$\hat{S}$与以往年份同季节的季节指数S相同。

第三步：对$T \times C$进行线性回归预测，得到$T \times C$的预测值$\widehat{T \times C}$

由于T和C反映的都是时间序列的趋势变化，因此放在一起进行预测。与波动需要用曲线拟合不同的是，趋势因仅关注方向性，用直线拟合即可，因此使用线性回归进行预测。

通过上述三个步骤，得到$\hat{S}$和$\widehat{T \times C}$，于是Y的预测值$\hat{Y} = \hat{S} \times \widehat{T \times C}$。

季节分解法的分析思路如图8-3所示。

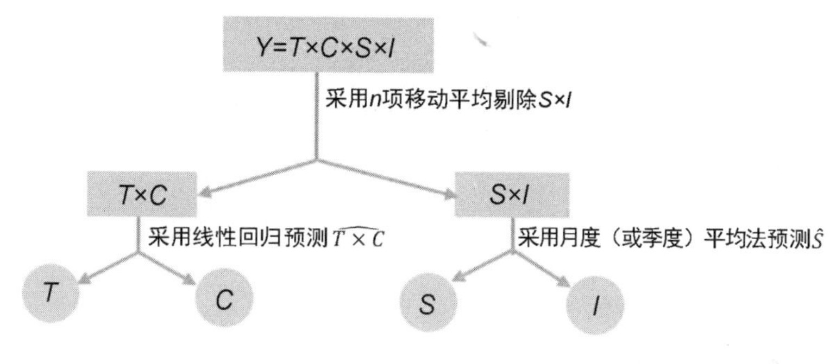

图8-3　季节分解法分析思路

3. SPSS操作与结果解读

理解了分析思路，接下来用SPSS软件对本案例进行操作，并对结果进行解读。

（1）读取数据

将表8-2所示的数据（见本书配套资源中名为“厨房大家电产品销售额数据”的Excel文件）读取到SPSS软件中，读取结果如图8-4所示。

（2）定义日期

要想调用SPSS中的季节性分解模块，就要告诉SPSS你的数据符合该模块的要求。

那么，什么样的数据符合要求呢？

首先，季节分解法是基于惯性原则的，所以数据必须是时间序列，要有时间维度。

其次，在季节分解法的构成要素中不仅包括T和C，还包括S。反映T和C的时间粒度是“年”，但“年”无法反映*S*，*S*是一年内的波动，至少要细化到“季度”或“月份”。

	年份	季度	销售额
1	2014	1	102
2	2014	2	141
3	2014	3	138
4	2014	4	162
5	2015	1	108
6	2015	2	150
7	2015	3	147
8	2015	4	176
9	2016	1	121
10	2016	2	163
11	2016	3	156
12	2016	4	187
13	2017	1	136
14	2017	2	180
15	2017	3	169
16	2017	4	198

图8-4　厨房大家电产品销售额SPSS数据（单位：亿元）

在本案例的数据中（见图8-4），同时有“年份”和“季度”，显然符合使用季节分解法的要求。这个判断需要反馈给SPSS，才能启动“季节性分解”模块。如何反馈？通过“定义日期”，操作如下：

打开数据文件	双击打开本书配套资源中名为“8.1厨房大家电销售额数据”的.sav文件。
选择菜单	数据→定义日期。
设置日期	在弹出的“定义日期”对话框中，按图8-5所示进行设置，然后单击“确定”按钮。

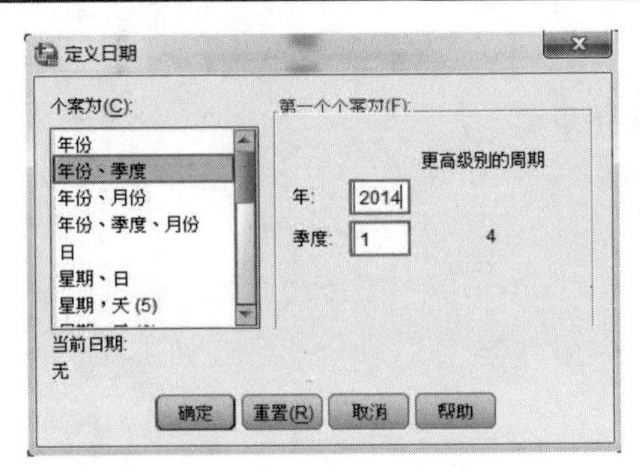

图8-5　定义日期的SPSS设置

于是，在SPSS数据视图中生成了YEAR_（即年份）、QUARTER_（即季度）和

DATE_（即年季合并）三个变量（见图8-6）。

	年份	季度	销售额	YEAR_	QUARTER_	DATE_
1	2014	1	102	2014	1	Q1 2014
2	2014	2	141	2014	2	Q2 2014
3	2014	3	138	2014	3	Q3 2014
4	2014	4	162	2014	4	Q4 2014
5	2015	1	108	2015	1	Q1 2015
6	2015	2	150	2015	2	Q2 2015

图8-6　定义日期生成的变量（部分数据截图）

（3）求出$T \times C$与S

在“定义日期”后，接下来求出$T \times C$与S，具体操作如下：

选择菜单	分析→预测→季节性分解。
设置变量	在弹出的“周期性分解”对话框中，仅将“销售额”选入“变量”框中即可（见图8-7，其余的日期变量在前面已定义，不需要再进行设置）。
设置选项	单击“保存”按钮，在打开的“周期：保存”对话框中，默认选择“添加至文件”，单击“继续”按钮。再单击“确定”按钮（见图8-7）。

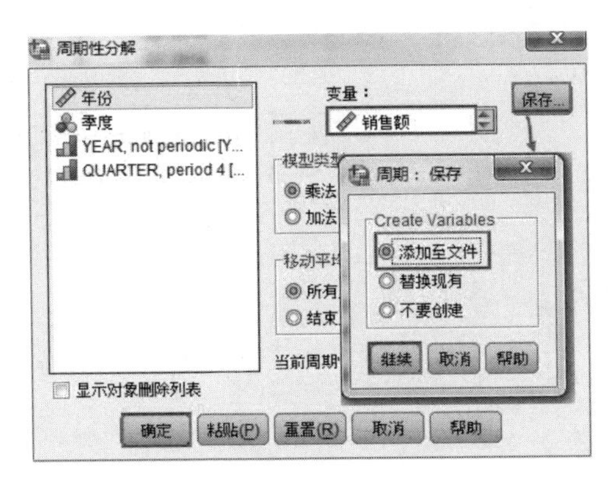

图8-7　季节性分解设置

于是，在SPSS数据视图中生成了四个变量：ERR_1、SAS_1、SAF_1、STC_1（见图8-8），它们依次为I、$T \times C \times I$、S、$T \times C$。由于Y的预测值$\hat{Y} = \hat{S} \times \widehat{T \times C}$，因此，接下来就要分别预测$\hat{S}$和$\widehat{T \times C}$。

（4）预测

季节指数S刻画的仅是一年内的变化，即不管是哪一年，只要是同一个季节，季节指数S就是相同的。观察图8-8中的SAF_1变量，你就会发现这个特点。以一季度为例，2014年至2017年的季节指数$S1$均为0.78952。同理，待预测的2018年四个季度的季节指数和前面各年相应季度的季节指数相同，只要复制和粘贴即可。此外，为明显起见，在“年份”和“季度”现有数据下分别输入“2018”（即年份）和“1”~“4”（即四个季度）数据（见图8-9）。

	年份	季度	销售额	YEAR_	QUARTER_	DATE_	ERR_1	SAS_1	SAF_1	STC_1
1	2014	1	102	2014	1	Q1 2014	.97117	129.193	.78952	133.028
2	2014	2	141	2014	2	Q2 2014	1.00253	134.539	1.04802	134.200
3	2014	3	138	2014	3	Q3 2014	1.01702	138.868	.99375	136.544
4	2014	4	162	2014	4	Q4 2014	1.00217	138.614	1.16871	138.314
5	2015	1	108	2015	1	Q1 2015	.97659	136.793	.78952	140.072
6	2015	2	150	2015	2	Q2 2015	1.00009	143.127	1.04802	143.114
7	2015	3	147	2015	3	Q3 2015	1.00761	147.924	.99375	146.807
8	2015	4	176	2015	4	Q4 2015	1.00188	150.593	1.16871	150.312
9	2016	1	121	2016	1	Q1 2016	1.00174	153.259	.78952	152.992
10	2016	2	163	2016	2	Q2 2016	1.00151	155.531	1.04802	155.297
11	2016	3	156	2016	3	Q3 2016	.98970	156.981	.99375	158.615
12	2016	4	187	2016	4	Q4 2016	.98245	160.006	1.16871	162.864
13	2017	1	136	2017	1	Q1 2017	1.02852	172.258	.78952	167.481
14	2017	2	180	2017	2	Q2 2017	1.01076	171.752	1.04802	169.924
15	2017	3	169	2017	3	Q3 2017	.99796	170.062	.99375	170.411
16	2017	4	198	2017	4	Q4 2017	.99276	169.418	1.16871	170.654

图8-8　季节性分解输出结果（部分数据截图）

	年份	季度	销售额	YEAR_	QUARTER_	DATE_	ERR_1	SAS_1	SAF_1	STC_1
1	2014	1	102	2014	1	Q1 2014	.97117	129.193	.78952	133.028
2	2014	2	141	2014	2	Q2 2014	1.00253	134.539	1.04802	134.200
3	2014	3	138	2014	3	Q3 2014	1.01702	138.868	.99375	136.544
4	2014	4	162	2014	4	Q4 2014	1.00217	138.614	1.16871	138.314
5	2015	1	108	2015	1	Q1 2015	.97659	136.793	.78952	140.072
6	2015	2	150	2015	2	Q2 2015	1.00009	143.127	1.04802	143.114
7	2015	3	147	2015	3	Q3 2015	1.00761	147.924	.99375	146.807
8	2015	4	176	2015	4	Q4 2015	1.00188	150.593	1.16871	150.312
9	2016	1	121	2016	1	Q1 2016	1.00174	153.259	.78952	152.992
10	2016	2	163	2016	2	Q2 2016	1.00151	155.531	1.04802	155.297
11	2016	3	156	2016	3	Q3 2016	.98970	156.981	.99375	158.615
12	2016	4	187	2016	4	Q4 2016	.98245	160.006	1.16871	162.864
13	2017	1	136	2017	1	Q1 2017	1.02852	172.258	.78952	167.481
14	2017	2	180	2017	2	Q2 2017	1.01076	171.752	1.04802	169.924
15	2017	3	169	2017	3	Q3 2017	.99796	170.062	.99375	170.411
16	2017	4	198	2017	4	Q4 2017	.99276	169.418	1.16871	170.654
17	2018	1	.	.	.		.	.	.78952	.
18	2018	2	.	.	.		.	.	1.04802	.
19	2018	3	.	.	.		.	.	.99375	.
20	2018	4	.	.	.		.	.	1.16871	.

图8-9　预测$\hat{S}$

（5）预测$\widehat{T \times C}$

$T \times C$反映的是趋势变化，仅关注方向性，因此需要用直线来拟合。于是你想到线性回归，以时间t（综合年份和季度变化的自然数序列）为自变量，$T \times C$为因变量。但回归是基于惯性原则的，由因索果，而这里t与$T \times C$并不是因果关系，因此叫“线性回归”不妥，改名为“趋势外推”。

按照这种思路，在SPSS中的具体操作步骤如下。

第一步：生成自然数时间序列 t

选择菜单“数据”→“定义日期”，在弹出的“定义日期”对话框中设置如图8-10所示，单击“确定”按钮。

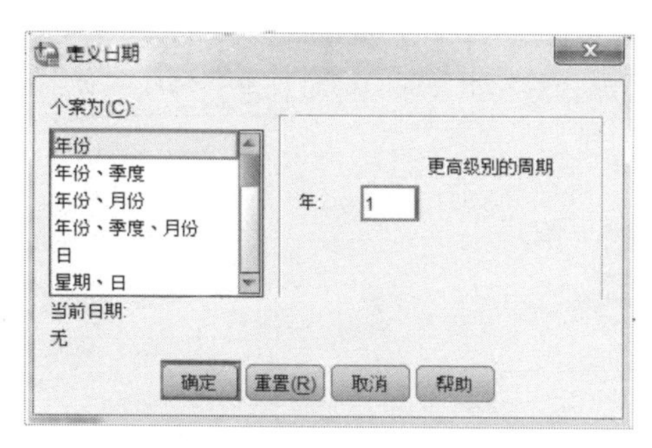

图 8-10　设置自然数时间序列 t

于是，在SPSS数据视图中生成了两个变量：YEAR_和DATE_，变量值都是自然数序列。但前者的数据类型是“数值”，后者的数据类型是“字符串”，考虑到后续需要运算，因此删除DATE_，保留YEAR_，并在SPSS变量视图中将YEAR_改名为“t”，结果如图8-11所示。

	年份	季度	销售额	ERR_1	SAS_1	SAF_1	STC_1	t
1	2014	1	102	.97117	129.1932	.78952	133.0279	1
2	2014	2	141	1.00253	134.5391	1.04802	134.1999	2
3	2014	3	138	1.01702	138.8676	.99375	136.5440	3
4	2014	4	162	1.00217	138.6144	1.16871	138.3144	4
5	2015	1	108	.97659	136.7928	.78952	140.0725	5
6	2015	2	150	1.00009	143.1267	1.04802	143.1135	6
7	2015	3	147	1.00761	147.9241	.99375	146.8071	7
8	2015	4	176	1.00188	150.5935	1.16871	150.3115	8
9	2016	1	121	1.00174	153.2586	.78952	152.9922	9
10	2016	2	163	1.00151	155.5310	1.04802	155.2967	10
11	2016	3	156	.98970	156.9807	.99375	158.6146	11
12	2016	4	187	.98245	160.0056	1.16871	162.8640	12
13	2017	1	136	1.02852	172.2576	.78952	167.4812	13
14	2017	2	180	1.01076	171.7520	1.04802	169.9244	14
15	2017	3	169	.99796	170.0625	.99375	170.4107	15
16	2017	4	198	.99276	169.4177	1.16871	170.6539	16
17	2018	1	.	.	.	.78952	.	17
18	2018	2	.	.	.	1.04802	.	18
19	2018	3	.	.	.	.99375	.	19
20	2018	4	.	.	.	1.16871	.	20

图 8-11　生成自然数时间序列 t

第二步：趋势外推

选择菜单	分析→回归→线性。
设置变量	在弹出的“线性回归”对话框中，在“因变量”框中放入“STC_1”，在“自变量”框中放入“ t ”（见图8-12）。
设置选项	单击“保存”按钮，在打开的“线性回归：保存”对话框中，选择“未标准化”，单击“继续”按钮。再单击“确定”按钮（见图8-12，该设置用于将对 $T \times C$ 的原始预测结果（即未经过标准化等统计处理）保存在数据视图中）。

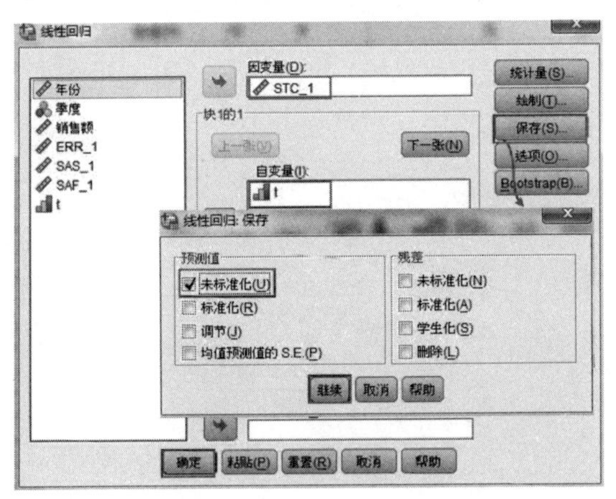

图8-12　趋势外推SPSS设置

于是，在SPSS数据视图中生成了一个名为“PRE_1”的变量，这个变量就是 $T \times C$ 的预测结果。在SPSS变量视图中将PRE_1改名为“TC预测”，结果如图8-13所示。

	年份	季度	销售额	ERR_1	SAS_1	SAF_1	STC_1	t	TC预测
1	2014	1	102	.97117	129.1932	.78952	133.0279	1	130.62741
2	2014	2	141	1.00253	134.5391	1.04802	134.1999	2	133.46566
3	2014	3	138	1.01702	138.8676	.99375	136.5440	3	136.30391
4	2014	4	162	1.00217	138.6144	1.16871	138.3144	4	139.14216
5	2015	1	108	.97659	136.7928	.78952	140.0725	5	141.98041
6	2015	2	150	1.00009	143.1267	1.04802	143.1135	6	144.81866
7	2015	3	147	1.00761	147.9241	.99375	146.8071	7	147.65691
8	2015	4	176	1.00188	150.5935	1.16871	150.3115	8	150.49516
9	2016	1	121	1.00174	153.2586	.78952	152.9922	9	153.33341
10	2016	2	163	1.00151	155.5310	1.04802	155.2967	10	156.17166
11	2016	3	156	.98970	156.9807	.99375	158.6146	11	159.00991
12	2016	4	187	.98245	160.0056	1.16871	162.8640	12	161.84816
13	2017	1	136	1.02852	172.2576	.78952	167.4812	13	164.68641
14	2017	2	180	1.01076	171.7520	1.04802	169.9244	14	167.52466
15	2017	3	169	.99796	170.0625	.99375	170.4107	15	170.36291
16	2017	4	198	.99276	169.4177	1.16871	170.6539	16	173.20117
17	2018	1	.	.	.	.78952	.	17	176.03942
18	2018	2	.	.	.	1.04802	.	18	178.87767
19	2018	3	.	.	.	.99375	.	19	181.71592
20	2018	4	.	.	.	1.16871	.	20	184.55417

图8-13　$T \times C$ 预测结果

（6）预测销售额$\hat{Y}$

根据公式$\hat{Y} = \widehat{T \times C} \times \hat{S}$，厨房大家电产品2018年各季度的销售额预测值等于“SAF_1” 和“TC预测”两个变量的乘积。在SPSS中的具体操作步骤如下：

选择菜单	转换→计算变量。
设置变量	在弹出的“计算变量”对话框中进行如下设置（见图8-14）。 • “目标变量”框：写入“销售额预测”（此处用于生成变量名称）。 • “数字表达式”框：从左侧的变量列表中选入“SAF_1”和“TC预测”两个变量，中间用“*”连接（“*”表示乘号，最好从该对话框里面的运算符中选择，若输入“*”，则输入法切换为半角状态），单击“确定”按钮。

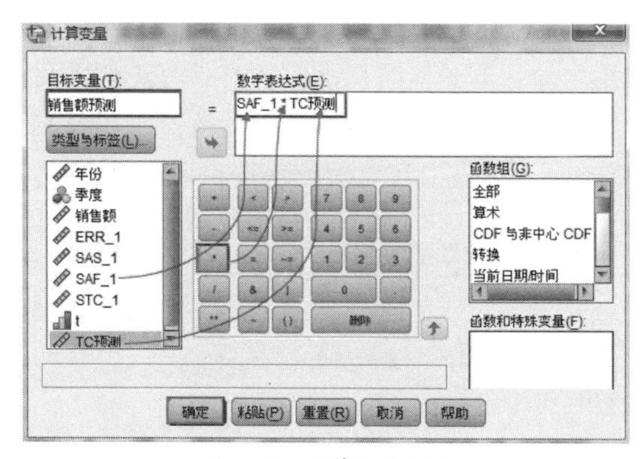

图 8-14　计算变量设置

于是，最终得到厨房大家电产品在2018年四个季度的销售额预测值（见图8-15）。

	年份	季度	销售额	ERR_1	SAS_1	SAF_1	STC_1	t	TC预测	销售额预测
1	2014	1	102	.971	129.19	.790	133.03	1	130.63	103.132
2	2014	2	141	1.003	134.54	1.048	134.20	2	133.47	139.875
3	2014	3	138	1.017	138.87	.994	136.54	3	136.30	135.452
4	2014	4	162	1.002	138.61	1.169	138.31	4	139.14	162.617
5	2015	1	108	.977	136.79	.790	140.07	5	141.98	112.096
6	2015	2	150	1.000	143.13	1.048	143.11	6	144.82	151.773
7	2015	3	147	1.008	147.92	.994	146.81	7	147.66	146.734
8	2015	4	176	1.002	150.59	1.169	150.31	8	150.50	175.885
9	2016	1	121	1.002	153.26	.790	152.99	9	153.33	121.059
10	2016	2	163	1.002	155.53	1.048	155.30	10	156.17	163.671
11	2016	3	156	.990	156.98	.994	158.61	11	159.01	158.017
12	2016	4	187	.982	160.01	1.169	162.86	12	161.85	189.153
13	2017	1	136	1.029	172.26	.790	167.48	13	164.69	130.022
14	2017	2	180	1.011	171.75	1.048	169.92	14	167.52	175.570
15	2017	3	169	.998	170.06	.994	170.41	15	170.36	169.299
16	2017	4	198	.993	169.42	1.169	170.65	16	173.20	202.422
17	2018	1	.	.	.	.790	.	17	176.04	138.986
18	2018	2	.	.	.	1.048	.	18	178.88	187.468
19	2018	3	.	.	.	.994	.	19	181.72	180.581
20	2018	4	.	.	.	1.169	.	20	184.55	215.690

图 8-15　销售额预测值

8.3.3 类比法与因素推算法预测

作为核心品类，吸油烟机的市场规模是甲厨电公司最关注的。考虑到吸油烟机事业部的需求是估算出2016—2025年吸油烟机的市场规模及其走向，要预测的时间跨度较长，可能会有一些突发因素打破惯性，不适合使用惯性原则，于是你想到类推原则和相关原则。

1. 数据准备

（1）基于类推原则

类推原则是指用同类事物的相似性进行预测，因此需要找到吸油烟机的同类事物。你可能会想到"白电"（包括冰箱、洗衣机和空调）和"黑电"（即彩电），因为它们和吸油烟机同属家用电器，同是家装用品，并且具有类似的生命周期。你可能还会想到其他国家的吸油烟机，比如日本和韩国，因为这两个国家和我国具有相近的烹饪习惯。于是你开始上网查找，并找到了它们的销量和保有量数据（见表8-3至表8-5）。

表8-3 我国部分家电产品2015年销量数据

产品类别	冰箱	洗衣机	空调	彩电	吸油烟机
销量（万台）	4763	4128	6049	5520	2230

数据来源：智研咨询。

表8-4 我国部分家电产品2015年保有量数据

地区 \ 保有量（台/百户） \ 产品	冰箱	洗衣机	空调	彩电	吸油烟机
城镇	94.2	92.3	114.6	122.3	69.2
农村	82.6	78.8	38.8	116.9	15.3

数据来源：智研咨询。

表8-5 2015年我国与日本、韩国的吸油烟机保有量对比

产品类别	日本	韩国	我国
保有量（台/百户）	92	112	28

数据来源：智研咨询。

（2）基于相关原则

相关原则是指用相关影响因素进行预测，因此需要找出吸油烟机市场规模的影响因素。你会如何思考呢？

首先，你要明确衡量市场规模的指标。备选指标有很多，但考虑到你从类推原则

出发，对比的多是保有量，为方便比较和建立关联，这里也用保有量。所谓保有量，就是指一个国家或地区百户家庭所拥有的吸油烟机的数量。显然保有量越高，表明吸油烟机的市场规模越大。因此，要找出影响吸油烟机市场规模的因素，就是要找出影响保有量的因素。

其次，综合表8-4和表8-5可以看出，我国吸油烟机的保有量远低于日本和韩国，这与我国城乡二元经济结构是分不开的，农村的保有量不足城镇的1/4。很明显，要提升吸油烟机的市场规模，需要提升农村吸油烟机的保有量。

那么，什么因素会影响农村吸油烟机的保有量？你可能会想到城镇化。因为一方面，城镇化会使农民涌进城镇，其中部分人购买新房，就会购买包括吸油烟机在内的厨电产品；另一方面，农村棚户区改造加速运行，住房改善会刺激吸油烟机的购买。因此，国家城镇化会影响农村吸油烟机的保有量，需要研究国家城镇化率，于是你找到我国历年的城镇化率以及城镇化率的预测数据（见表8-6）。

表8-6　我国历年的城镇化率以及城镇化率的预测数据

年份	城镇化率	年份	城镇化率
2002	39.1%	2012	52.6%
2003	40.5%	2013	53.7%
2004	41.8%	2014	55.0%
2005	43.0%	2015	56.1%
2006	44.3%	2016	57.3%
2007	45.9%	2017	58.5%
2008	47.0%	2018E	59.2%
2009	48.3%	2019E	60.0%
2010	50.0%	2020E	61.0%
2011	51.3%	2030E	70.0%

数据来源：国家统计局。

综上所述，由于农村吸油烟机的保有量较低，新增需求的增长空间较大，且城镇化是主要推动因素，因此对于农村应主要关注新增需求。那么城镇吸油烟机的保有量如何？哪些因素会影响城镇吸油烟机的保有量呢？

首先，从表8-4可以看出，城镇吸油烟机的保有量不足70，与“黑电”和“白电”具有较大差距。这是因为吸油烟机起步较晚，虽然制造始于20世纪80年代，但在老百姓对家电的消费次序中，厨电排在“黑电”与“白电”之后，因此，直到2008年左右吸油烟机才迎来发展期。从图8-16可以看到，吸油烟机的发展滞后于冰箱行业超过10年。

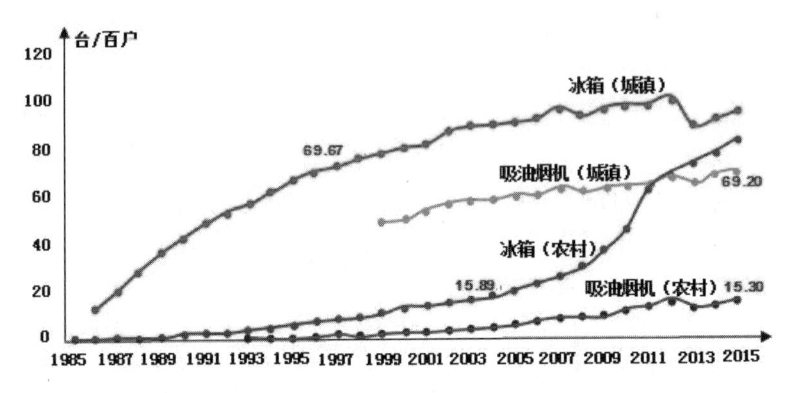

图8-16　吸油烟机与冰箱百户拥有量对比

其次，通过查找相关资料，你发现，在中国经济转向注重发展质量的背景下，在“供给侧结构改革”持续推进下，在限购、限贷等房产调控政策影响下，加上原材料价格高位运行，吸油烟机价格高居不下，城镇居民对吸油烟机的新增需求受到抑制，增速放缓。换句话说，在城镇新用户首次购买吸油烟机的动力不足，而与新用户首次购买相对立的是老用户的重复购买。于是你会问，在城镇老用户对吸油烟机的重复购买量高不高？

那么，在什么情况下老用户会重复购买呢？更新换代。于是你又会问，城镇吸油烟机更新换代量大不大？如前所述，由于2008年左右吸油烟机才开始放量，且使用年限在10年左右，因此2016—2025年恰逢更新换代周期的到来，更新换代是城镇吸油烟机增长的关键推动力。

综上所述，基于相关原则，预测时间跨度为2016—2025年，分成新增需求和更新换代两部分，考虑城镇化及更新换代两个影响因素，数据资料如表8-6与图8-16所示。

2. 预测思路

有了数据，接下来就要预测了。

考虑到自己所获取的是影响因素的数据资料，你会想到用相关原则来预测。那么是用定量的回归分析，还是用定性的市场因素推算法呢？

显然你的数据并不翔实，没能建立起影响因素与吸油烟机市场规模之间明确的关联（即没有在什么时候、城镇化率有多大、电商覆盖多少个乡镇、更新换代率有多高、吸油烟机市场规模有多大逐条对应的数据），这些因素未来水平有多高、影响程度有多大，往往要借助经验和判断得出。因此，回归分析用不了，你要用市场因素推算法。

通过梳理已有数据，你得到2016—2025年吸油烟机的销量预测分析思路，如图8-17所示。

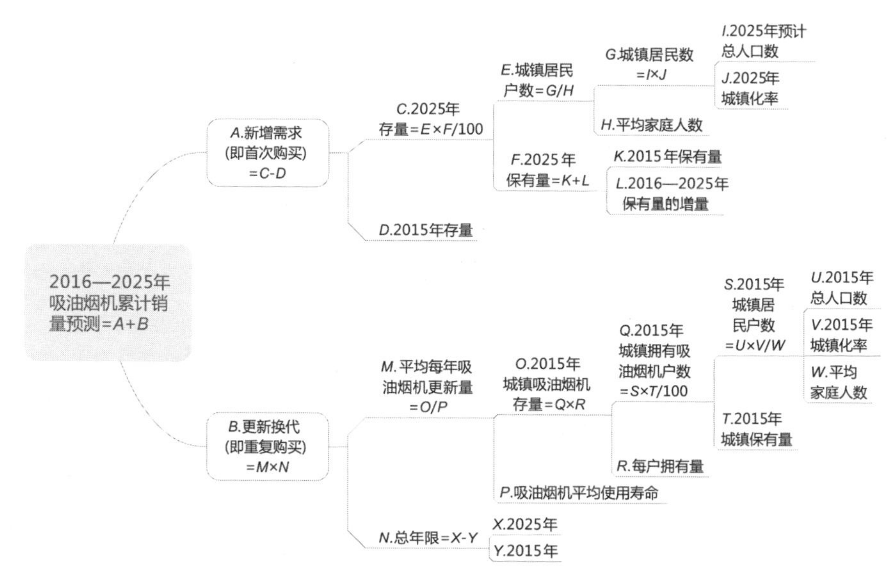

图 8-17　吸油烟机销量预测分析思路

按图8-17所示的分析思路，只要获取图中*I*、*J*、*H*、*K*、*L*、*U*、*V*、*T*、*R*、*P*、*W*、*X*、*Y*共13个变量的相应数据，即可对吸油烟机的市场规模进行预测。

3. 预测结果

按图8-17所示的分析思路，收集相关数据，进行具体计算。

（1）新增需求量预测

根据图8-17，可以写出2016—2025年吸油烟机的新增需求量预测公式为

$$A=(I\times J/H)\times(K+L)/100-D \tag{8-3}$$

通过收集数据，可以获得相关数据（见表8-7）。

表8-7　新增需求量预测的相关数据

变量	含义	数值	数据来源
I	2025年预计总人口数	14.13亿人	中科院人口与劳动经济研究所
J	2025年城镇化率	65%	国家统计局数据估算（见表8-6）
K	2015年保有量	28台/百户	智研咨询
H	平均家庭人数	3人	中科院人口与劳动经济研究所
D	2015年存量	1.2亿台	智研咨询

在式（8-1）中，只有*L*（2016—2025年吸油烟机保有量的增量）没有数据，但图8-16提醒我们，可以用冰箱来类推。由于吸油烟机发展滞后于冰箱超过10年，因此要预测2016—2025年吸油烟机保有量的增量，可以用冰箱前10年，即2006—2015年保有

量的增量来类推。

从图8-16可知，2006年与2015年城镇冰箱的保有量分别为90台/百户和94.2台/百户，2006年与2015年农村冰箱的保有量分别为15.69台/百户和82.6台/百户，因此2006—2015年城镇和农村冰箱保有量的增量分别为△1=94.2－90=4.2（台/百户）；△2=82.6－15.69=66.91（台/百户）。

考虑到城镇人口和农村人口占比分别为$f1$=50.47%和$f2$=49.53%，因此冰箱总体保有量的增量为△=△1×$f1$+△2×$f2$=4.2×50.47%+66.91×49.53%≈35.26（台/百户）。如果只做简单类推，则2016—2025年吸油烟机保有量的增量近似等于35.26台/百户。

将上述变量值代入式（8-1）中，则2016—2025年吸油烟机新增需求量的预测值为

$$A=(I\times J/H)\times(K+L)/100-D=(14.13\times 65\%/3)\times(28+35.26)/100-1.2=0.74\text{（亿台）}$$

（2）更新换代预测

根据图8-17，可以写出2016—2025年吸油烟机的更新换代量预测公式为

$$B=U\times V\times T\times R\times(X-Y)/(100\times P\times W) \qquad (8\text{-}4)$$

通过收集数据，可以获得相关数据（见表8-8）。

表8-8　更新换代预测的相关数据

变量	含义	数值	数据来源
U	2015年总人口数	13.83亿人	国家统计局
V	2015年城镇化率	56.1%	国家统计局（见表8-6）
T	2015年城镇保有量	28台/百户	智研咨询
R	每户拥有量	1台	奥维云网（AVC）
P	吸油烟机平均使用寿命	10年	智研咨询
W	平均家庭人数	3人	中科院人口与劳动经济研究所
X	报告期	2025年	根据预测需求而定
Y	基期	2015年	根据预测需求而定

将上述变量值代入式（8-2）中，得到2016—2025年吸油烟机更新换代量的预测值为

$$\begin{aligned}B&=U\times V\times T\times R\times(X-Y)/(100\times P\times W)\\&=13.83\times 56.1\%\times 28\times 1\times(2025-2015)/(100\times 10\times 3)\\&=0.72\text{（亿台）}\end{aligned}$$

（3）累计销量预测

2016—2025年吸油烟机累计销量=新增需求量+更新换代量=0.74+0.72=1.46（亿台）

如何理解这个累计销量预测值呢？假设不考虑增长，2016—2025年这10年的平均销量为14600万台，

而从表8-3可知，2015年吸油烟机的销量为2230万台，因此2015—2025年的复合增长率$r = \sqrt[2025-2015]{14600/2230} - 1 \approx 20.67\%$，这说明吸油烟机在未来10年的销量总体上有小幅的增长。

本例采用的是市场因素推算法，这种方法属于定性预测，即用于推断的数据并不翔实，在推断中加入了主观判断，比如缺少吸油烟机保有量增量数据，使用冰箱相应的数据进行类推。这种主观判断会使预测结果存在较大的误差，相对于定量预测，其预测失误风险更高。本例的目的是为了让大家体会预测过程，预测结果不具有应用和推广价值。

8.3.4　回归预测

前面预测2018年吸油烟机市场规模为14600万台，考虑到甲厨电公司在吸油烟机市场占15%的份额，则可以得出2018年甲厨电公司至少要生产14600×15%=2190万台吸油烟机。按照吸油烟机事业部的需求，你需要思考为了达到这个生产规模，该投入多少生产要素。

假设你拿到了甲厨电公司吸油烟机产品历年的生产规模、投入资本和员工人数的数据（见表8-9，数据见本书配套资源中名为“8.2吸油烟机生产规模预测数据”的Excel文件）。

表8-9　甲厨电公司吸油烟机产品历年的生产规模、投入资本和员工人数数据

年　　份	生产规模Y（万台）	投入资本K（万元）	员工人数L（人）
2007	450	49500	400
2008	610	66429	450
2009	830	87648	452
2010	1130	113000	510
2011	1340	133196	560
2012	1490	148404	562
2013	1550	158875	564
2014	1830	189771	580
2015	2200	192501	682
2016	2590	224553	690
2017	3120	265200	720

考虑到反映生产要素（包括技术、资本、劳动力）与生产规模之间关系的经典模型就是道格拉斯生产函数，其公式为

$$y = AK^{\alpha}L^{\beta}\mu \qquad (8\text{-}5)$$

其中，y表示产出，A、K、L分别表示技术、资本和劳动力，α表示资本弹性系数，β表示劳动力弹性系数，μ为随机干扰项。

你决定以道格拉斯生产函数为回归模型进行回归分析。根据公司现有数据（见表8-9），确定道格拉斯生产函数中的A、α和β，量化y与K、L的关系，以决定2018年投入多少资本和劳动力。

1. 回归分析的基本概念

首先回忆回归分析的一些概念，这有利于理解道格拉斯生产函数。

第一组概念：自变量与因变量

自变量是因，常用x表示；因变量是果，常用y表示。

道格拉斯生产函数反映A（技术）、K（资本）和L（劳动力）对y（生产规模）的影响，y为因变量，K和L为自变量，而A是外生变量，不受企业影响，不是自变量，而是一个常数。

第二组概念：一元与多元

元，是指自变量的个数。

由于道格拉斯生产函数有K（资本）和L（劳动力）两个自变量，因此是二元回归。

第三组概念：线性与非线性

如果一个回归模型中的所有自变量都是一次幂，则是线性回归；反之，则是非线性回归。

道格拉斯生产函数为$y = AK^{\alpha}L^{\beta}\mu$，显然自变量$K$和$L$分别是$\alpha$次幂和$\beta$次幂，其中$0<\alpha$，$\beta<1$，因此为非线性回归。而要使用Excel中的回归模块，前提是回归模型要为线性的。因此就需要把非线性的道格拉斯生产函数线性化，即通过数学变换使K和L为一次幂。

如何实现？对函数求对数，得到$\ln y=\ln A+\alpha\ln K+\beta\ln L+\ln\mu$。

设$y'=\ln y$，$K'=\ln K$，$L'=\ln L$，则K'、L'为一次幂，与y'存在线性关系。

2. 回归分析的预测步骤

（1）整理数据源与线性化

将表8-9所示数据录入Excel中形成数据源（见图8-18）。

	A	B	C	D
1	年份	生产规模Y（万台）	投入资本K（万元）	员工人数L（人）
2	2007	450	49500	400
3	2008	610	66429	450
4	2009	830	87648	452
5	2010	1130	113000	510
6	2011	1340	133196	560
7	2012	1490	148404	562
8	2013	1550	158875	564
9	2014	1830	189771	580
10	2015	2200	192501	682
11	2016	2590	224553	690
12	2017	3120	265200	720

图8-18 回归分析数据源

用Excel的自然对数函数LN()，求出y、K、L的自然对数$\ln y$、$\ln K$、$\ln L$（见图8-19）。

E2 =LN(B2)

	A	B	C	D	E	F	G
1	年份	生产规模Y（万台）	投入资本K（万元）	员工人数L（人）	lnY	lnK	lnL
2	2007	450	49500	400	6.10925	10.8097	5.9915
3	2008	610	66429	450	6.41346	11.1039	6.1092
4	2009	830	87648	452	6.72143	11.3811	6.1137
5	2010	1130	113000	510	7.02997	11.6351	6.2344
6	2011	1340	133196	560	7.20042	11.7996	6.3279
7	2012	1490	148404	562	7.30653	11.9077	6.3315
8	2013	1550	158875	564	7.34601	11.9759	6.3351
9	2014	1830	189771	580	7.51207	12.1536	6.363
10	2015	2200	192501	682	7.69621	12.1679	6.525
11	2016	2590	224553	690	7.85941	12.3219	6.5367
12	2017	3120	265200	720	8.04559	12.4882	6.5793

图8-19 非线性回归模型线性化，求出$\ln y$、$\ln K$、$\ln L$

（2）调用回归分析工具

由于回归分析工具在“数据分析”模块中，因此需要先加载“数据分析”模块。

依次选择“文件”→“选项”→“加载项”→“转到”，在“加载项”对话框中，勾选“分析工具库”和“规划求解加载项”（该模块用于后续的线性规划），单击“确定”按钮，于是在“数据”菜单下就出现了“数据分析”模块（见图8-20）。

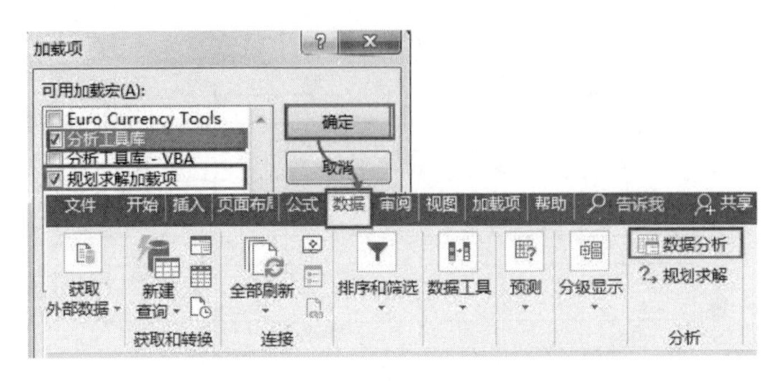

图8-20　加载“数据分析”模块

依次选择“数据”→“数据分析”→“回归”，调用回归分析工具（见图8-21）。

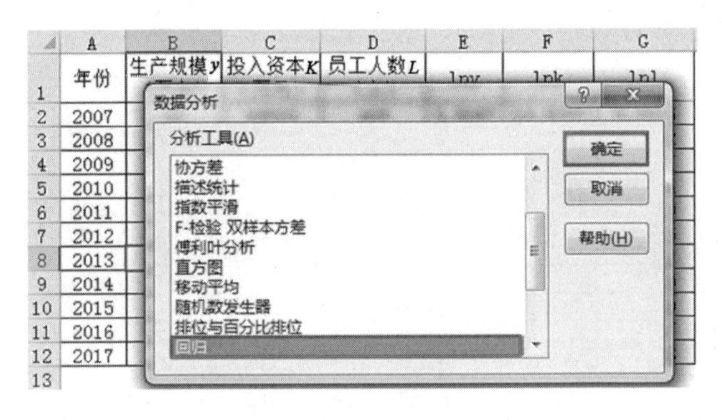

图8-21　调用回归分析工具

（3）确定A、α和β的值，求出回归方程

调用回归分析工具后，单击“确定”按钮，在“回归”对话框中进行如下设置（见图8-22）。

- 在“Y值输入区域”，拖入ln$y$变量所在的区域E1:E12（ln$y$为线性回归的因变量）。
- 在“X值输入区域”，拖入ln$K$和ln$L$变量所在的区域F1:G12（ln$K$和ln$L$为线性回归的自变量）。
- 选择“标志”，因为输入区域含有变量名（E1:G1）。
- 选择“输出区域”，选入A15单元格，因为从A15单元格开始显示输出结果。

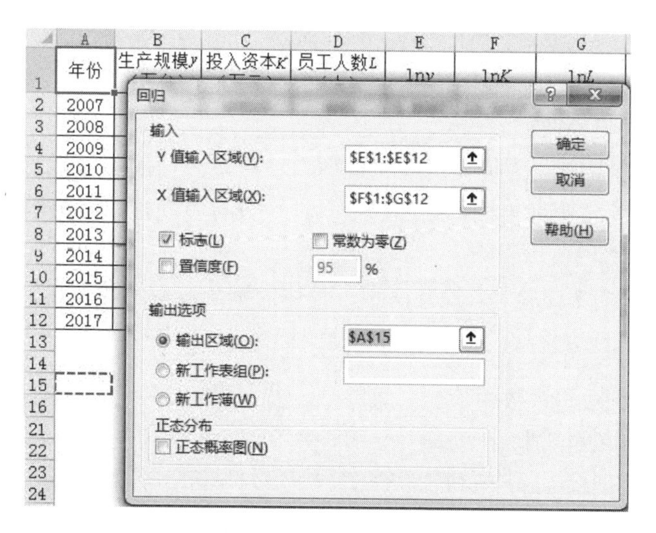

图8-22　回归分析设置

单击“确定”按钮，得到回归分析的输出结果（见图8-23）。

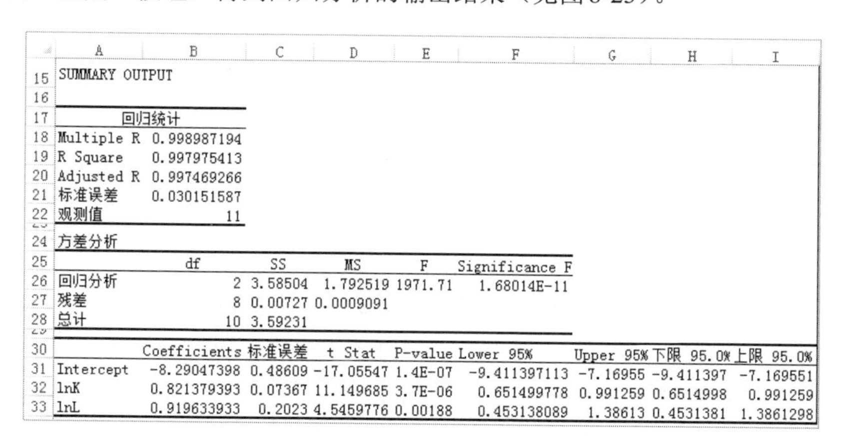

SUMMARY OUTPUT

回归统计	
Multiple R	0.998987194
R Square	0.997975413
Adjusted R	0.997469266
标准误差	0.030151587
观测值	11

方差分析

	df	SS	MS	F	Significance F
回归分析	2	3.58504	1.792519	1971.71	1.68014E-11
残差	8	0.00727	0.0009091		
总计	10	3.59231			

	Coefficients	标准误差	t Stat	P-value	Lower 95%	Upper 95%	下限 95.0%	上限 95.0%
Intercept	-8.29047398	0.48609	-17.05547	1.4E-07	-9.411397113	-7.16955	-9.411397	-7.169551
lnK	0.821379393	0.07367	11.149685	3.7E-06	0.651499778	0.991259	0.6514998	0.991259
lnL	0.919633933	0.2023	4.5459776	0.00188	0.453138089	1.38613	0.4531381	1.3861298

图8-23　回归分析输出结果

需要强调的是，这里是对线性化后的道格拉斯生产函数进行回归分析，即回归模型为$\ln y=\ln A+\alpha\ln K+\beta\ln L+\ln\mu$。在该模型中，$\ln A$为截距（Intercept），$\alpha$和$\beta$分别为$\ln K$和$\ln L$前面的系数（Coefficient）。从输出结果可以看出：

$$\ln A=-8.290,\quad \alpha=0.8214,\quad \beta=0.9196$$

若要写成道格拉斯生产函数形式，则需要用$\ln A$求A。对数和指数互为逆运算，因此$A=e^{\ln A}$，在Excel中，指数函数为EXP()，因此在任意单元格内输入“=EXP(B31)”，得到$A\approx 2.51\text{E}-04$。

所以，回归方程为$\hat{y}$ =(2.51E−04)× $\hat{K}^{0.8214}$× $\hat{L}^{0.9196}$（E−04为科学记数法，表示10^{-4}）。

（4）假设检验

为什么要做假设检验？

因为道格拉斯生产函数是一个经验模型，甲厨电公司的吸油烟机产品不一定适用（若没有经验模型，常用散点图判断回归模型，也具有主观性），因此需要检验。

如何做假设检验？

检验方法主要有T检验和F检验两种，具体的推导过程不再赘述，感兴趣的读者可以查看统计学书籍。这里只讲检验思路和检验标准。

- T检验是对回归系数的检验，思路是：若X与Y相关，则回归系数$\neq 0$。检验标准是$T_{统计量}$的伴随概率$P < \alpha$（显著性水平，α的默认值为0.05）。

本例回归模型为$\ln y=\ln A+\alpha\ln K+\beta\ln L+\ln\mu$，$\alpha$和$\beta$分别为$\ln K$和$\ln L$的回归系数，$T_{统计量}$的伴随概率$P$值分别为3.7E−06和0.002（见图8-23），均小于0.05，通过T检验。

- F检验是对回归方程的检验，思路是：若回归方程有效，则回归方程对样本数据信息的解释量要高于误差项μ对样本数据信息的解释量。检验标准是$F_{统计值}$的伴随概率Significance $F<\alpha$（显著性水平，α的默认值为0.05）。

本例Significance F=1.68014E − 11，小于0.05，通过F检验。这说明回归方程$\hat{y}$ = (2.51E−04)× $\hat{K}^{0.8214}$× $\hat{L}^{0.9196}$在统计学上是有效的。

也许你会问，如果这个案例中的T检验和F检验没有通过，则意味着什么？该怎么办？

- 若F检验没有通过，则表明从样本数据来看，劳动力和资本并不能充分解释吸油烟机生产规模的变动。换句话说，可能还有其他重要的影响因素没有纳入模型中，需要重新建立模型。
- 若T检验没有通过，假设L（劳动力）的回归系数没有通过T检验，则表明L的回归系数等于0不是小概率事件。换句话说，L与吸油烟机y（生产规模）的相关性不强，因此剔除L这个自变量，重新回归，然后再次检验，直到所有剩余的自变量都通过检验为止。若用剔除法仍有自变量没有通过检验，则表明回归模型不恰当，需要重新建立回归模型。

（5）回归预测

回归方程通过了检验，接下来就可以进行回归预测了。

一般预测是由因索果。假设2018年吸油烟机事业部投入资本275000万元，劳动力500人，则可预测出2018年该事业部吸油烟机的生产规模为2235万台（见图8-24中的步骤1~4）。

但吸油烟机事业部的需求是：希望你能根据对2018年生产规模的预测，对生产要素的投入规模进行估算。因此，你需要做如下思考与分析。

第一，生产要素K、L和生产规模y的回归方程为

$$\hat{y}=(2.51\text{E}-04)\times\hat{K}^{0.8214}\times\hat{L}^{0.9196}$$

第二，2018年吸油烟机市场规模预计为14600万台，甲厨电公司在吸油烟机市场占15%的份额，因此，2018年甲厨电公司的$\hat{y}$至少等于14600×15%=2190（万台）。

第三，通过与吸油烟机事业部沟通获悉，2018年该事业部员工人数预计与2017年持平，即$\hat{L}$=720人。所以，只需估算资本投入规模$\hat{K}$，且由已知条件，可知$\hat{K}=\sqrt[0.8214]{\dfrac{2190}{(2.51\text{E}-04)\times720^{0.9196}}}$。按照该公式，在D2单元格内输入“=(2190/(EXP(B31)*D12^B33))^(1/B32)”，按回车键后，得到$\hat{K}$=178332（万元）（见图8-24）。

	A	B	C	D	E	F	G
1	年份	生产规模Y（万台）	投入资本K（万元）	员工人数L（人）	lny	lnK	lnL
2	2007	450	49500	400	6.1092	10.8097	5.9915
3	2008	610	66429	450	6.4135	11.1039	6.1092
4	2009	830	87648	452	6.7214	11.3811	6.1137
5	2010	1130	113000	510	7.0300	11.6351	6.2344
6	2011	1340	133196	560	7.2004	11.7996	6.3279
7	2012	1490	148404	562	7.3065	11.9077	6.3315
8	2013	1550	158875	564	7.3460	11.9759	6.3351
9	2014	1830	189771	580	7.5121	12.1536	6.3630
10	2015	2200	192501	682	7.6962	12.1679	6.5250
11	2016	2590	224553	690	7.8594	12.3219	6.5367
12	2017	3120	265200	720	8.0456	12.4882	6.5793
13	2018	⑤ 2235	① 275000	② 500	7.7121	③ 12.5245	④ 6.2146
14	计算公式	=EXP(E13)			=B31+B32*F13+B33*G13	=LN(C13)	=LN(D13)

	A	B	C	D
15	SUMMARY OUTPUT			
17	回归统计			
18	Multiple R	0.998987194		
19	R Square	0.997975413		
20	Adjusted R	0.997469266		178332
21	标准误差	0.030151587		
22	观测值	11		

	A	B	C	D	E	F
24	方差分析					
25		df	SS	MS	F	Significance F
26	回归分析	2	3.585038	1.792519	1971.711754	1.68014E-11
27	残差	8	0.0072729	0.0009091		
28	总计	10	3.592311			

	A	B	C	D	E	F	G	H	I
30		Coefficients	标准误差	t Stat	P-value	Lower 95%	Upper 95%	下限 95.0%	上限 95.0%
31	Intercept	-8.290473983	0.486089	-17.05547	1.41867E-07	-9.411397113	-7.169551	-9.4113971	-7.169551
32	lnK	0.821379393	0.0736684	11.149685	3.74592E-06	0.651499778	0.991259	0.65149978	0.991259
33	lnL	0.919633933	0.2022962	4.5459776	0.001884316	0.453138089	1.3861298	0.45313809	1.3861298

图 8-24　回归分析预测

结论：为了满足市场需求，2018年吸油烟机事业部在员工人数与2017年持平的情况下，预计需要投入资本178332万元。

8.4　产品属性分析

甲厨电公司吸油烟机事业部经理向你提出了如下分析需求：

为提升新品竞争力，吸油烟机事业部组织会员用户召开了8场焦点小组座谈会，收集了他们所关心的15个功能属性（见图8-25）。但产品研发人员不能确定，这些功能属性是要都被包含在新品中，还是要有所选择？如果要有所选择，该如何选择？

图8-25　吸油烟机的15个功能属性

8.4.1　关于产品属性的观点

在开发新产品时，设计者经常会遇到一个困境：在我的最终产品中，应该包含哪些产品属性？有许多方法可以帮助设计者筛选属性，其中常用的就是KANO模型。

传统观点认为，产品属性与用户态度是线性关系，产品属性表现好则用户满意；产品属性表现不好则用户不满意（见图8-26）。

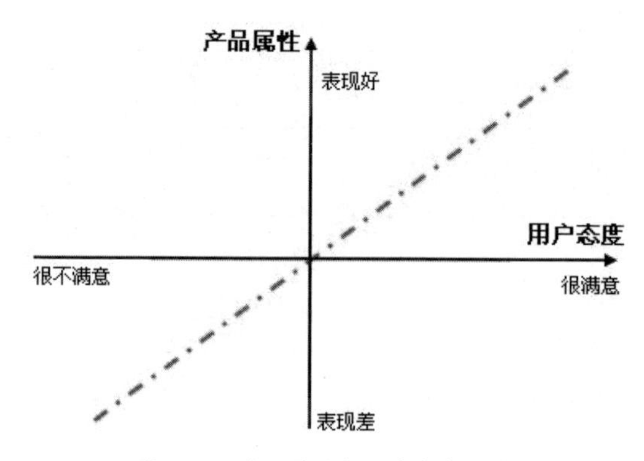

图8-26　产品属性与用户态度的关系

但是赫兹伯格研究员工满意度时发现，产品属性与用户态度并不总是线性关系。例如，像成就感、社会认同等激励属性，具备了会让员工满意，不具备也不会招人不满；而像组织政策、工作条件等保健属性，具备了只能使员工不产生不满情绪。

赫兹伯格的激励-保健理论被日本学者KANO教授引入产品质量管理中，于1984年提出了KANO模型。20世纪90年代初，KANO模型被广泛应用于新产品开发中。

8.4.2　KANO模型的基本思想

1. KANO模型的产品属性分类

在KANO模型中，根据用户对产品属性表现的反映，将产品属性分为5个类别（见图8-27）。

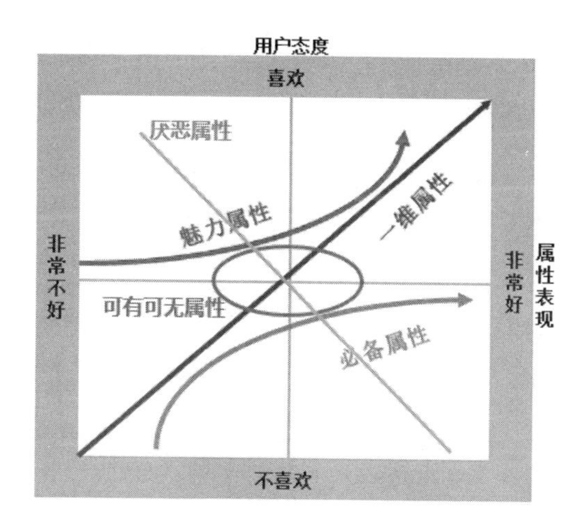

图8-27　KANO模型示意图

（1）必备属性（Must be，简称M）

必备属性是指产品最核心的属性。若具备该属性，用户认为是应该的；若不具备该属性，用户会感到极度失望。例如，如果你买微波炉就是为了热饭，那么热饭就是你对微波炉的核心需求；倘若你买的微波炉不能热饭，你就会非常失望。对于你而言，热饭就是微波炉的必备属性。

（2）一维属性（One-dimensional，简称O）

一维属性是指与用户态度线性正相关的属性。若具备该属性，用户就会满意；若不具备该属性，用户就会不满意。例如，若微波炉能快速解冻，你就高兴；不能快速解冻，你就不高兴。对你而言，快速解冻就是微波炉的一维属性。

（3）魅力属性（Attractive，简称A）

魅力属性是指超出用户期望的属性。若具备该属性，用户眼前会一亮，非常满意；若不具备该属性，也不会引起用户的不满。例如，微波炉可以进行多种烹饪，制作独特美食，让"吃货"的你感到惊喜。即微波炉多种烹饪并没在你的预期内，是超预期的，让你觉得物超所值，会为它加分。对你而言，多种烹饪就是微波炉的魅力属性。

（4）可有可无属性（Inessential，简称I）

可有可无属性是指产品无论是否具备该属性，用户都无所谓。可有可无属性对用户而言是多余的属性。例如，假设一台微波炉设置一个插孔，能戴耳机听歌，而你认为微波炉辐射性强，除热饭之外，对它敬而远之，那么戴耳机听歌这个属性对你来说就没有吸引力，是可有可无属性。

（5）厌恶属性（Repugnant，简称R）

厌恶属性是指具备了反而让用户不满的属性，即没有该属性，用户能接受；有了该属性，用户不能接受。例如，假设一台微波炉增加了烘烤功能，需要容器既能承受烘烤高温，又能适用于微波炉加热，如果你觉得这样不安全，则放弃购买。对你而言，烘烤功能就是微波炉的厌恶属性。

2. KANO模型的两大原则

在新产品开发中，KANO模型的价值是确定新产品属性的开发顺序，具体遵循两大原则。

- 优先原则（M>O>A>I）：产品开发人员选择属性的顺序是，必备属性优先于一维属性；一维属性优先于魅力属性；魅力属性优先于可有可无属性。
- 组合原则（M+O+A）：一个有竞争力的产品应该由三部分组成——必须包含或满足所有的必备属性，再加上比市场领先的竞争对手表现更好的一维属性和差异化的魅力属性。

3. KANO模型的注意事项

（1）用户的差异性

对于同一个属性，不同的人态度是不同的。比如手机高清摄像头，对于以通信为主的用户而言，它可能是魅力属性；而对于时尚的“拍照控”而言，它可能是必备属性。此时针对全部用户进行KANO模型分析，可能会面临一定的风险。

因此，如果已知产品有明确的、不同的细分市场，则应针对不同的细分市场进行分析，以判断不同细分市场的需求是否有差异；如果不清楚细分市场，则可以尝试应用KANO模型的分析结果对用户需求进行市场细分，以便对不同的细分市场提供不同功能配置的产品。

（2）用户需求的发展性

对于同一个属性，其定义不可能恒定不变。当某一个属性由原来的创新逐渐变成业界通用标准时，它的类别会变。例如，电脑键盘防水功能最初是魅力属性；后来随着该功能的普及，它转变为必备属性。这说明产品设计者需要进行连续性的KANO调研，以把握用户需求的发展和变化。

8.4.3　基于KANO模型的问卷设计

前面通过焦点小组座谈会收集了吸油烟机的15个功能属性，接下来就要基于KANO模型的思路设计定量问卷，调查用户对这些功能属性的态度。

如何基于KANO模型的思路设计定量问卷呢？这里以吸油烟机的静音属性为例进行说明。

若问你吸油烟机能静音，你的态度如何？你回答：我喜欢！那么静音对你而言可能是一维属性，也可能是魅力属性。换句话说，仅调查正面问题，属性类别不能被唯一确定。

但若增加反面问题，再问你对吸油烟机不能静音的态度如何？

- 如果你回答：我不喜欢！则静音对你而言就是一维属性。
- 如果你回答：我无所谓！则静音对你而言就是魅力属性。

此时，属性类别可以被唯一确定。

因此，基于KANO模型设计的定量问卷需要从正反两个角度来询问（见表8-10）。

表8-10　KANO模型定量问卷中的问题设计

若吸油烟机具有静音属性，你感觉如何？	若吸油烟机没有静音属性，你感觉如何？
1. 我喜欢 2. 它理应如此 3. 我无所谓 4. 我能忍受 5. 我不喜欢	1. 我喜欢 2. 它理应如此 3. 我无所谓 4. 我能忍受 5. 我不喜欢

因此，吸油烟机产品测试调查问卷的核心问题（这里省略调查问卷的甄别部分和受访者特征部分）如下：

Q. 请分别选出吸油烟机的下列属性具有和没有时你的态度，请在对应的位置上打“√”。

用户态度 / 产品属性	若吸油烟机具有此属性，你感觉如何？					若吸油烟机没有此属性，你感觉如何？				
	1 我喜欢	2 它理应如此	3 我无所谓	4 我能忍受	5 我不喜欢	1 我喜欢	2 它理应如此	3 我无所谓	4 我能忍受	5 我不喜欢
自动调节风速										
自动清洗										
自动加压										

续表

用户态度 产品属性	若吸油烟机具有此属性，你感觉如何？					若吸油烟机没有此属性，你感觉如何？				
	1 我 喜欢	2 它理应 如此	3 我无 所谓	4 我能 忍受	5 我不 喜欢	1 我 喜欢	2 它理应 如此	3 我无 所谓	4 我能 忍受	5 我不 喜欢
油网易拆卸										
一键智控										
清洗提示										
面板可更换										
空气净化										
静音										
节能省气										
故障自动诊断										
定时										
灯光可调										
大排风量										
不沾油										

8.4.4 KANO模型的数据准备

1. 调研计划

如表8-11所示为该案例的调研计划，你按照该计划执行，获得了调研数据。

表8-11 调研计划

调查方法	中心定点拦截访问（CLT）：基于KANO模型设计的问卷需要从正反两个角度对属性进行询问，因此问卷冗长，网络调查的质量不易控制，采用CLT在大型商圈中心拦截吸油烟机购买者到指定地点（也可采用拒访时辅助约访的形式），由访问员指导，调研质量更高
调查对象	最近半年内购买了吸油烟机的用户
样本量	共计240个样本量
调查地点	选择吸油烟机保有量最高的4个城市（保有量超过80%）：北京、天津、南京、上海，各调查60个样本量
项目周期	共10天

续表

项目成员及其职责	• 项目经理：负责整个项目的操作，对督导员进行监督、管理 • 督导员：向项目经理汇报工作进展，负责访问员招聘，对访问员及其访问质量直接负责 • 访问员：负责实际访问，及时向督导员报告进度、反馈问题，接受督导员和项目经理的监督 • 数据处理人员：负责问卷审核、数据录入、数据检查，对各地调研数据质量进行评价 • 数据分析人员：负责对调查和处理好的数据按照研究方案进行分析 • 报告撰写与宣讲人员：负责撰写分析报告并向公司相关领导进行宣讲
项目质量与进度控制	• 质量控制：要求回传受访者购买吸油烟机的发票照片，电话复核 • 进度控制：每三天汇报一次执行进度和数据录入进度，从调研执行的第二天起回传录入数据

2. 录入调研数据

将调研数据录入Excel中，得到3600条记录，如图8-28所示为部分数据记录截图（完整数据见本书配套资源中名为“8.3产品属性分析数据”的Excel文件）。其中，变量值1表示我喜欢，2表示它理应如此，3表示我无所谓，4表示我能忍受，5表示我不喜欢。

	A	B	C	D
1	问卷编号	具体属性	具有此属性	没有此属性
2	001	自动调节风速	4	4
3	001	油网易拆卸	4	2
4	001	节能省气	1	3
5	001	自动加压	1	3
6	001	清洗提示	1	2
7	001	空气净化	4	4
8	001	自动清洗	1	5
9	001	面板可更换	4	3
10	001	静音	2	5
11	001	故障自动诊断	1	2
12	001	一键智控	2	3
13	001	定时	1	4
14	001	灯光可调	3	3
15	001	大排风量	1	3
16	001	不沾油	1	5
17	002	自动调节风速	3	4

图 8-28　调研数据（部分）

8.4.5　确定属性分类依据

接下来的问题是如何根据调研数据对属性进行分类。

每个属性通过正反两个角度的询问，可以得到5×5=25种可能的回答组合。因此，需要对每种回答组合进行分类。以吸油烟机的静音属性为例（见表8-12），表中共有25个空白区域，即对应25种可能的回答组合，你需要根据静音属性具有和没有时用户的态度，在这些空白区域填写属性类别。

表8-12　KANO模型的回答组合

吸油烟机的静音属性		没有此属性				
		1我喜欢	2它理应如此	3我无所谓	4我能忍受	5我不喜欢
具有此属性	1我喜欢					
	2它理应如此					
	3我无所谓					
	4我能忍受					
	5我不喜欢					

如何填写呢？我们先来回忆KANO模型是如何判断在各种情况下属性类别的（见表8-13）。

表8-13　在各种情况下对属性类别的判断

请判断下列情况下的属性类别	在这种情况下的属性类别
具有此功能，用户喜欢；没有此功能则不喜欢？	一维属性（O）
具有此功能，用户喜欢；没有此功能也不介意？	魅力属性（A）
具有此功能，用户觉得应该；不具备此功能不高兴？	必备属性（M）
不管是否具有此功能，用户都觉得无所谓？	可有可无属性（I）
具有此功能，用户不喜欢；没有此功能反而喜欢？	厌恶属性（R）
具有此功能，用户喜欢；没有此功能也喜欢？	有问题的回答，需排除（Q）
具有此功能，用户不喜欢；没有此功能也不喜欢？	

按照表8-13，每种回答组合的属性分类如表8-14所示。

表8-14　KANO模型属性分类依据

吸油烟机的静音属性		没有此属性				
		1我喜欢	2它理应如此	3我无所谓	4我能忍受	5我不喜欢
具有此属性	1我喜欢	Q	A	A	A	O
	2它理应如此	R	I	I	I	M
	3我无所谓	R	I	I	I	M
	4我能忍受	R	I	I	I	M
	5我不喜欢	R	R	R	R	Q

8.4.6　判断记录的属性类别

一个受访者对一个属性的态度称为一条记录，受访者用问卷编号标识，因此，一条记录反映在调研数据中，就是一行数据。例如，调研数据中的第5行数据就是一条记录（见图8-28），表示问卷编号为001的受访者对“自动加压”属性的态度是：具有此属性时选1（即我喜欢），没有此属性时选3（即我无所谓）。

对照属性分类依据（见表8-14），就可以判断记录的属性类别了。例如，对于上面提到的这条记录，通过对照可知，问卷编号001的受访者认为“自动加压”功能为A（魅力属性）。

但调研数据共有3600条记录，若一条一条对照判断，效率太低。那么如何能批量处理呢？

1. 格式转化

仔细观察表8-14和图8-28，就会发现两者的格式不同，前者是交叉表，后者是一维表，要想批量处理，首先要统一格式，即将表8-14转化为一维表。具体操作如下。

第一步：将表8-14中的数据录入Excel中并进行整理（去掉表格的第1行和第1列，选项只保留数字编码），结果如图8-29所示。

第二步：将鼠标指针放在“属性分类依据”工作表里，按“Alt+D+P”组合键，打开“数据透视表和数据透视图向导”对话框，选择“多重合并计算数据区域”，单击“下一步”按钮（见图8-30）。

	A	B	C	D	E	F
1		1	2	3	4	5
2	1	Q	A	A	A	O
3	2	R	I	I	I	M
4	3	R	I	I	I	M
5	4	R	I	I	I	M
6	5	R	R	R	R	Q

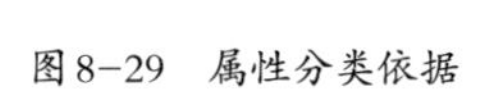

图8-29　属性分类依据

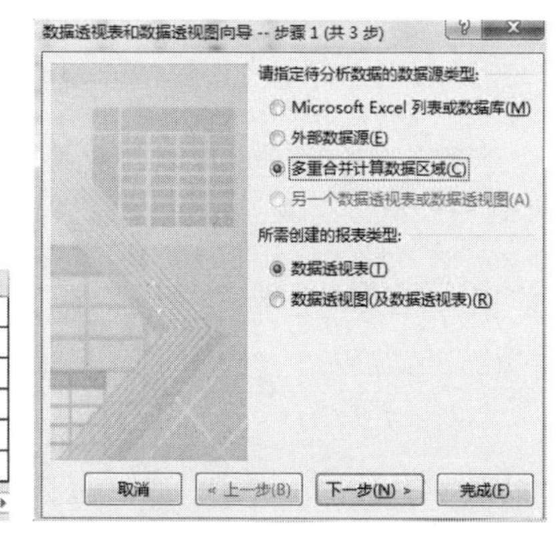

图8-30　选择“多重合并计算数据区域”

第三步：选择“创建单页字段”，单击“下一步”按钮（见图8-31）。

第四步：“属性分类依据”工作表中的A1:F6数据区域选入“选定区域”中，单击“添加”按钮，则该区域被添加到“所有区域”中，单击“下一步”按钮（见图8-32）。

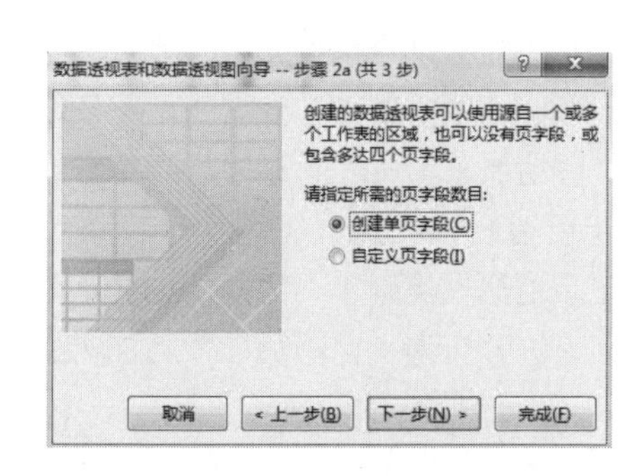

图8-31　选择“创建单页字段”

图8-32　选择数据区域

第五步：选择数据透视表的显示位置为“新工作表”，单击“下一步”按钮（见图8-33）。

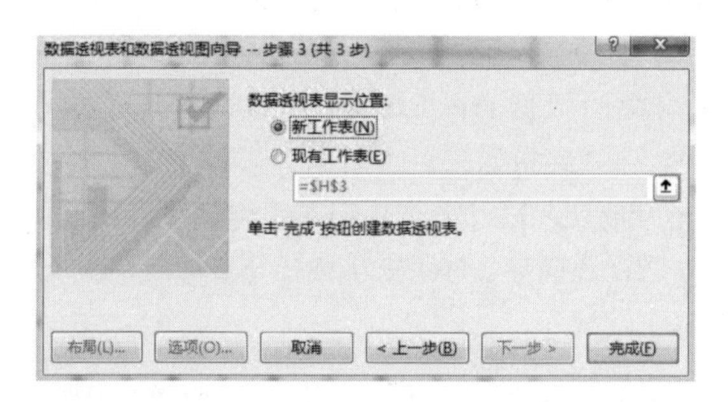

图8-33　选择数据透视表显示位置

于是，所生成的数据透视表显示在一个新建的名为“Sheet1”的工作表里（见图8-34）。

	A	B	C	D	E	F	G	H
3	计数项:值	列标签						
4	行标签	1	2	3	4	5	总计	
5	1	1	1	1	1	1	5	
6	2	1	1	1	1	1	5	
7	3	1	1	1	1	1	5	
8	4	1	1	1	1	1	5	
9	5	1	1	1	1	1	5	
10	总计	5	5	5	5	5	25	
11								

Sheet1　属性分类依据 ...

图8-34　数据透视表

第六步：在数据透视表中，双击“总计”中的最大数字“25”，在一个新建的名为“Sheet2”的工作表中就生成了属性分类依据的一维表（见图8-35）。

行	列	值	页1
1	1	Q	项1
1	2	A	项1
1	3	A	项1
1	4	A	项1
1	5	O	项1
2	1	R	项1
2	2	I	项1
2	3	I	项1
2	4	I	项1

图 8–35　属性分类依据的一维表

在属性分类依据的一维表中，“行”表示具有此属性时的备选态度，“列”表示没有此属性时的备选态度，“值”表示对应的属性类别。可以看到该表与调研数据表（见图8-28）的格式实现了统一。

2. 建立辅助列

通过上面操作，将判断记录属性类别的问题转化为：在Sheet2工作表的数据区域（见图8-35）中查找调研数据表（见图8-28）某条记录的用户态度，找到后，将相应的属性类别返回到调研数据表中。

在Excel中，实现上述操作的函数是VLOOKUP，该函数要求查找对象（即用户态度）是一列数。而在现有数据中，用户态度分两列显示，因此需要建立辅助列，用Excel中的连接符“&”（按“Shift+7”组合键调用）将两列的用户态度合在一列里，具体操作如图8-36所示。

Sheet2 工作表建立辅助列（=A2&B2）

行	列	辅助列	值	页1
1	1	11	Q	项1
1	2	12	A	项1
1	3	13	A	项1
1	4	14	A	项1
1	5	15	O	项1
2	1	21	R	项1
2	2	22	I	项1
2	3	23	I	项1
2	4	24	I	项1

调研数据工作表建立辅助列（=C2&D2）

具体属性	具有此属性	没有此属性	辅助列
自动调节风速	4	4	44
油网易拆卸	4	2	42
节能省气	1	3	13
自动加压	1	3	13
清洗提示	1	2	12
空气净化	4	4	44
自动清洗	1	5	15
面板可更换	4	3	43
静音	2	5	25
故障自动诊断	1	2	12

图 8–36　建立辅助列

3. 匹配属性类别

有了辅助列，就可以使用VLOOKUP函数匹配属性类别了。

我们先来了解一下VLOOKUP函数的语法。

```
=VLOOKUP(lookup_value, table_array, col_index_num, [rang_lookup])
         要查找的值      要搜索的区域  返回单元格列号   精确匹配或模糊匹配
```

如何理解VLOOKUP函数括号内的参数设置？

以调研数据表（见图8-36右图）的第5行数据为例，如果要在该表F5单元格中返回其属性类别，你的思路是什么？

首先，你要查找该条记录“辅助列”的值，显然这个值在E5单元格中，等于“13”。

然后，你要在Sheet2工作表中找到“13”及其属性类别，搜索区域就要涵盖“辅助列”和“值”信息。因此，搜索区域确定为Sheet2工作表的C:D（即C列和D列）。

接下来，在Sheet2工作表中，可以看到“13”对应的值是A，那么如何确定返回的就是A呢？由于前面已锁定在Sheet2工作表中要找的是“13”，因此确定返回值A的行号为“4”；如果能再确定返回值A的列号，那么A就被唯一确定了。搜索区域是Sheet2工作表的C:D，显然A在D列，而D列相对于C列是第2列，因此A的列号就是“2”，于是A就成了返回值。

最后，你还要确定是精确匹配（FALSE）还是模糊匹配（TRUE），区别是前者是一对一匹配；后者是多对一匹配。显然这里是一种用户态度对应一种属性类别，因此选择精确匹配（FALSE）。

按照上述思路，就可以在调研数据表的F5单元格中输入：

```
=VLOOKUP (E5,Sheet2! C:D,2,FALSE)
```

由此就可以匹配各条记录的属性类别：首先，F2单元格的设置如图8-37顶部的矩形框所示，然后将鼠标指针放在F2单元格右下角的小方框上（见图8-37的圆圈处），双击鼠标左键，即可得到所有记录的属性类别。

F2 =VLOOKUP(E2,Sheet2!C:D,2,FALSE)

	A	B	C	D	E	F	G
1	问卷编号	具体属性	具有此属性	没有此属性	辅助列	属性类别	
2	001	自动调节风速	4	4	44	I	
3	001	油网易拆卸	4	2	42	I	
4	001	节能省气	1	3	13	A	
5	001	自动加压	1	3	13	A	
6	001	清洗提示	1	2	12	A	
7	001	空气净化	4	4	44	I	
8	001	自动清洗	1	5	15	O	
9	001	面板可更换	4	3	43	I	
10	001	静音	2	5	25	M	
11	001	故障自动诊断	1	2	12	A	
12	001	一键智控	2	3	23	I	
13	001	定时	1	4	14	A	
14	001	灯光可调	3	3	33	I	
15	001	大排风量	1	3	13	A	
16	001	不沾油	1	5	15	O	
17	002	自动调节风速	3	4	34	I	
18	002	油网易拆卸	1	3	13	A	

Sheet2 | 调研数据 | 属 ...

图8-37 匹配属性类别

8.4.7 Better-Worse系数矩阵

从图8-37中可以看到，针对不同的受访者，对于同样的属性其类别是不同的。例如，对于“油网易拆卸”这个属性，问卷编号001的受访者认为其是可有可无属性（I），而问卷编号002的受访者认为其是魅力属性（A），那么这个属性到底属于哪种类别？

要回答这个问题，就要制作Better-Worse系数矩阵。

什么是Better-Worse系数矩阵呢？这里给大家举一个微波炉产品的例子。

如图8-38所示是某调研得出的微波炉Better-Worse系数矩阵。纵轴为Better系数，表示有此功能时用户的态度，越往上用户越喜欢，越往下用户越无所谓；横轴为Worse系数，表示无此功能时用户的态度，越往右用户越不喜欢，越往左用户越无所谓（这里缺少有此功能用户不喜欢，以及无此功能用户喜欢的情况，因为在这种情况下是厌恶属性，而厌恶属性是企业不考虑的、需要排除的属性，因此这里不做展示）。

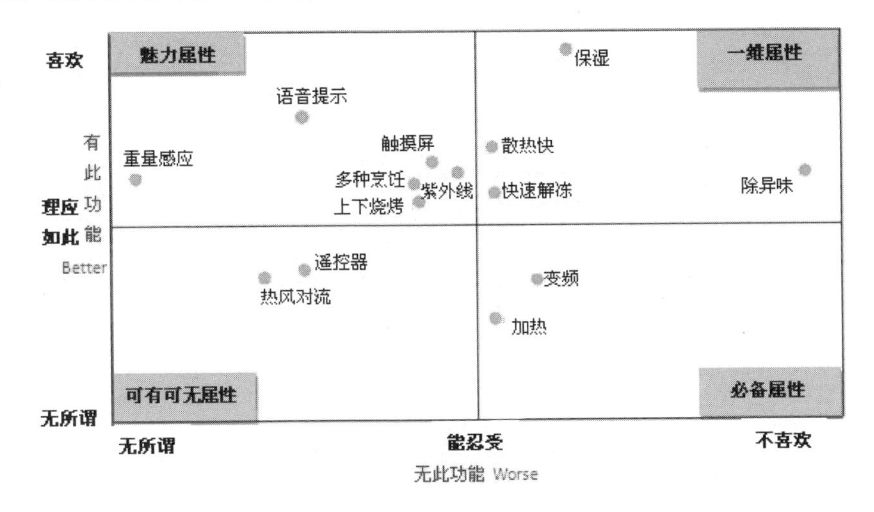

图8-38 Better-Worse系数矩阵示例

在图8-38所示的矩阵中有4个象限：

- 落在第一象限的属性属于何种类别？有此功能，用户喜欢；无此功能，用户不喜欢——一维属性。
- 落在第二象限的属性属于何种类别？有此功能，用户喜欢；无此功能，用户无所谓——魅力属性。
- 落在第三象限的属性属于何种类别？不管有无此功能，用户均无所谓——可有可无属性。

- 落在第四象限的属性属于何种类别？有此功能，用户不会加分，觉得理应如此；无此功能，用户会不喜欢——必备属性。

那么，如何求出矩阵中各属性散点的横坐标（Worse系数）和纵坐标（Better系数）？

若某个功能被选为一维属性与必备属性的人数比例大，就会在矩阵右方，Worse系数会比较大。因此，设受访总人数为T，回答有问题的人数为Q，选择厌恶属性、一维属性和必备属性的人数分别为R、O和M，则Worse系数=$(O+M)/(T-R-Q)$。

若某个功能被选为魅力属性与一维属性的人数比例大，就会在矩阵上方，Better系数会比较大。因此，设受访总人数为T，回答有问题的人数为Q，选择厌恶属性、魅力属性和一维属性的人数分别为R、A和O，则Better系数=$(A+O)/(T-R-Q)$。

按照上述理解，Better-Worse系数矩阵的制作分为三步：统计各属性类别的人数分布、计算Worse系数和Better系数、制作和调整散点图。

第一步：统计各属性类别的人数分布

选择“调研数据”工作表的数据区域，依次选择“插入”→“数据透视表”，在弹出的“创建数据透视表”对话框中选择放置数据透视表的位置为“新工作表”（见图8-39）。

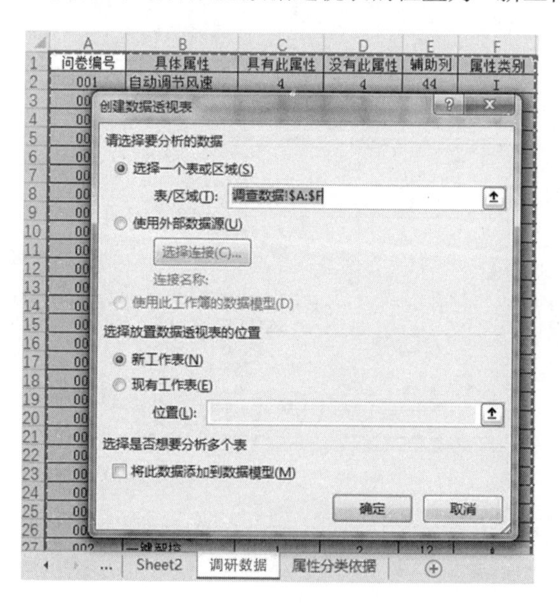

图8-39　数据透视表设置1

于是，在一个新的名为“Sheet3”的工作表中生成了数据透视表。将“数据透视表字段”中的“具体属性”拖至行字段，将“属性类别”分别拖至列字段和值字段（见图8-40）。

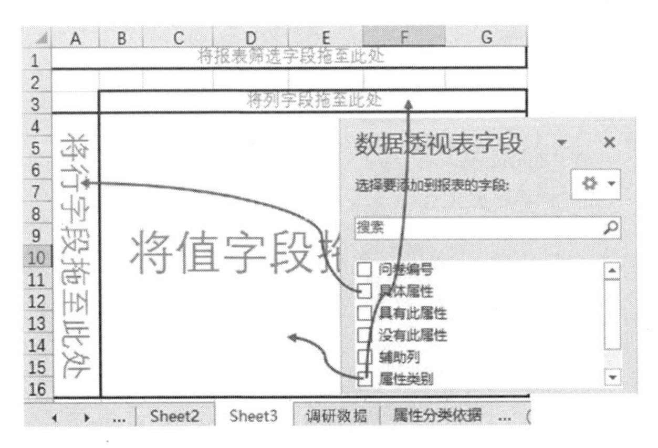

图 8-40　数据透视表设置 2

于是，得到各属性类别的人数分布，如图 8-41 所示。

将报表筛选字段拖至此处

计数项:属性类别	属性类别						
具体属性	A	I	M	O	R	Q	总计
不沾油	63	32	119	26			240
大排风量	65	39	108	27		1	240
灯光可调	53	150	12	25			240
定时	54	157	8	16	1	4	240
故障自动诊断	99	87	16	37	1		240
节能省气	94	107	9	27	1	2	240
静音	88	25	46	81			240
空气净化	89	79	23	48		1	240
面板可更换	79	133	8	16	1	3	240
清洗提示	90	92	14	44			240
一键智控	97	87	10	44	2		240
油网易拆卸	70	32	65	72		1	240
自动加压	89	102	18	30		1	240
自动清洗	112	49	18	59		2	240
自动调节风速	108	65	20	45		2	240
总计	**1250**	**1236**	**494**	**597**	**6**	**17**	**3600**

图 8-41　各属性类别的人数分布

第二步：计算 Worse 系数和 Better 系数

按照计算公式，基于图 8-42 所示的数据，计算 Worse 系数和 Better 系数，具体的计算过程如图 8-42 所示。

第三步：制作和调整散点图

选中图 8-42 中的数据区域 I5:J19，制作散点图，然后双击图表区域，选择“图表工具”→“设计”→“快速布局”→“布局 1”，得到如图 8-43 所示的效果。

将图表标题改为“吸油烟机 Better-Worse 系数矩阵”，将横坐标轴标题改为“Worse 系数”，将纵坐标轴标题改为“Better 系数”，去掉“系列 1”和网格线，增加边框，得到如图 8-44 所示的效果。

I5 =(D5+E5)/(H5-F5-G5)

=(B5+E5)/(H5-F5-G5)

计数项:属性类别	属性类别								
具体属性	A	I	M	O	R	Q	总计	worse	better
不沾油	63	32	119	26			240	60.4%	37.1%
大排风量	65	39	108	27		1	240	56.5%	38.5%
灯光可调	53	150	12	25			240	15.4%	32.5%
定时	54	157	8	16	1	4	240	10.2%	29.8%
故障自动诊断	99	87	16	37	1		240	22.2%	56.9%
节能省气	94	107	9	27	1	2	240	15.2%	51.1%
静音	88	25	46	81			240	52.9%	70.4%
空气净化	89	79	23	48		1	240	29.7%	57.3%
面板可更换	79	133	8	16	1	3	240	10.2%	40.3%
清洗提示	90	92	14	44			240	24.2%	55.8%
一键智控	97	87	10	44	2		240	22.7%	59.2%
油网易拆卸	70	32	65	72		1	240	57.3%	59.4%
自动加压	89	102	18	30		1	240	20.1%	49.8%
自动清洗	112	49	18	59		2	240	32.4%	71.8%
自动调节风速	108	65	20	45		2	240	27.3%	64.3%
总计	1250	1236	494	597	6	17	3600		

图 8-42　Worse 系数和 Better 系数的计算

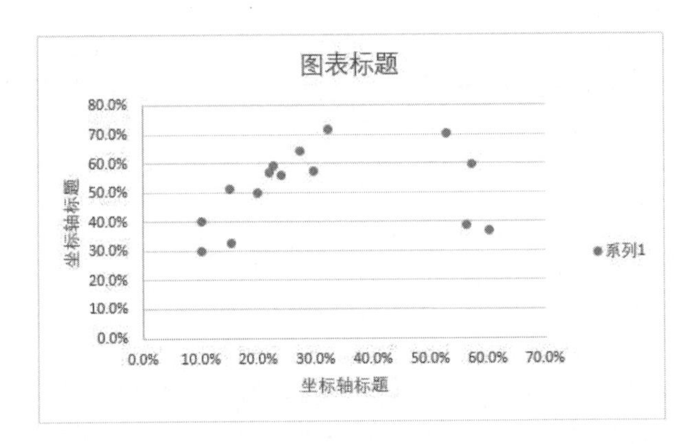

图 8-43　散点图效果 1

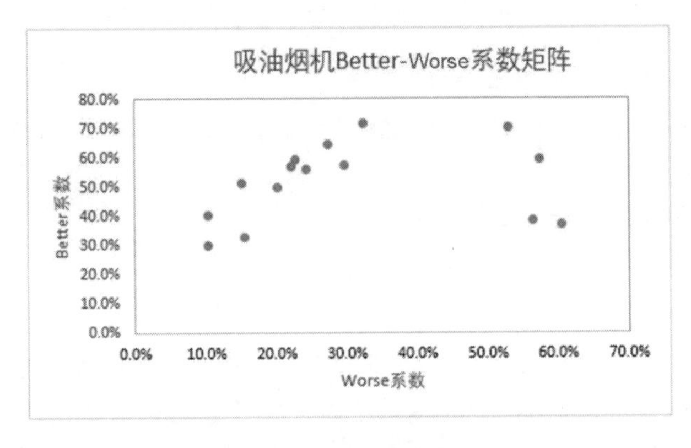

图 8-44　散点图效果 2

由于Better系数是用选择两个属性类别的人数除以选择四个属性类别的总人数得到的，因此，Better系数的一般水平应为50%。同理，Worse系数的一般水平也是50%。即50%是Better-Worse系数矩阵的两条分界线。

分界线可以通过移动坐标轴来进行设置：选择横坐标轴，右键选择“设置坐标轴格式”，在“坐标轴选项”处设置“纵坐标轴交叉”于坐标轴值为“0.5”，标签位置为“低”（见图8-45）。

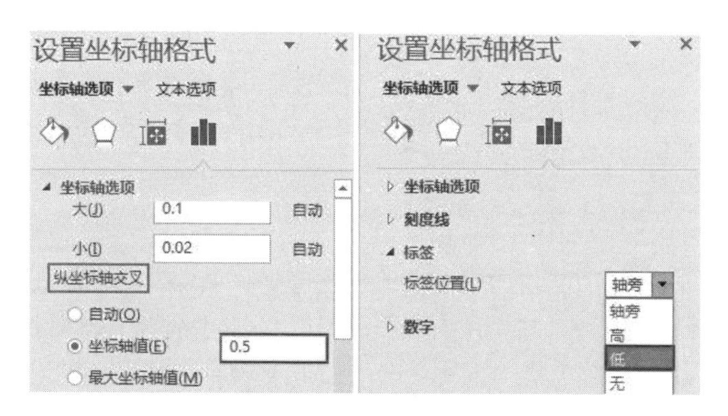

图8-45　散点图设置1

选择纵坐标轴，右键选择“设置坐标轴格式”，在“坐标轴选项”处设置“横坐标轴交叉”于坐标轴值为“0.5”，标签位置为“低”（见图8-46）。

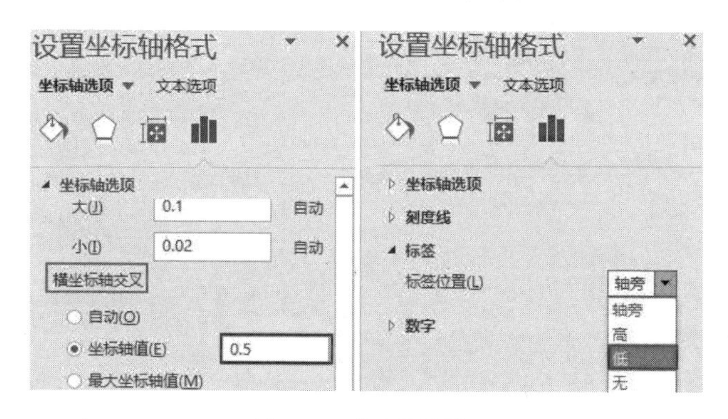

图8-46　散点图设置2

于是，分界线就设置好了（见图8-47）。

图8-47所示的效果与Better-Worse系数矩阵示例（见图8-38）相比，还差各象限的属性类别标注，以及散点的属性名称标签。前者可以在各象限中插入矩形（选择“插入”→“形状”可找到矩形），在矩形中写入属性类别；后者可以借助一个名为“DataLabel”的宏（见本书配套资源）进行设置。

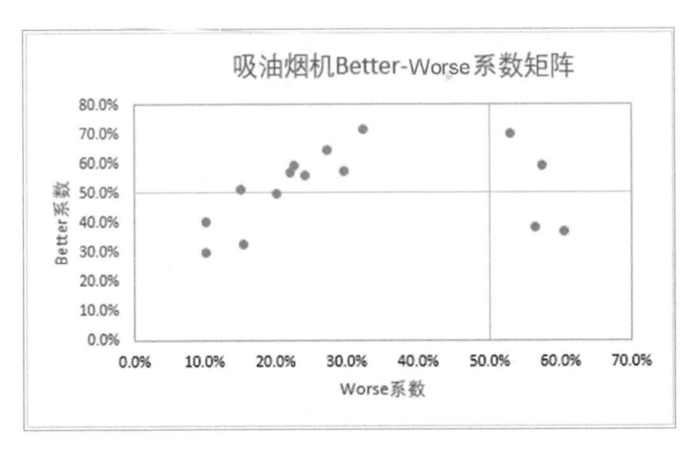

图8-47　散点图效果3

使用宏的前提是降低Excel的安全性：依次选择“文件”→“信任中心”→“信任中心设置”→“宏设置”→“启用所有宏”，单击“确定”按钮。然后打开“DataLabel”文件，选中所有的散点，单击“视图”→“宏”→“查看宏”，弹出如图8-48所示的“宏”对话框。

单击“执行”按钮，弹出“标签的引用区域”对话框，将属性名称所在区域A5:A19选入该引用区域中（见图8-49）。

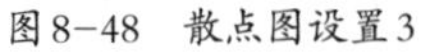

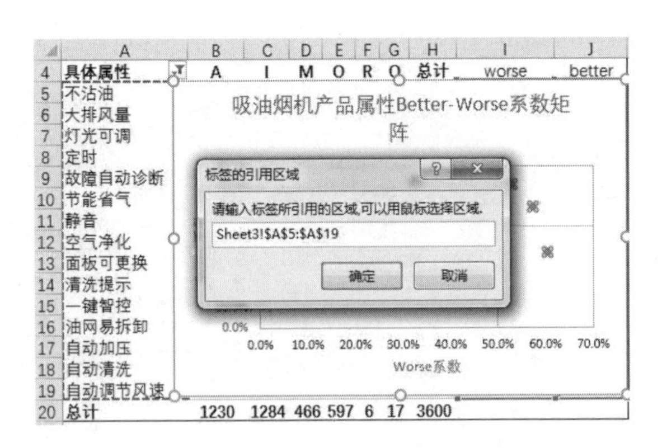

图8-48　散点图设置3

图8-49　散点图设置4

单击“确定”按钮，吸油烟机Better-Worse系数矩阵就做好了（见图8-50）。

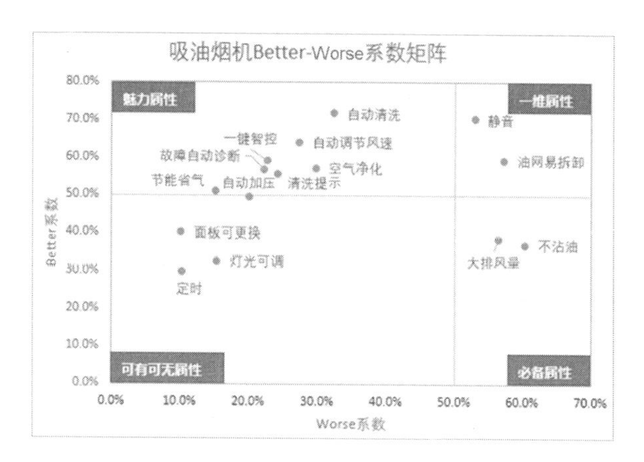

图 8-50　吸油烟机Better-Worse系数矩阵

8.4.8　分析结果解读

1. 优先原则

按照KANO模型的优先原则，产品属性开发顺序依次为必备属性、一维属性、魅力属性和可有可无属性。

结合吸油烟机Better-Worse系数矩阵（见图8-50），甲厨电公司应考虑如下。

- 必备属性："不沾油"和"大排风量"，应优先开发。
- 一维属性："静音"和"油网易拆卸"，其重要性次于必备属性。
- 魅力属性："自动清洗""空气净化""清洗提示""自动加压""一键智控""自动调节风速""故障自动诊断""节能省气"，其重要性次于一维属性。
- 可有可无属性："面板可更换""灯光可调""定时"，可不予考虑。

2. 组合原则

按照KANO模型的组合原则，一个有竞争力的产品应由三部分组成：必须包含或满足所有的必备属性，再加上比市场领先的竞争对手表现更好的一维属性和差异化的魅力属性。

结合吸油烟机Better-Worse系数矩阵（见图8-50），甲厨电公司必须满足用户对吸油烟机的"不沾油"和"大排风量"两个需求；在"静音"和"油网易拆卸"功能上要做到极致，赶超第一梯队的竞争对手；此外，在"自动清洗""空气净化""清洗提示""自动加压""一键智控""自动调节风速""故障自动诊断""节能省气"功能上需要分析竞争对手的表现，从中选出最能将自身与竞争对手区隔开的功能，形成自身差异化的卖点。

另外需要说明的是，上述结论是基于全部用户的态度得出的。若针对不同的细分市场，结论可能会有所不同。此外，由于用户需求具有发展性，因此本结论具有一定的时限性。

8.5 定价决策分析

8.5.1 定价问题与分析方法

产品属性分析结果显示，自动清洗功能属于魅力属性，可以减少家庭主妇清洗吸油烟机的麻烦，有望给产品加分。甲厨电公司吸油烟机事业部的市场团队研究竞品时进一步发现，在竞品中该功能尚未被开发，容易形成差异，值得一试。接着研发团队进行可行性论证，指出该功能在技术上容易实现，只要在吸油烟机内装上一个水泵和加热装置，用户一按自动清洗按钮，水泵就会把水喷到内部的叶轮和蜗壳壁上，通过水压对里面的部位进行清洗。

接下来的问题是：该功能如何定价？吸油烟机事业部经理再次找到你，他的想法是计算该功能的制造和销售成本，加上期望利润作为该功能的价格。你是否支持他的想法？

事实上，市面上通行的价格并不完全与企业量本利的设想相一致。由于价格的承担者是用户，倘若用户认为物非所值或无力购买，则价格无法兑现。因此，用户的意愿及支付能力才是价格的主要决定因素。这样理想的定价范围就是以消费者最多愿意支付的价格为上限，以价格的盈亏平衡点（即利润为0时的价格）为下限。价格下限视企业的成本而定，而价格上限则需要通过用户调研来确定。

对价格关注的侧重点不同，则对应的定价分析方法不同（见表8-15）。在本案例中因为是新品的定价问题，因此选择PSM模型。

表8-15　在不同情形下的定价分析方法

研究问题	适宜采用的定价分析方法
1.产品的简单价格变化	Gabor Granger法
2.价格变化对市场占有率和销售量的影响	推广的Gabor Granger法或BPTO（考虑竞争）
3.开发新品或扩张产品线的最优价格及价格可接受范围	价格敏感度测试模型（Price Sensitivity Measurement，简称PSM模型）

8.5.2 PSM模型的基本思想

什么是PSM模型？

PSM（Price Sensitivity Measurement）模型即价格敏感度测试模型。利用PSM模型测试价格，不需要预先给出价格，而是让受访者自己表示他们可接受的价格范围。

利用PSM模型，在出示新品样机或概念后，对一组待测的价格卡片询问以下4个问题。

Q1：哪个价格让你开始觉得便宜呢？

Q2：哪个价格让你开始觉得贵呢？

Q3：哪个价格让你觉得太贵而不买呢？

Q4：哪个价格让你觉得太便宜，不相信它的质量而不买呢？

1. 最优价格点

通过统计受访者的回答，可以求出每个价格在上述4个问题上的累计人数百分比，然后用这些百分比画图，可以画出4条相交的曲线，交点分别为*P*1、*P*2、*P*3和*P*4（见图8-51）。

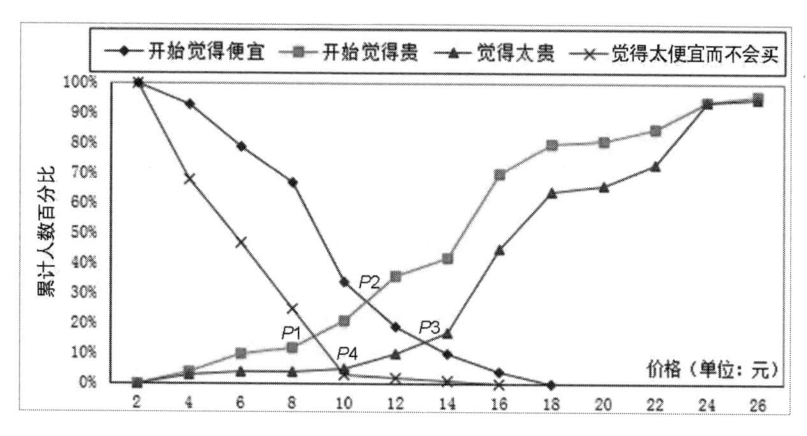

图8-51　PSM模型示例

利用PSM模型确定最优价格的思路是追求市场规模最大化。

4条曲线下方区域表示由于认为该价格便宜/贵/太便宜/太贵而不愿意购买的人数比例；换句话说，4条曲线上方区域表示不认为该价格便宜/贵/太便宜/太贵而愿意购买的人数比例。因此，两条相交曲线与其交点所构成的上方区域表示接受该交点对应的价格水平的市场规模。

对比交点*P*1~*P*4可以发现，“觉得太贵”和“觉得太便宜”两条曲线与其交点*P*4构成的上方区域面积最大，即在*P*4点对应的10元价格下，既不觉得“太贵”也不觉得

“太便宜”的人数最多，市场规模最大。因此，$P4$点为最优价格点，其对应的10元为最优价格。

2. 可接受的价格区间

同样，以市场规模为判断标准，可以证明$P1$点和$P3$点所对应的价格范围[9元，13元]为可接受的价格区间。证明思路如下：

第一，最优价格点$P4$和可接受价格点$P2$（$P2$点为“开始觉得便宜”和“开始觉得贵”两条曲线的交点，其市场规模不及$P4$点）对应的价格在$P1$点和$P3$点所对应的价格范围内。

第二，若最低价格小于$P1$点对应的9元，虽然觉得贵的人数比例减少了，但是觉得太便宜而不会购买的人数比例却以更大的幅度增加了，这最终导致市场规模的减小。

第三，若最高价格大于$P3$点对应的13元，虽然觉得便宜的人数比例减少了，但是觉得太贵而不会购买的人数比例却以更大的幅度增加了，这最终导致市场规模的减小。

因此，$P1$点和$P3$点所对应的价格范围[9元，13元]为可接受的价格区间。

3. 不同市场的规模

PSM模型除可以给出消费者可接受的价格范围和最优价格之外，还可以给出在每一个价格水平上可接受者、有保留接受者和不接受者这三类市场的规模。

- 所谓可接受者，是指对于这个价格既不觉得贵也不觉得便宜的人数比例。
- 所谓有保留接受者，是指对于该价格觉得贵但不是太贵或者觉得便宜但不是太便宜的人数比例。
- 所谓不接受者，是指觉得该价格太贵或太便宜而不愿意购买的人数比例。

对于每一个价格水平，设：

A=开始觉得便宜的累计人数百分比
B=觉得太便宜，不相信它的质量而不买的累计人数百分比
C=开始觉得贵的累计人数百分比
D=觉得太贵而不买的累计人数百分比

则根据前面对三类市场的界定，可知对于某个价格，这三类市场的规模如下：

$$\text{可接受者}=1-A-C \tag{8-6}$$

$$\text{有保留接受者}=A-B+C-D \tag{8-7}$$

$$\text{不接受者}=B+D \tag{8-8}$$

基于这三类市场规模的数据制作面积图，得到如图8-52所示的效果，该图直观呈

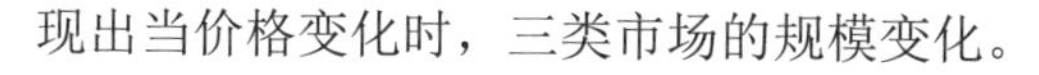
现出当价格变化时，三类市场的规模变化。

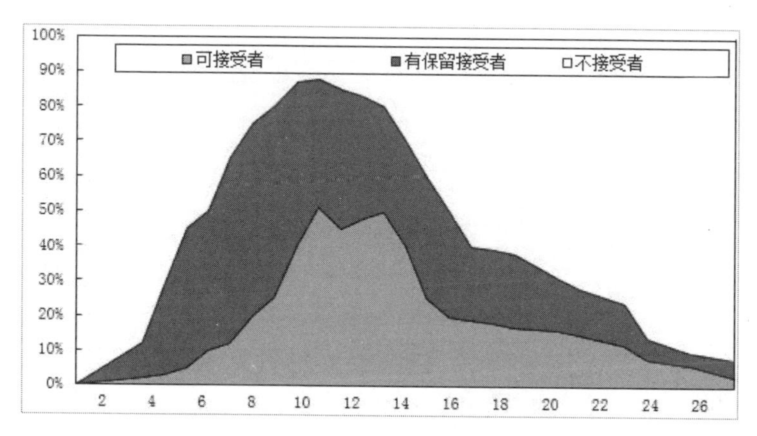

图 8-52　面积图（各价格下三类市场的规模）

8.5.3　基于PSM模型的调查问卷设计

在本案例中，如何利用PSM模型测试用户对自动清洗功能的价格的可接受范围呢？

首先，基于对该功能的成本考虑，确定待测价格为[550元，2000元]，步长为50元，由此制作一份测试价格卡片。

然后，根据PSM模型的基本思想，在调查问卷中设置如下核心问题。

如果有一款吸油烟机增加了自动清洗功能，请问为这个功能花多少元时，你觉得太便宜、便宜、贵、太贵？

Q1. 价格从__________开始，你开始觉得它便宜，但质量仍可以接受？

【访问员按价格卡片从高向低依次读出价格，在受访者确认后记录】

Q2. 价格从__________开始，你会觉得它太便宜，以至于怀疑它的质量？

【访问员从上一题答案的下一个低价位开始从高向低依次读出价格，在受访者确认后记录】

Q3. 价格从__________开始，你开始觉得它贵，但还是可能购买？

【访问员从低向高依次读出价格，在受访者确认后记录】

Q4. 价格从__________开始，你会觉得它太贵，绝对不会购买？

【访问员从上一题答案的下一个高价位开始从低向高依次读出价格，在受访者确认后记录】

价格卡片

价格代码	价格（元）	价格代码	价格（元）	价格代码	价格（元）
1	550	11	1050	21	1550
2	600	12	1100	22	1600
3	650	13	1150	23	1650
4	700	14	1200	24	1700
5	750	15	1250	25	1750
6	800	16	1300	26	1800
7	850	17	1350	27	1850
8	900	18	1400	28	1900
9	950	19	1450	29	1950
10	1000	20	1500	30	2000

8.5.4 基于PSM模型的数据准备

1. 调研计划

由于价格测试的对象同样是吸油烟机，且调查问卷较复杂（调查问卷中的4道题目均需访问员按顺序读出价格，指导受访者填写），因此该调研计划与吸油烟机产品属性调研计划基本相同（见表8-11），只有样本量及其城市分布是不同的——产品测试样本量为240个，在4个城市各调查60个样本量；而价格测试样本量为200个，在4个城市各调查50个样本量。

2. 录入调研数据

将调研数据录入Excel中，并将工作表命名为“原始数据”（见图8-53），从该图中可以看到每个受访者的价格选择。例如，问卷编号为001的受访者对吸油烟机自动清洗功能的价格态度为：当价格为650元时，开始觉得便宜；当价格为550元时，认为太便宜，怀疑其质量而不会买；当价格为1150元时，开始觉得贵；当价格为1800元时，觉得太贵了而不会买。

接下来对调研数据进行分析，确定吸油烟机自动清洗功能的最优价格、价格范围及各价格下三类市场的规模变化。

问卷编号	Q1开始觉得便宜	Q2太便宜而不会买	Q3开始觉得贵	Q4觉得太贵
001	650	550	1150	1800
002	700	550	1150	1600
003	850	800	950	1050
004	950	900	700	950
005	700	550	1050	1150
006	800	700	1650	1750
007	650	550	1050	1050
008	1750	650	1350	1050
009	1350	1200	1050	1350
010	850	650	1200	1600
011	1150	1350	700	900
012	650	550	900	1750
013	800	700	900	1100
014	700	550	1100	1750

原始数据　Sheet1

图 8-53　PSM 模型调研数据（部分）

8.5.5　最优价格与价格范围分析

最优价格与价格范围是通过曲线图（见图8-51）观察出来的，而要制作该曲线图，需要计算出在各价格点4种态度的累计人数百分比。分析步骤如下：

第一步：列举价格点

新建一个工作表，在第1列依次录入价格550,600,650,···,2000，步长为50（见图8-54中Shee1工作表的A列）。

第二步：使用COUNTIF函数，计算出在各价格点4种态度的人数百分比

COUNTIF函数用于统计满足某个条件的单元格数量，语法为“=COUNTIF(range,criteria)”，其中range表示统计区域，criteria表示在该区域内要查找的对象需要满足的条件。

在本案例中，要计算出在各价格点4种态度的人数百分比，就是要分别在原始数据（见图8-53）的B列至E列区域内，统计各价格点出现的次数，然后除以总受访人数200。因此，在Shee1工作表的B3单元格中输入公式“=COUNTIF(原始数据!B:B,Sheet1!A3)/200”。考虑到将该公式复制到C列至D列时，各价格点所在的A列需要固定，因此将公式中的A3改为$A3。

在各价格点4种态度的人数百分比计算结果如图8-54所示。

B3　=COUNTIF(原始数据!B:B,Sheet1!$A3)/200

价格	人数百分比			
	Q1开始觉得便宜	Q2太便宜而不会买	Q3开始觉得贵	Q4觉得太贵
550	7%	40%	0%	0%
600	0%	1%	0%	0%
650	10%	26%	0%	0%
700	13%	10%	10%	0%
750	0%	0%	0%	0%
800	10%	6%	1%	3%
850	4%	1%	2%	0%
900	20%	6%	11%	7%
950	7%	1%	16%	3%
1000	0%	0%	1%	3%
1050	13%	6%	10%	11%
1100	0%	0%	2%	4%
1150	7%	0%	14%	6%

原始数据　Sheet1

图 8-54　在各价格点 4 种态度的人数百分比计算结果

第三步：计算出在各价格点4种态度的累计人数百分比

如果你认为2000元便宜，那么1950元对你来说也便宜，因此觉得1950元便宜者还应包括认为2000元便宜者。换句话说，“Q1开始觉得便宜”和“Q2太便宜而不会买”这两种态度的累计人数百分比是从高价格往低价格累计的。因此，在F32单元格中输入“=B32”，在F31单元格中输入“=F32+B31”，然后将该公式复制到F30:F3区域，得到“Q1开始觉得便宜”的累计人数百分比。同理，计算出“Q2太便宜而不会买”的累计人数百分比（见图8-55）。

F31　=F32+B31

	A	B	C	D	E	F	G
1	价格	人数百分比				人数百分比累计	
2		Q1开始觉得便宜	Q2太便宜而不会买	Q3开始觉得贵	Q4觉得太贵	A开始觉得便宜	B太便宜而不会买
19	1350	3%	1%	14%	18%	7%	1%
20	1400	0%	0%	0%	2%	4%	0%
21	1450	1%	0%	0%	2%	4%	0%
22	1500	2%	0%	2%	7%	3%	0%
23	1550	0%	0%	0%	1%	1%	0%
24	1600	0%	0%	5%	15%	1%	0%
25	1650	0%	0%	2%	1%	1%	0%
26	1700	0%	0%	1%	0%	1%	0%
27	1750	1%	0%	0%	4%	1%	0%
28	1800	0%	0%	3%	2%	0%	0%
29	1850	0%	0%	0%	4%	0%	0%
30	1900	0%	0%	0%	2%	0%	0%
31	1950	0%	0%	0%	1%	0%	0%
32	2000	0%	0%	0%	0%	0%	0%

Sheet1　原始数据　Sheet2

图8-55　累计人数百分比的计算1

如果你认为550元贵，那么600元对你来说也贵，因此觉得600元贵者还应包括认为550元贵者。换句话说，“Q3开始觉得贵”和“Q4觉得太贵”这两种态度的累计人数百分比是从低价格往高价格累计的。因此，在H3单元格中输入“=D3”，在H4单元格中输入“=H3+D4”，然后将该公式复制到H5:H32区域，得到“Q3开始觉得贵”的累计人数百分比。同理，计算出“Q4觉得太贵”的累计人数百分比（见图8-56）。

H4　=H3+D4

	A	B	C	D	E	F	G	H	I
1	价格	人数百分比				人数百分比累计			
2		Q1开始觉得便宜	Q2太便宜而不会买	Q3开始觉得贵	Q4觉得太贵	A开始觉得便宜	B太便宜而不会买	C开始觉得贵	D觉得太贵
3	550	7%	40%	0%	0%	100%	100%	0%	0%
4	600	0%	1%	0%	0%	93%	60%	0%	0%
5	650	10%	26%	0%	0%	93%	59%	0%	0%
6	700	13%	10%	10%	0%	83%	33%	10%	0%
7	750	0%	0%	0%	0%	70%	23%	10%	0%
8	800	10%	6%	1%	3%	70%	23%	11%	3%
9	850	4%	1%	2%	0%	60%	17%	13%	3%
10	900	20%	6%	11%	7%	56%	16%	24%	10%
11	950	7%	1%	16%	3%	36%	10%	40%	13%
12	1000	0%	0%	1%	3%	29%	9%	41%	16%
13	1050	13%	6%	10%	11%	29%	9%	51%	27%
14	1100	0%	0%	2%	4%	16%	3%	53%	31%
15	1150	7%	0%	14%	6%	16%	3%	67%	37%
16	1200	0%	2%	3%	2%	9%	3%	70%	39%

Sheet1　原始数据　Sheet2

图8-56　累计人数百分比的计算2

选定F2:I32单元格区域，选择“插入”→“折线图”，在所生成的图形区域右键选择“选择数据”，将A3:A32选入“水平（分类）轴标签”中。设4条线为直线，以价格为X，累计人数百分比为Y，得出4条线的方程，可求出$P1$~$P4$点对应的价格分别是$P1$=867元，$P2$=944元，$P3$=1056元，$P4$=933元（见图8-57）。

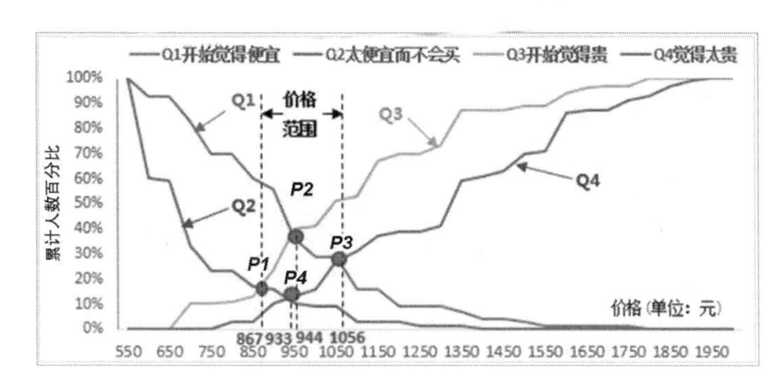

图 8-57　吸油烟机自动清洗功能定价PSM模型

8.5.6　三类市场的规模分析

按照公式8-6至公式8-8进行计算，得到三类市场的规模如图8-58所示。显然，这三类市场规模合计应为100%。

J3　=1-F3-H3

=F3-G3+H3-I3

=G3+I3

	A	F	G	H	I	J	K	L	M
1	价格	人数百分比累计				可接受者	有保留接受者	不接受者	合计
2		A开始觉得便宜	B太便宜而不会买	C开始觉得贵	D觉得太贵				
3	550	100%	100%	0%	0%	0%	0%	100%	100%
4	600	93%	60%	0%	0%	7%	[illegible]	[illegible]	100%
5	650	93%	59%	0%	0%	[illegible]	[illegible]	[illegible]	100%
6	700	83%	33%	10%	0%	[illegible]	[illegible]	[illegible]	100%
7	750	70%	23%	10%	0%	20%	57%	23%	100%
8	800	70%	23%	11%	3%	19%	55%	26%	100%
9	850	60%	17%	13%	3%	27%	53%	20%	100%
10	900	56%	16%	24%	10%	20%	54%	26%	100%
11	950	36%	10%	40%	13%	24%	53%	23%	100%
12	1000	29%	9%	41%	16%	30%	45%	25%	100%
13	1050	29%	9%	51%	27%	20%	44%	36%	100%
14	1100	16%	3%	53%	31%	31%	35%	34%	100%
15	1150	16%	3%	67%	37%	17%	43%	40%	100%
16	1200	9%	3%	70%	39%	21%	37%	42%	100%

Sheet1　原始数据

图 8-58　各价格下三类市场的规模计算结果

选定Sheet1工作表的J2:L32单元格区域（见图8-58），依次选择“插入”→“面积图”→“堆积面积图”，右键选择“选择数据”，将价格所在区域A3:A32“编辑”到“水平（分类）轴标签”中，调整坐标轴格式和填充颜色，得到各价格下三类市场的规模分布图（见图8-59）。

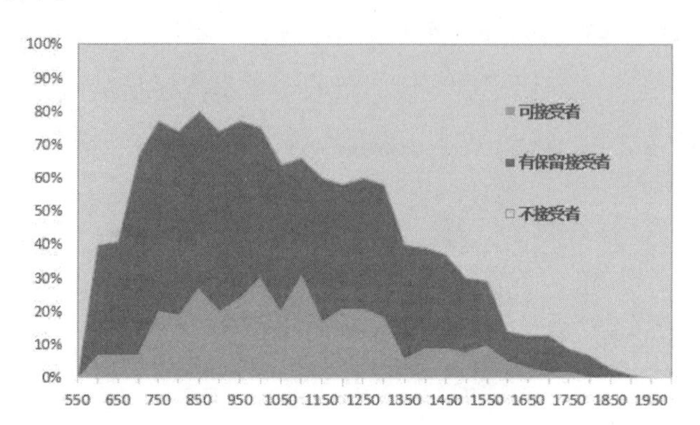

图8-59　各价格下三类市场的规模分布图

8.5.7　分析结果解读

首先，由图8-57可知，自动清洗功能最优价格为933元，价格范围为867~1056元。

其次，由图8-59可知，自动清洗功能在各价格下的市场规模分布情况。为了直观显示各价格对应的市场规模，可以构造一条辅助线。例如，以950元为例，以该价格点为起点，画一条与横轴垂直的直线，该直线与面积图有3个交点，其纵坐标分别是24%、77%、100%（见图8-60），这表明当价格为950元时，可接受者占24%；有保留接受者占53%；不可接受者占23%。根据这一比例，结合市场的总容量，就可评估接受950元的用户规模了。

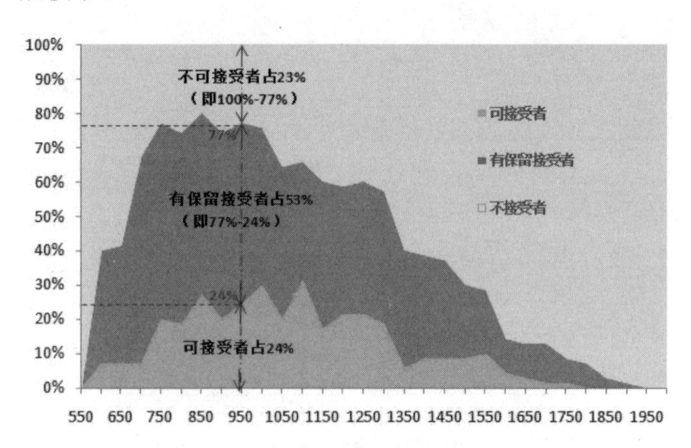

图8-60　各价格下三类市场规模的解读

8.6　流量渠道价值评价

伴随着电商在销售渠道地位的凸显，甲厨电公司建立了厨电一站式网上销售服务平台，在稳固线下销售的基础上，增加了对线上的投入和运营。

对于线下销售，甲厨电公司已轻车熟路，知道如何借力和整合传统经销商渠道、实体店渠道和家电连锁渠道进行推广和营销。但是，对于线上运营，甲厨电公司一头雾水，虽然斥巨资购买了多个渠道的流量，但收效甚微。作为数据资源管理部的研究总监，你接到了互联网运营部的需求：对各渠道的流量进行价值评价，以评估渠道效果，支持渠道资源的有效分配。

8.6.1　评价思路：确定影响因素

企业建立互联网运营优势，需要在流量、承接和交易三个阶段下功夫：在流量阶段获取访客，在承接阶段进行互动，在交易阶段实现转化和收益。这三个阶段构成了一个销售漏斗，将访客转化为用户。显然，通过渠道获取有价值的访客流量是企业提升业绩的前提和基础。

如何判断一个渠道提供的访客流量是否具有价值呢？

可能你会想到看这个渠道带来多少访客数（即规模），而如果这些访客来到页面，看一眼就跑掉了（即互动性不强），或者虽然驻足观望一阵，但没有购买（即转化率不高），或者虽然购买了，但金额少得可怜（即收益性不好），那么即使这个渠道带来的访客数再大，对于企业而言也是毫无意义的。换句话说，流量价值微乎其微。

因此，对一个流量渠道价值的评价，需要同时考虑4个因素：规模、互动、转化和收益。换句话说，流量渠道价值的评价指标体系应是规模、互动、转化和收益4个因素的综合体现。

8.6.2　评价指标：ROI与Engagement

1. ROI

ROI（Return On Investment）是指流量渠道的投资回报率，表示在某个渠道上购买流量，每投入一元钱所带来的商品销售额。ROI是渠道价值评价乃至互联网运营最重要的指标，因为ROI是集大成者，同时体现了对流量规模、转化和收益这三个因素的考量。

为什么这么说呢？从ROI定义出发，对ROI构成要素进行分解（见图8-61）。

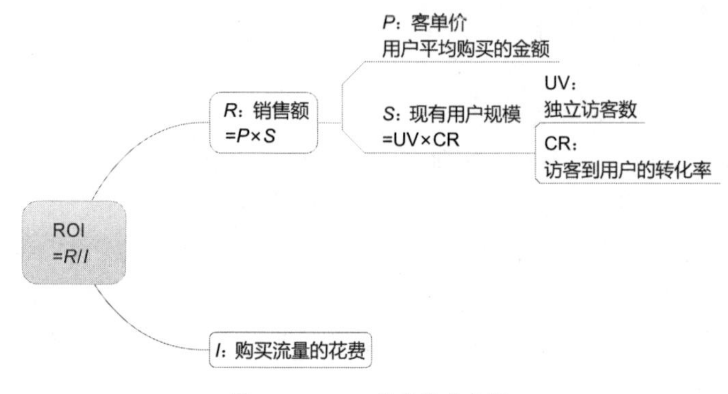

图8-61　ROI构成要素分解

ROI的计算公式为

$$ROI=UV \times CR \times P/I \tag{8-9}$$

其中，UV是独立访客数，反映流量规模；CR是访客到用户的转化率，反映流量转化；*P*/*I*是每投入一元钱的流量花费所带来的用户平均购买金额，反映流量收益。

既然ROI是集大成者，那么能否只用ROI作为考核流量渠道价值的KPI？

不能！因为ROI本身存在局限性。

第一，如果只用ROI作为考核指标，专注于ROI的结果，你就会倾向于购买那些与自己的网站最匹配、最精准的流量（比如百度品牌专区、品牌词、与你有合作关系的返利网站或忠诚的老客户）。但这些流量终究会用光，而你却要持续经营，所以就会不得不继续引入次精准的流量或新流量，这些流量对你的兴趣不会很高，其ROI肯定是逐渐降低的。因此，若只以ROI作为KPI，结果是你必须承受流量增长缓慢甚至倒退、投入回报率降低的风险。

第二，有一些经营模式投资回收期比较长（比如B to B），购买流量可能发生在去年，但卖出去商品却是在今年。你能只看ROI吗？不能，因为ROI统计得不全。

第三，有一些流量渠道虽然直接带来的收益较低，但用户在达成交易以前曾在这些流量渠道上进行过比选。换句话说，这些渠道对达成交易起到助攻的作用，若只看ROI，就会低估这些渠道的价值。

综上所述，只用ROI有失偏颇，还需要增加其他评价指标。从前面的分析可知，对流量渠道价值的评价需要综合考虑规模、互动、转化和收益4个因素，而ROI考虑了规模、转化和收益，因此需要增加的是反映用户互动行为的指标。

2. Engagement

反映用户互动行为的指标有很多，可以归为数量指标和质量指标两类，在表8-16

中整理出一些主要指标，并给出了其含义。

表8-16　用户互动行为指标及其含义

指标类型	指标名称	指标含义
数量指标	Session（或Visit），访问数	访客访问网站的次数，关闭浏览器或在网站上停留30分钟而无任何操作计为访客的一次访问
	Pageview（或PV），页面浏览数	页面累计被访问的次数，不去重
质量指标	Landing rate，到达率	从渠道点击广告成功跳转到企业落地页的比例，即Landing rate=Visit/Click
	Bounce rate，跳出率	已到达企业落地页，却不点击页面上的任何链接就关闭离开，不产生任何效益的比例
	Time on page，页面停留时间	进入下一个页面的时间减去进入本页面的时间
	Pageview/Session，浏览深度	访客平均每次访问网站所浏览的页数
	Session/Visitor，用户访问频度	平均每个访客访问的次数
	Recency，用户新近度	同一个用户最近一次访问距离上一次访问的时间

这些指标是从不同侧面反映用户在网站上的互动和参与程度的，若单独使用，则会存在问题。

比如，跳出率是用来衡量用户留存的常用指标，跳出率越高，往往表明用户流失越严重。假设你进入一个单页面，你对里面的内容很感兴趣，停留时间很长，显然你不是流失用户，但由于单页面没有链接，页面监测就会显示跳出率很高，往往超过95%（由于页面可能会被刷新，刷新一次相当于打开一个新页面，因此跳出率一般不会是100%）。此时只用跳出率就会产生你是流失用户的错误结论，但如果结合页面停留时间，则可对结论进行修正。

再比如，页面停留时间是用来衡量用户参与程度的常用指标，一般页面停留时间越长，表明用户越感兴趣。假设有一天你想查某项个人记录，于是进入某网站的个人业务页面，开始各种搜索和文档下载，就是找不到你想要的资料，你已经出离愤怒了，但是页面停留时间却显示你在该页面驻足40多分钟，表明你对该页面感兴趣。此时只用页面停留时间就会产生你对页面感兴趣的错误结论，事实上你非但不感兴趣，而且使用体验很差，这会让你的忠诚度很低，不到万不得已，不会来该页面。而衡量用户忠诚度的常用指标是用户新近度，因此，如果结合用户新近度，则可对结论进行修正。

基于此，上述指标往往放在一起，形成反映用户行为总和的综合指标——Engagement。

Engagement即用户参与度，用于衡量访客和网站的交互程度。而交互程度体现在访客在网站上的一系列互动行为上，因此，Engagement是各种访客互动行为的泛指和综合。

（1）构成指标

由于不同类型的网站，用户行为存在差异，因此Engagement的构成指标是非标准化的。例如，电商和微博的Engagement常用构成指标就有很大的差异（见表8-17）。

表8-17 不同类型网站的Engagement构成指标

电商Engagement的构成指标	微博Engagement的构成指标
用户访问	用户注册
用户放入购物车	用户发布新微博
用户提交订单	用户转发微博
用户完成交易	用户对微博评论
用户评价	用户点击关注

（2）适用性及要求

非标准化的特点使Engagement不适用于跨领域、跨网站比较。事实上，Engagement常作为网站内部的分析指标，用于判断网站自身用户参与度的变化趋势，以及评价网站自身不同流量渠道的价值。

而要发挥Engagement对自身网站的用户参与程度以及渠道价值的衡量作用，就要求被归入Engagement的用户交互行为是相对固定的，在短期内不会发生变化。

例如，对于一个论坛而言，发帖和跟帖行为是持续不变的交互行为，可作为识别用户是否参与的指标纳入Engagement中；而点击论坛中的一个活动按钮或推广链接则不能纳入Engagement中，因为推广活动一般是有期限的，下线后用户的交互行为就会相应地降低，这样就会导致Engagement的不稳定性，也就失去了分析的意义。

（3）计算方法

Engagement的量化指标叫作参与度指数（Engagement Index），其计算方法是对纳入Engagement中的用户交互行为数量（记为E_i）加权平均，设第i个用户交互行为的权重为W_i，则有

$$\text{Engagement Index} = \sum_{i=1}^{n} E_i \times W_i \tag{8-10}$$

其中，E_i表示第i个用户交互行为出现的次数，W_i表示第i个用户交互行为的权重。

E_i容易统计，只需判断在用户的某次访问中是否发生了该行为，若发生则该行为被记录1次。

那么，W_i权重该如何计算呢？

用前面讲过的变异系数法（见第4章），即变异系数$V=\sigma/\bar{x}$，权重$W_i=V_i/\sum_{i=1}^{n}V_i$。

8.6.3　数据准备：电商转化数据

由于甲厨电公司所建立的网上销售服务平台属于电商性质，因此，你考虑以表8-17第1列的指标构建Engagement。此外，你还要求互联网运营部提供各流量渠道的媒介费用和年销售额，以计算ROI指标。

很快，互联网运营部向你提供了2018年甲厨电公司网上销售服务平台共7个流量渠道的相关数据（见表8-18）。该数据是从Google Analytics导出的，要获取表中的数据，需要在相应页面置入流量标记（Link Tag），然后该页面的URL后面就会带有相应的参数，这些参数被网站分析工具读取，就像摄像头一样识别出流量的来源。在本案例中，由于缺少对用户评论页面的流量标记，所以无法得到用户评价人数的统计数据。在实践中，流量标记及电商数据监测往往有专门的技术团队负责，这里不展开介绍。

表8-18　各流量渠道的相关数据

流量渠道	访问人数	放入购物车人数	提交订单人数	成交人数	媒介费用	年销售额
渠道1	3425	1158	992	148	835864	10448306
渠道2	1789	775	397	296	761183	4657819
渠道3	3425	1584	1200	612	938122	9568848
渠道4	3249	907	723	496	918973	8573326
渠道5	1249	1124	847	265	701399	3156295
渠道6	657	382	307	92	311944	1403749
渠道7	813	314	140	65	725536	1523625

注：媒介费用和年销售额的单位是“元”。

利用表8-18可以计算出ROI和Engagement，基于这两项指标的计算结果可以进行矩阵分析，对各流量渠道的价值进行评价。

8.6.4　评价指标的计算

1. ROI的计算

按照公式ROI=R（销售额）/I（购买流量的花费），而在表8-18中这两项指标都是已知的，由此可以求出渠道1至渠道7的ROI（见表8-19）。

表8-19　各渠道ROI的计算

流量渠道	媒介费用（I）	年销售额(R)	ROI（=R/I）
渠道1	835864	10448306	13
渠道2	761183	4657819	6
渠道3	938122	9568848	10

续表

流量渠道	媒介费用（I）	年销售额(R)	ROI（$=R/I$）
渠道4	918973	8573326	9
渠道5	701399	3156295	5
渠道6	311944	1403749	5
渠道7	725536	1523625	2

注：媒介费用和年销售额的单位是“元”。

2. Engagement的计算

按照前面的分析思路，Engagement的计算共分为6步（见图8-62，具体操作可参考第4章内外因素评价矩库的计算）。

第一步：计算标准差

第二步：计算均值

第三步：计算变异系数

第四步：计算变异系数之和

第五步：计算权重

第六步：加权平均，最终得到各渠道的Engagement

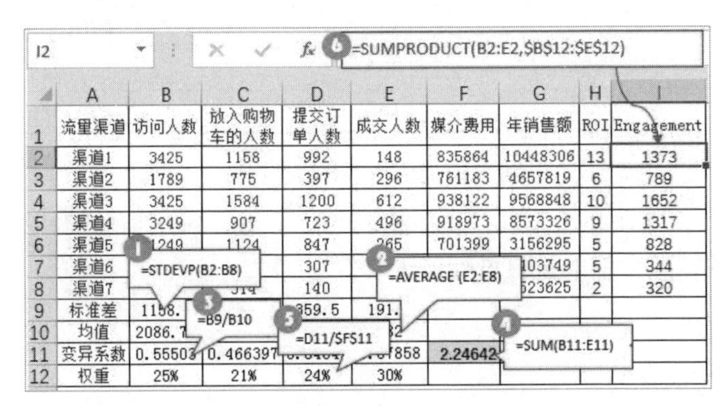

图8-62 Engagement的计算

8.6.5 评价方法：矩阵分析

如前所述，评价各流量渠道的价值需要综合ROI与Engagement两项指标。于是，考虑到以ROI为横轴，以Engagement为纵轴，绘制矩阵图。具体步骤如下。

第一步：制作散点图

选中如图8-62所示的H2:I8单元格区域，选择“插入”→“图表”→“散点图”（见图8-63），得到散点图。

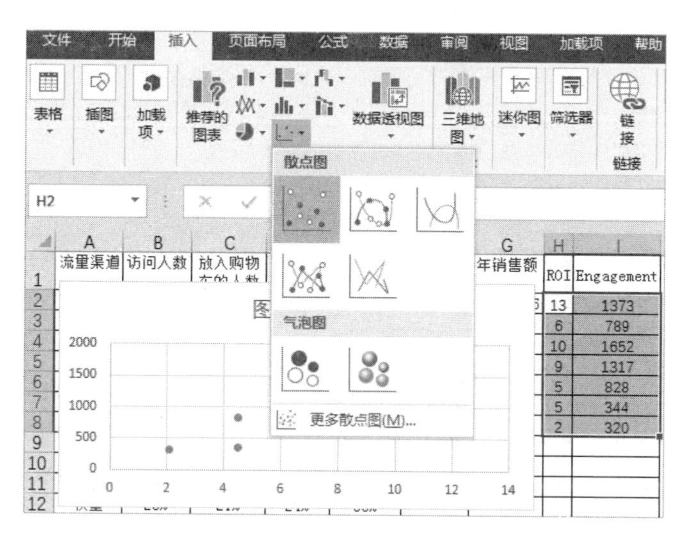

图 8-63　制作散点图

第二步：调整散点图格式

选择布局	双击图表区域，选择“图表工具”→“设计”→“快速布局”→“布局1”，得到带有图表标题、坐标轴标题和系列名称的散点图布局，去掉网格线和系列1，增加外边框。
更改标题	将横坐标轴标题改为“ROI”，将纵坐标轴标题改为“Engagement”，将图表标题改为“各流量渠道价值评价”。
确定并制作分界线	① 确定分界线。使用AVERAGE()函数计算出各流量渠道ROI与Engagement的均值分别为7和946，以此作为横轴和纵轴的分界线。 ② 制作横轴分界线。选中横轴，右键选择“设置坐标轴格式”，在“坐标轴选项”中的“纵坐标交叉于坐标轴值”后填入“7”，将标签位置改为“低”。 ③ 制作纵轴分界线。选中纵轴，右键选择“设置坐标轴格式”，在“坐标轴选项”中的“横坐标交叉于坐标轴值”后填入“946”，将标签位置改为“低”。
添加标签名称	选中图中的散点，右键选择“添加数据标签”，添加上散点标签值。选择其中一点的标签值（例如选择“1652”），将鼠标指针放入“*fx*”后的编辑栏内，输入“=”，然后将鼠标指针放入A4单元格中（因为1652对应的细分用户名称在A4单元格中），在编辑栏内显示“=Sheet1!$A$4”，按回车键，于是A4单元格中的“渠道3”就被链接到该散点的标签上。同理，添加其他散点的标签名称。

最后，得到如图8-64所示的矩阵图。

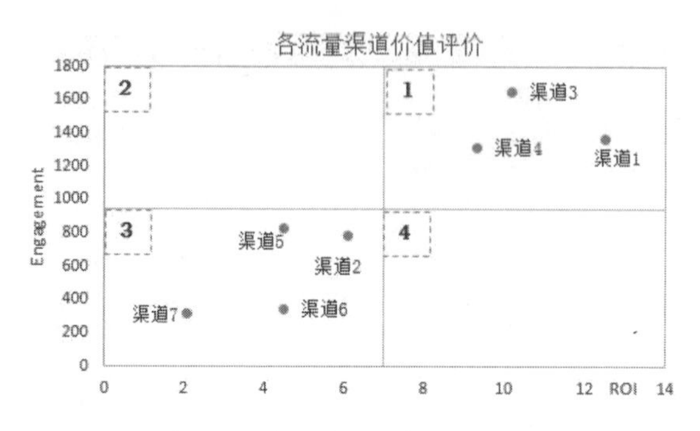

图8-64　各流量渠道价值评价矩阵

该矩阵图分为四个象限。

第一象限：ROI和Engagement都很高，表明用户参与度很高，并且投资回报也很高，需要重视和继续投入。从图8-64可见，渠道1、渠道3和渠道4在此象限内，表明对这三个渠道，甲厨电公司应重视和继续投入。

第二象限：甲厨电公司没有渠道在此象限内，但也应该分析一下，防患于未然。

在该象限内，尽管用户参与度很高，即Engagement很高，但ROI却很低。为什么会这样呢？

首先，ROI是由成本和收益决定的。当Engagement即用户参与度高时，收益一般不会太低。因此，有可能是处于该象限内的渠道成本较高。

其次，从用户的角度来看，Engagement高但ROI低，还有可能是有很多用户对你感兴趣却不买东西。这样的群体可能是一些新用户，因为他们对你并不了解，一般不会马上就购买，他们需要花时间了解和考虑，转化需要一个过程。如果是这个原因，那么你应该高兴，因为这表明出现了新的流量机会。

第三象限：ROI和Engagement都很低，表明渠道2、渠道5、渠道6和渠道7所带来的流量在用户参与度和投资回报上表现都差。我们可以继续分析渠道的访问人数（反映流量数量）、客单价（反映流量质量）以及流量价格（反映流量成本）的表现。

如何分析呢？

访问人数、年销售额、媒介费用、成交人数可以从表8-18中获知，客单价=年销售额/成交人数，流量价格=媒介费用/访问人数。因此，通过查找和计算，访问人数、客单价和流量价格都可知，以访问人数作为横坐标，以客单价作为纵坐标，以流量价格作为气泡大小，制作出气泡图，如图8-65所示。

从图8-65可以看出，渠道2、渠道5、渠道6、渠道7的访问人数和客单价都偏低，表明它们带来的流量在数量和质量上都较差，但它们的流量成本却非常高。

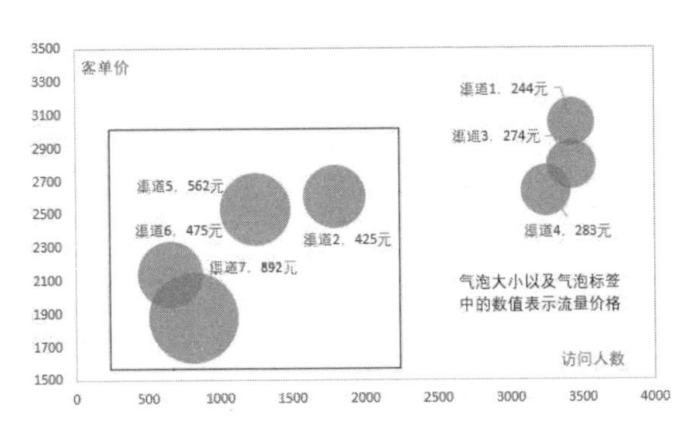

图 8-65　各渠道流量表现气泡图

那要放弃这些渠道吗？请慎重决定！因为这里计算的ROI仅用于衡量这些渠道直接完成的转化，没有分析它们对其他渠道的助攻作用（助攻作用的分析见8.6.6节的归因分析）。此外，渠道整体流量不好，不意味着该渠道的所有广告入口流量都不好，需要对其进一步细分，找出ROI和Engagement相对较高的广告入口继续投放。如果通过分析表明这些流量还具有价值，甲厨电公司可以考虑继续投放，并基于这些数据和渠道进行谈判，以降低流量价格。

第四象限：落在该象限内的渠道高ROI、低Engagement，说明这里的渠道带来的用户参与度虽然很低，但参与用户的客单价都很高，属于高价值客户，从而会有较高的ROI。

8.6.6　评价方法：归因分析

通过前面的矩阵分析，我们看到落在第三象限内的四个渠道在ROI的表现上很差，但这并不意味着它们就没有价值，还要分析它们对其他渠道的助攻作用。如何分析？使用归因分析。

使用归因分析，首先要清楚归因分析解决什么问题，然后借助分析工具和分析模型进行具体操作。

1. 解决的问题

举个通俗的例子。假设在欧洲杯比赛中，英格兰队的一个进球由四名球员共同完成：巴特兰开球，凯尔·沃克接住并传给亨德森，亨德森继续传给哈里·凯恩，哈里·凯恩临门一脚，球进了。

显然这个进球是四名球员共同努力的结果，功劳不应该仅被算在哈里·凯恩的头上。因为若没有其他三人策划进攻、精准传球、有效助攻，哈里·凯恩就拿不到球，而没有球，即便射门技术再厉害，也于事无补。因此，在这次进球中四名球员都有价值。那他们各自的价值是多少？谁的功劳最大？如何根据贡献大小，对他们进行排名？这就是归因分析要解决的问题。

若用一句话来概括，就是：归因分析解决的是在合作博弈中，所有参与者的价值评价与利益分配的问题。其中，价值评价是利益分配的依据和基础。

归因分析的应用范围很广，而在这里，我们仅关注流量渠道价值的评价。

企业为了实现推广和引流的目的，会在多个渠道上投放广告，比如信息流、社交媒体、直播视频、搜索引擎等。目前，转化多发生在搜索引擎中，那么能否就说转化完全是搜索引擎的功劳呢？未必！因为很多用户在使用搜索引擎之前，也会受到其他渠道的影响，用户最终的转化是各渠道共同作用的结果，搜索引擎只是最后的收割机，收割了多渠道合作的成果。因此，企业购买哪些渠道流量，不能仅看转化最终发生在哪里，还要分析在转化过程中哪些渠道有贡献，以及贡献有多大。这就是归因分析在流量渠道价值评价上要解决的问题。

2. 分析工具

归因分析的常用工具有如下四个。

（1）Google Analytics（简称GA）

Google Analysis 是著名互联网公司谷歌于2005年4月从Urchin收购并对外开放的提供网站数据分析统计服务的工具，它有一个重要模块就是Attribution，其支持大部分归因分析模型，例如Last Model、Decay Model、Customized Model等。

（2）Visual IQ

Visual IQ是美国的一家跨渠道市场情报服务公司，成立于2006年，该公司采用信息管理归纳方案的方法收集数据，然后利用分析模型，计算和量化消费者的购买习惯，整理出适合企业的广告方案。该公司归因分析的模块为Attribution Modeling Technology。

（3）Convertro

Convertro 主要利用数据分析，帮助企业营销人员了解哪些类型的广告会刺激客户购买。该公司于2014年被AOL收购，收购后继续为企业提供广告渠道效果评价分析。该公司归因分析的模块为Optimizing- Cross- Channel Allocations。

（4）AppsFlyer

移动广告监测起步较晚，主要是对App推广渠道进行跟踪，跟踪效果可直接对接各种广告平台。国外应用市场Android是Google Play，iOS是App Store。

AppsFlyer是以色列的一家数据监测公司，在移动App方面起步较早，在行业中比较领先，是能提供自动化实时ROI报告的归因供应商。

3. 归因分析模型

常用的归因分析模型有如下五种。

- 最后交互模型（Last Model）
- 第一次交互模型（First Model）
- 平均模型（Average Model）
- 时间衰减模型（Time Decay Model）
- 自定义模型（Customized Model）。

假设广告触点依次发生在渠道1~4，最后发生了转化，上述五种模型回答如何将该转化归功于这四个渠道的问题。

（1）最后交互模型（Last Model）：认为最后一个渠道的贡献为100%，因此把转化完全归功于最后一个渠道（见图8-66）。

图 8-66　最后交互模型示意图

（2）第一次交互模型（First Model）：认为第一个渠道的贡献为100%，因此把转化完全归功于第一个渠道（见图8-67）。

图 8-67　第一次交互模型示意图

（3）平均模型（Average Model）：认为所有渠道的贡献相等，因此将权重均摊到参与转化的所有渠道中（见图8-68）。

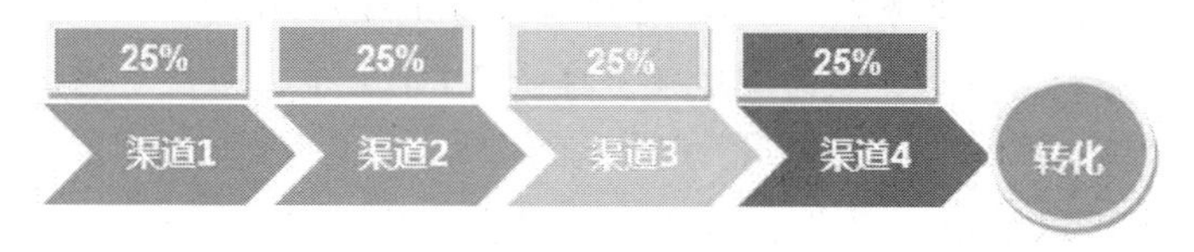

图 8-68　平均模型示意图

（4）时间衰减模型（Time Decay Model）：认为贡献程度随时间而衰减，越接近转化的渠道，贡献程度越大，因此应赋予更高的权重（见图8-69）。

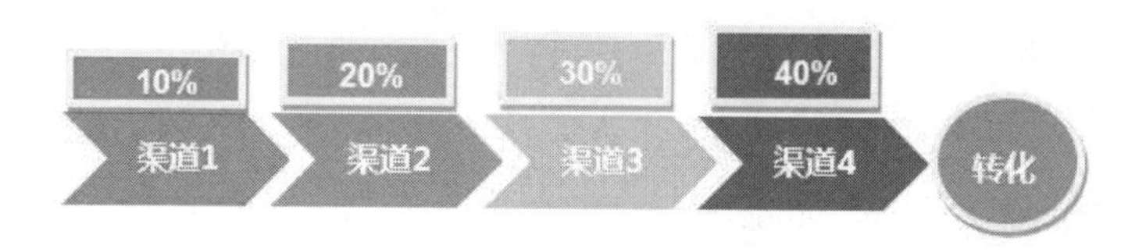

图8-69　时间衰减模型示意图

（5）自定义模型（Customized Model）：以上四种模型，权重分配都比较武断，并非根据数据计算出每个渠道的权重，无法直接指导投放的优化。因此，很多学者对这个问题进行深入研究，提出了生存分析、通径分析、马尔可夫链、夏普利值等模型，用这些模型进行自定义。这里介绍夏普利值（The Shapley Value）。

夏普利值的基本思想可以通过下面的故事来理解。

约克和汤姆结队旅游，约克带了3块饼，汤姆带了5块饼。这时，有一个路人路过并饿了。约克和汤姆邀请他一起吃。于是约克、汤姆和路人共同将8块饼全部吃完，且每人吃的分量相同。吃完饭后，路人为表达感谢，给了约克和汤姆共8个金币。

约克和汤姆为这8个金币的分配展开了争执。

汤姆说："我带了5块饼，理应我得5个金币，你得3个金币。"

约克不同意："既然我们在一起吃这8块饼，理应平分这8个金币，每人各4个金币。"为此，约克找到公正的夏普利。

夏普利说："孩子，汤姆给你3个金币，因为你们是朋友，你要接受它；如果你要公正，那么我告诉你，公正的分法是，你应得1个金币，而你的朋友汤姆应得7个金币。"

约克不理解。

夏普利说："你们3人吃8块饼，其中3块是你带的，5块是汤姆代的。你吃了其中的1/3，即8/3饼，路人吃了你带的饼中的3−8/3=1/3；你的朋友汤姆也吃了8/3块饼，路人吃了他带的饼中的5−8/3=7/3。这样，在路人所吃的8/3块饼中，有你的1/3，汤姆的7/3。在路人所吃的饼中，属于汤姆的是属于你的7倍。因此，对于这8个金币，公平分法是：你得1个金币，汤姆得7个金币。你看有没有道理？"

约克听了夏普利的分析，认为有道理，接受了1个金币，而让汤姆得到7个金币。

从这个故事可以看出，夏普利值遵循的是在合作博弈中，所得与贡献相等的原则。由于汤姆向路人贡献了7/3块饼，而约克向路人贡献了1/3块饼，两者的贡献之比是7∶1，因此应按7∶1的比例分配路人8个金币的酬金，即汤姆所得为7个金币，约克所得为1个金币。

现将该故事进行数理化：设一块饼1个金币，那么路人应向约克和汤姆各支付多少钱？

设路人为1，约克为2，汤姆为3，由于路人吃了约克和汤姆的饼，因此和路人相关的两个联盟为{1,2}和{1,3}。联盟用S表示，因此有S_1={1,2}，S_2={1,3}。

由于路人所吃的饼只来自约克和汤姆，因此和路人相关的联盟有且仅有{1,2}和{1,3}两个。换句话说，联盟具有完整性，不存在具有贡献却未纳入联盟里的参与者。这是夏普利值的有效性。

显然，路人和约克共同吃饼与约克和路人共同吃饼是一回事，因此，即使将{1,2}换成{2,1}，路人给约克的钱（用V表示）也是一样的，即$V\{1,2\}=V\{2,1\}$。同理，$V(1,3)=V(3,1)$。这是夏普利值的对称性。

如何计算路人该给约克多少钱？路人和约克共同吃3块饼，约克自己吃8/3块饼，路人吃约克的3−8/3=1/3块饼，因此要给约克1/3个金币。设$V(S)$表示路人和约克所吃的饼的总价值，即$V(S)=V\{1,2\}=3$，$V(S-\{I\})$表示约克所吃的饼的价值，即$V(S-\{I\})=V(2)=8/3$，则路人所吃的饼的价值为$V(S)-V(S-\{I\})=V(1)=3-8/3=1/3$。即$V\{1,2\}=V(1)+V(2)$。推而广之，联盟具有独立性，任意两个联盟合并的值等于这两个联盟的值的合计。这是夏普利值的可加性。

如果在合作博弈中某参与者的价值（收益或支付）满足上述三个特点，设$|S|$表示与该参与者相关的某联盟S中成员的数量，n表示在合作博弈中所有参与者的数量，则与该参与者相关的每个联盟S的加权因子为$\gamma_n(S)=\frac{(|S|-1)!\times(n-|S|)!}{n!}$，相关的每个联盟$S$的价值为$V(S)-V(S-\{I\})$。于是，得到反映该参与者价值的夏普利值为

$$\varphi(v)=\sum\gamma_n(S)\times(V(S)-V(S-\{I\}))\qquad(8\text{-}11)$$

按照此思路和公式，我们可以求出本案例中路人支付的夏普利值（见表8-20）。

表8-20　路人支付的夏普利值

S	{1}	{1，2}	{1，3}	{1，2，3}
$V(S)$	0	5	3	8
$V(S-\{I\})$	0	8/3	8/3	8
$V(S)-V(S-\{I\})$	0	5-8/3=7/3	3-8/3=1/3	0
$\|S\|$	1	2	2	3
$\gamma_n(S)$	1/3	1/6	1/6	1/3

由此可得，该路人应支付的夏普利值为

$$\varphi[v]=\sum\gamma_n(S)\times\big(V(S)-V(S-\{I\})\big)=0\times\frac{1}{3}+\frac{7}{3}\times\frac{1}{6}+\frac{1}{3}\times\frac{1}{6}+0\times\frac{1}{3}=4/9$$

4. 归因分析计算与解析

通过前面的矩阵分析可知，渠道2、渠道5、渠道6和渠道7的ROI比较低，处于第三象限内（见图8-64），但是我们不能因此而放弃这些渠道，因为这里的ROI是从GA中导出的，而GA计算ROI的方法默认是最后交互模型，仅衡量在这些渠道中最终完成的转化有多少，没有分析它们对其他渠道的助攻作用。因此，这里考虑这些渠道的助攻作用，以渠道2为例，使用归因分析，重新对其ROI进行测评。由于归因分析属于GA高级版中的模块，需要付费方能使用。为节约成本，我们将GA中的数据导出到Excel中，利用Excel进行归因分析。

（1）导出数据源

在GA中选择“转化”→“多通道路径”→“热门转换路径”，选出与渠道2相关的重要转化，单击“导出”按钮，导出为.csv格式文件。然后用Excel打开该文件，在Excel中选择“数据”→“分列”，分隔符选择“其他”，并明确使用“＞”符号。最后导出所有转化路径，得到用于进行归因分析的数据源（见表8-21。为节省版面，将同一个变量分三列显示，实际数据是一个变量只有一列，详见本书配套资源中“第8章营销组合分析”文件夹下的“8.5渠道数据”文件）。

表8-21　渠道2与其他渠道的联盟以及转化价值（转化价值单位：万元）

序号	基本渠道分组路径				转化价值	序号	基本渠道分组路径				转化价值	序号	基本渠道分组路径				转化价值
1	1				15	23	1	2	4		40	45	3	1	2	4	70
2	2				5	24	1	4	2		23	46	3	2	1	4	73
3	3				20	25	1	3	4		40	47	1	2	4	3	60
4	4				10	26	1	4	3		78	48	1	4	2	3	95
5	1	2			10	27	2	1	4		45	49	2	1	4	3	80
6	2	1			35	28	2	4	1		76	50	2	4	1	3	69
7	1	3			30	29	3	1	4		40	51	4	1	2	3	80
8	3	1			19	30	3	4	1		70	52	4	2	1	3	81
9	1	4			20	31	2	3	4		55	53	1	3	4	2	60
10	4	1			60	32	2	4	3		80	54	1	4	3	2	46
11	2	3			15	33	3	2	4		52	55	3	1	4	2	49
12	3	2			10	34	3	4	2		15	56	3	4	1	2	45
13	2	4			24	35	4	2	3		54	57	4	1	3	2	58
14	4	2			12	36	4	3	2		20	58	4	3	1	2	54

续表

序号	基本渠道分组路径				转化价值	序号	基本渠道分组路径				转化价值	序号	基本渠道分组路径				转化价值
15	3	4			28	37	4	1	2		25	59	2	3	4	1	90
16	4	3			60	38	4	2	1		60	60	2	4	3	1	91
17	1	2	3		30	39	4	1	3		65	61	3	2	4	1	92
18	1	3	2		14	40	4	3	1		62	62	3	4	2	1	78
19	2	1	3		60	41	1	2	3	4	90	63	4	2	3	1	81
20	2	3	1		70	42	1	3	2	4	95	64	4	3	2	1	81
21	3	1	2		20	43	2	1	3	4	90						
22	3	2	1		65	44	2	3	1	4	85						

从表8-21可以看出，渠道2主要助攻处于第一象限内的渠道1、渠道3和渠道4，这四个渠道的联盟形式及其数量如下。

形式1：一个渠道即实现转化，共$P_4^1=4$个联盟，见序号1~4的记录。

形式2：两个渠道共同实现转化，共$P_4^2=4\times3=12$个联盟，见序号5~16的记录。

形式3：三个渠道共同实现转化，共$P_4^3=4\times3\times2=24$个联盟，见序号17~40的记录。

形式4：四个渠道共同实现转化，共$P_4^4=4\times3\times2\times1=24$个联盟，见序号41~64的记录。

联盟总数量为$P_4^1+P_4^2+P_4^3+P_4^4=4+12+24+24=64$个。

（2）最后交互模型的计算与解析

GA默认采用最后交互模型计算各渠道的销售额，这里用Excel函数进行计算和验证。

第一步：使用“&”连接符将每个渠道分组路径中的渠道编码合并在一个单元格中，得到辅助列“渠道合并”（见图8-70）。

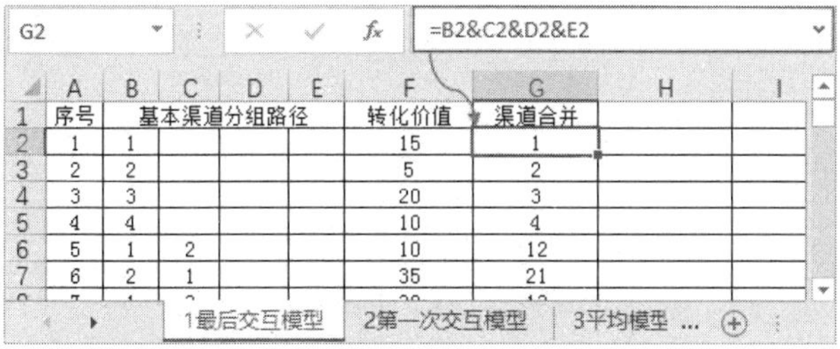

G2　=B2&C2&D2&E2

	A	B	C	D	E	F	G
1	序号	基本渠道分组路径				转化价值	渠道合并
2	1	1				15	1
3	2	2				5	2
4	3	3				20	3
5	4	4				10	4
6	5	1	2			10	12
7	6	2	1			35	21

1最后交互模型　2第一次交互模型　3平均模型 ...

图8-70　设置辅助列“渠道合并”

第二步：使用RIGHT函数截取“渠道合并”中每项的最后一个字符，得到每个渠道联盟的最后一个渠道（见图8-71）。

H2 =RIGHT(G2,1)

	A	B	C	D	E	F	G	H
1	序号	基本渠道分组路径				转化价值	渠道合并	最后一个渠道
2	1	1				15	1	1
3	2	2				5	2	2
4	3	3				20	3	3
5	4	4				10	4	4
6	5	1	2			10	12	2
7	6	2	1			35	21	1

1最后交互模型 | 2第一次交互模型 | 3平均模型 ...

图8-71　找出最后一个渠道

第三步：使用SUMIF函数汇总渠道1至渠道4作为最后一个渠道的转化价值（见图8-72）。

J3 =SUMIF(H:H,I3,F:F)

	A	B	C	D	E	F	G	H	I	J
1	序号	基本渠道分组路径				转化价值	渠道合并	最后一个渠道		
2	1	1				15	1	1		转化价值
3	2	2				5	2	2	1	1045
4	3	3				20	3	3	2	466
5	4	4				10	4	4	3	957
6	5	1	2			10	12	2	4	857
7	6	2	1			35	21	1		
8	7	1	3			30	13	3		

1最后交互模型 | 2第一次交互模型 | 3平均模型 ...

图8-72　按最后交互模型计算渠道转化价值

从图8-72中可以看到，使用最后交互模型计算出的渠道1至渠道4的转化价值与GA默认的分析结果一致（见表8-18中渠道1至渠道4的年销售额）。结合渠道2的76万元媒介费用（见表8-18），使用最后交互模型，得到渠道2的ROI为466/76=6。

（3）第一次交互模型的计算与解析

第一次交互模型把转化完全归功于第一个渠道，因此，这里使用SUMIF函数汇总渠道1至渠道4作为第一个渠道所实现的转化价值（见图8-73）。

I3 =SUMIF(B:B,H3,F:F)

	A	B	C	D	E	F	G	H	I
1	序号	基本渠道分组路径				转化价值			
2	1	1				15			转化价值
3	2	2				5		1	746
4	3	3				20		2	970
5	4	4				10		3	746
6	5	1	2			10		4	863
7	6	2	1			35			
8	7	1	3			30			

1最后交互模型 | 2第一次交互模型 | 3平均模型 ...

图8-73　按第一次交互模型计算渠道转化价值

从计算结果来看，渠道2的转化价值为970万元，比GA默认的高出504万元。即考虑到渠道2的助攻作用，使用第一次交互模型，渠道2的ROI为970/76=13，比GA默认的ROI高出108%。

（4）平均模型的计算与解析

平均模型将权重均摊到参与转化的所有渠道上，因此，首先统计有哪些渠道参与了转化，由此得出各渠道的权重，以分配各渠道的转化价值。按照此思路，平均模型的计算分为五步。

第一步：使用COUNTIF函数统计在某联盟中包含了哪些渠道（即哪些渠道在该联盟中参与了转化），包含返回1，不包含返回0（见图8-74）。

G2　=COUNTIF($B2:$E2,G$1)

	A	B	C	D	E	F	G	H	I	J	K	L
1	序号	基本渠道分组路径				转化价值	1	2	3	4		
2	1	1				15	1	0	0	0		
3	2	2				5	0	1	0	0		
4	3	3				20	0	0	1	0		
5	4	4				10	0	0	0	1		
6	5	1	2			10	1	1	0	0		
7	6	2	1			35	1	1	0	0		
8	7	1	3			30	1	0	1	0		

2第一次交互模型　3平均模型

图 8-74　判断渠道的参与度

第二步：使用SUM函数统计在某联盟中包含的渠道个数（见图8-75）。

K2　=SUM(G2:J2)

	A	B	C	D	E	F	G	H	I	J	K	L	M	N	O
1	序号	基本渠道分组路径				转化价值	1	2	3	4	合计	1	2	3	4
2	1	1				15	1	0	0	0	1				
3	2	2				5	0	1	0	0	1				
4	3	3				20	0	0	1	0	1				
5	4	4				10	0	0	0	1	1				
6	5	1	2			10	1	1	0	0	2				
7	6	2	1			35	1	1	0	0	2				

2第一次交互模型　3平均模型

图 8-75　统计在某联盟中包含的渠道个数

第三步：某渠道的参与度除以某联盟中总渠道个数，得到该联盟中该渠道的权重（见图8-76）。

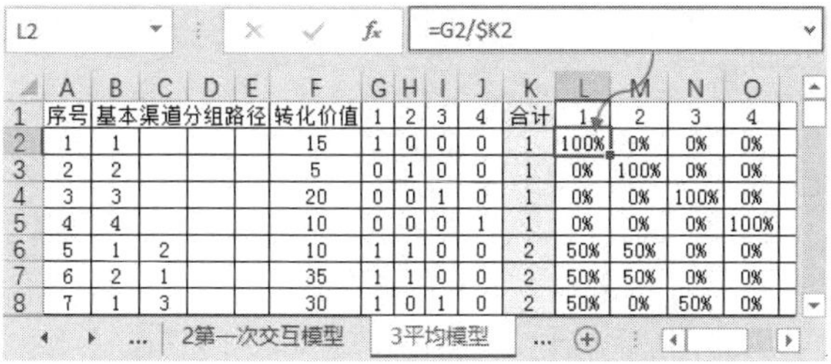

L2　=G2/$K2

	A	B	C	D	E	F	G	H	I	J	K	L	M	N	O
1	序号	基本渠道分组路径				转化价值	1	2	3	4	合计	1	2	3	4
2	1	1				15	1	0	0	0	1	100%	0%	0%	0%
3	2	2				5	0	1	0	0	1	0%	100%	0%	0%
4	3	3				20	0	0	1	0	1	0%	0%	100%	0%
5	4	4				10	0	0	0	1	1	0%	0%	0%	100%
6	5	1	2			10	1	1	0	0	2	50%	50%	0%	0%
7	6	2	1			35	1	1	0	0	2	50%	50%	0%	0%
8	7	1	3			30	1	0	1	0	2	50%	0%	50%	0%

2第一次交互模型　3平均模型

图 8-76　确定各联盟中各渠道的权重

第四步：使用某渠道的权重与其相应的联盟转化价值相乘，得到该渠道在该联盟中的转化价值（见图8-77）。

P2 =$F2*L2

	A	B	C	D	E	F	G	H	I	J	K	L	M	N	O	P	Q	R	S
1	序号	基本渠道分组路径				转化价值	1	2	3	4	合计	1	2	3	4	1	2	3	4
2	1	1				15	1	0	0	0	1	100%	0%	0%	0%	15	0	0	0
3	2	2				5	0	1	0	0	1	0%	100%	0%	0%	0	5	0	0
4	3	3				20	0	0	1	0	1	0%	0%	100%	0%	0	0	20	0
5	4	4				10	0	0	0	1	1	0%	0%	0%	100%	0	0	0	10
6	5	1	2			10	1	1	0	0	2	50%	50%	0%	0%	5	5	0	0
7	6	2	1			35	1	1	0	0	2	50%	50%	0%	0%	18	18	0	0
8	7	1	3			30	1	0	1	0	2	50%	0%	50%	0%	15	0	15	0

2第一次交互模型 3平均模型

图8-77 各渠道在各联盟中的转化价值

第五步：使用SUM函数汇总各渠道的转化价值（见图8-78）。

P66 =SUM(P2:P65)

	A	B	C	D	E	F	G	H	I	J	K	L	M	N	O	P	Q	R	S
1	序号	基本渠道分组路径				转化价值	1	2	3	4	合计	1	2	3	4	1	2	3	4
59	58	4	3	1	2	54	1	1	1	1	4	25%	25%	25%	25%	14	13.5	13.5	13.5
60	59	2	3	4	1	90	1	1	1	1	4	25%	25%	25%	25%	23	22.5	22.5	22.5
61	60	2	4	3	1	91	1	1	1	1	4	25%	25%	25%	25%	23	22.8	22.8	22.8
62	61	3	2	4	1	92	1	1	1	1	4	25%	25%	25%	25%	23	23	23	23
63	62	3	4	2	1	78	1	1	1	1	4	25%	25%	25%	25%	20	19.5	19.5	19.5
64	63	4	2	3	1	81	1	1	1	1	4	25%	25%	25%	25%	20	20.3	20.3	20.3
65	64	4	3	2	1	81	1	1	1	1	4	25%	25%	25%	25%	20	20.3	20.3	20.3
66													转化价值合计			845	774	846	860

3平均模型 4时间衰减模型 5自 …

图8-78 按平均模型汇总各渠道转化价值

从计算结果来看，渠道2的转化价值为774万元，比GA默认的高出308万元。即考虑到渠道2的助攻作用，使用平均模型，渠道2的ROI为774/76=10，比GA默认的ROI高出66%。

（5）时间衰减模型的计算与解析

时间衰减模型认为渠道贡献程度随时间而衰减，越接近转化的渠道，贡献程度越大，因此应赋予更高的权重。

按照此模型，对于不同长度的渠道路径，你与甲厨电公司互联网运营部的沟通结果如下：

- 路径只有一个渠道时，该渠道的权重为1。
- 路径包括两个渠道时，首个渠道的权重为0.4，另一个渠道的权重为0.6。
- 路径包括三个渠道时，渠道1~3的权重依次为0.2、0.3、0.5。
- 路径包括四个渠道时，渠道1~4的权重依次为0.1、0.2、0.3、0.4。

上面的沟通结果可以总结为如表 8-22 所示。

表 8-22　在不同长度的渠道路径下渠道的权重设置

路径长度	渠道位置	渠道权重
1	1	1
2	1	0.4
2	2	0.6
3	1	0.2
3	2	0.3
3	3	0.5
4	1	0.1
4	2	0.2
4	3	0.3
4	4	0.4

按照表 8-22 分配各渠道转化价值的操作步骤如下。

第一步：判断在路径中是否包含某渠道，为此先做路径的渠道合并（见图 8-79）。

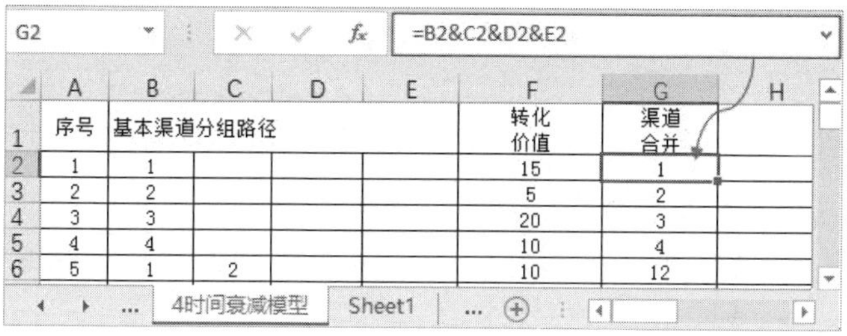

G2　=B2&C2&D2&E2

	A	B	C	D	E	F	G	H
1	序号	基本渠道分组路径				转化价值	渠道合并	
2	1	1				15	1	
3	2	2				5	2	
4	3	3				20	3	
5	4	4				10	4	
6	5	1	2			10	12	

4时间衰减模型　Sheet1

图 8-79　设置“渠道合并”辅助列

第二步：判断在“渠道合并”中能否查到该渠道，如果能查到，则表明在路径中包含该渠道，否则不包含。在 H1:K1 单元格区域输入 1~4，表示渠道编号，在 H2 单元格中输入公式（见图 8-80）。

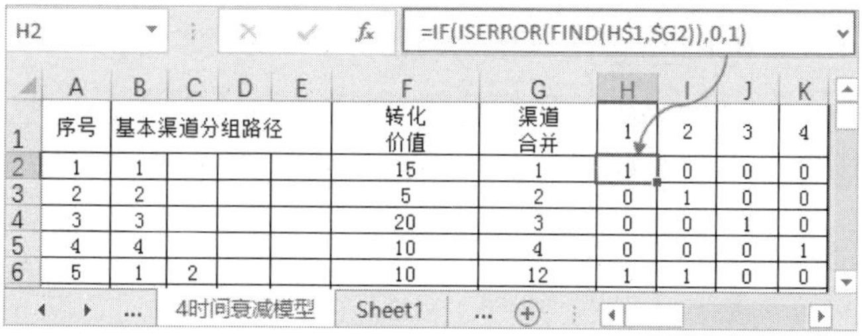

H2　=IF(ISERROR(FIND(H$1,$G2)),0,1)

	A	B	C	D	E	F	G	H	I	J	K
1	序号	基本渠道分组路径				转化价值	渠道合并	1	2	3	4
2	1	1				15	1	1	0	0	0
3	2	2				5	2	0	1	0	0
4	3	3				20	3	0	0	1	0
5	4	4				10	4	0	0	0	1
6	5	1	2			10	12	1	1	0	0

4时间衰减模型　Sheet1

图 8-80　判断渠道是否在路径中

该公式的含义如下：

= IF (ISERROR (FIND (H$1 , $G2)) , 0 , 1)

1. 在路径中查找该渠道的位置

2. 得到的位置为错误值（即在该路径中没有包含该渠道）

3. 若在路径中查找该渠道的位置得到的是错误值（即在该路径中没有包含该渠道），则返回0；否则返回1

第三步：如果在路径中包含所研究的渠道，则判断路径长度和渠道位置，以确定该渠道的权重，并用该渠道的权重乘以总的转化价值，得到该渠道的转化价值。

从表8-22可知，路径长度和渠道位置共同决定渠道权重。若用一个变量同时刻画渠道在路径长度和渠道位置上的差异，则该变量的值可以设为路径长度×10+渠道位置。显然，当该变量的值为11、21、22、31、32、33、41、42、43、44时，渠道权重对应的是1、0.4、0.6、0.2、0.3、0.5、0.1、0.2、0.3、0.4。而反映这种对应关系的Excel函数为LOOKUP，结合上一步的设置，即可计算出某渠道的转化价值（见图8-81）。

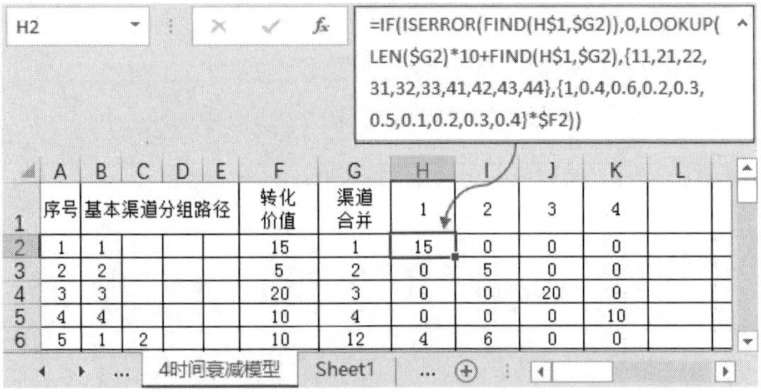

```
=IF(ISERROR(FIND(H$1,$G2)),0,LOOKUP(LEN($G2)*10+FIND(H$1,$G2),{11,21,22,31,32,33,41,42,43,44},{1,0.4,0.6,0.2,0.3,0.5,0.1,0.2,0.3,0.4}*$F2))
```

	A	B	C	D	E	F	G	H	I	J	K	L
1	序号	基本渠道分组路径				转化价值	渠道合并	1	2	3	4	
2	1	1				15	1	15	0	0	0	
3	2	2				5	2	0	5	0	0	
4	3	3				20	3	0	0	20	0	
5	4	4				10	4	0	0	0	10	
6	5	1	2			10	12	4	6	0	0	

图8-81　基于时间衰减模型计算渠道转化价值

从公式中可以看到，LOOKUP对同时刻画渠道在路径长度和渠道位置上的变量进行判断，根据该变量的值返回相应的渠道转化价值（即渠道权重转化价值）。

第四步：使用SUM函数汇总各渠道的转化价值（见图8-82）。

从计算结果来看，渠道2的转化价值为700万元，比GA默认的高出234万元。即考虑到渠道2的助攻作用，使用时间衰减模型，渠道2的ROI为700/76=9，比GA默认的ROI高出50%。

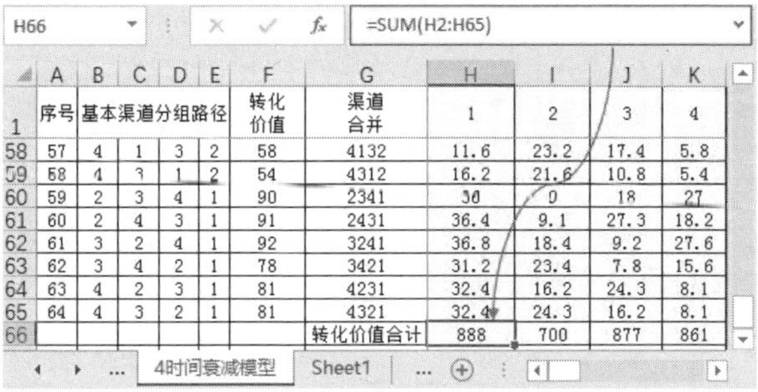

H66　=SUM(H2:H65)

	A	B	C	D	E	F	G	H	I	J	K
1	序号	基本渠道分组路径				转化价值	渠道合并	1	2	3	4
58	57	4	1	3	2	58	4132	11.6	23.2	17.4	5.8
59	58	4	3	1	2	54	4312	16.2	21.6	10.8	5.4
60	59	2	3	4	1	90	2341	36	0	18	27
61	60	2	4	3	1	91	2431	36.4	9.1	27.3	18.2
62	61	3	2	4	1	92	3241	36.8	18.4	9.2	27.6
63	62	3	4	2	1	78	3421	31.2	23.4	7.8	15.6
64	63	4	2	3	1	81	4231	32.4	16.2	24.3	8.1
65	64	4	3	2	1	81	4321	32.4	24.3	16.2	8.1
66							转化价值合计	888	700	877	861

4时间衰减模型　Sheet1

图 8-82　按时间衰减模型汇总各渠道转化价值

（6）自定义模型的计算与解析

自定义模型采取个性化设计思路，企业可以根据自身情况进行设置。

这里仅探讨如何利用夏普利值对甲厨电公司的网上流量渠道进行价值评价。具体步骤如下。

第一步：考虑到夏普利值的对称性，将现有的64个渠道路径归纳为15种联盟形式，并汇总相应的转化价值（见表8-23）。

表8-23　联盟形式及其转化价值

联盟形式	包含的渠道路径	转化价值
1	1	15
2	2	5
3	3	20
4	4	10
12	12、21	45
13	13、31	49
14	14、41	80
23	23、32	25
24	24、42	36
34	34、43	88
123	123、132、213、231、312、321	259
124	124、142、214、241、314、341	269
134	134、143、314、341、413、431	355
234	234、243、324、342、423、432	276
1234	1234、1324、2134、2314、3124、3214、1243、1423、2143、2413、4123、4213、1342、1432、3142、3412、4132、4312、2341、2431、3241、3421、4231、4321	1793
合计		3325

第二步：根据前面介绍的夏普利值方法（见表8-20），对渠道1至渠道4的夏普利值的计算过程如表8-24至表8-27所示。

表8-24 渠道1的夏普利值的计算过程

S	1	12	13	14	123	124	134	1234
$V(S)$	15	45	49	80	259	269	355	1793
$V(S-\{I\})$	0	5	20	10	25	36	88	276
$V(S)-V(S-\{I\})$	15	40	29	70	234	233	267	1517
$\|S\|$	1	2	2	2	3	3	3	4
$\gamma(\|S\|)$	1/4	1/12	1/12	1/12	1/12	1/12	1/12	1/4
$\varphi(v)$	455.75							

表8-25 渠道2的夏普利值的计算过程

S	2	12	23	24	123	124	234	1234
$V(S)$	5	45	25	36	259	269	276	1793
$V(S-\{I\})$	0	15	20	10	49	80	88	355
$V(S)-V(S-\{I\})$	5	30	5	26	210	189	188	1438
$\|S\|$	1	2	2	2	3	3	3	4
$\gamma(\|S\|)$	1/4	1/12	1/12	1/12	1/12	1/12	1/12	1/4
$\varphi(v)$	414.75							

表8-26 渠道3的夏普利值的计算过程

S	3	13	23	34	123	134	234	1234
$V(S)$	20	49	25	88	259	355	276	1793
$V(S-\{I\})$	0	15	5	10	45	80	36	269
$V(S)-V(S-\{I\})$	20	34	20	78	214	275	240	1524
$\|S\|$	1	2	2	2	3	3	3	4
$\gamma(\|S\|)$	1/4	1/12	1/12	1/12	1/12	1/12	1/12	1/4
$\varphi(v)$	457.75							

表8-27 渠道4的夏普利值的计算过程

S	4	14	24	34	124	134	234	1234
$V(S)$	10	80	36	88	269	355	276	1793
$V(S-\{I\})$	0	15	5	20	45	49	25	259
$V(S)-V(S-\{I\})$	10	65	31	68	224	306	251	1534
$\|S\|$	1	2	2	2	3	3	3	4
$\gamma(\|S\|)$	1/4	1/12	1/12	1/12	1/12	1/12	1/12	1/4
$\varphi(v)$	464.75							

第三步：由各渠道的夏普利值$\varphi(v)$，可以求出所有渠道的夏普利值合计为$\sum\varphi(v)$。设转化价值合计为M，对表8-21中所有的转化价值求和，得到M=3325，则每个渠道的转化价值为$m = M \times\varphi(v)/\sum\varphi(v)$。于是，求出每个渠道的转化价值如表8-28所示。

表8-28　基于夏普利值的各渠道转化价值

渠道	夏普利值$\varphi(v)$	转化价值$m(m = M \times\varphi(v)/\sum\varphi(v))$
1	455.75	845
2	414.75	769
3	457.75	849
4	464.75	862
夏普利值合计$\sum\varphi(v)$	1793	
转化价值合计M	3325	

从计算结果来看，渠道2的转化价值为769万元，比GA默认的高出303万元。即考虑到渠道2的助攻作用，使用夏普利值，渠道2的ROI为769/76=10，比GA默认的ROI高出65%。

由此可知，考虑到助攻作用，综合各种归因分析模型，渠道2的ROI比原有GA默认值（按最后交互模型计算）至少增加50%。即考虑到助攻作用，渠道2的ROI至少等于6×(1+50%)=9。同理，对其他渠道也需增加助攻ROI，从而对流量渠道价值的评价结果进行修正，使之更为客观和公正。

8.7　促销资源配置

甲厨电公司推出整体厨房促销活动，准备通过媒体宣传吸引消费者购买。目前有5种媒体可选择，甲厨电公司市场部总监给你发了邮件，向你提出了分析需求。邮件内容如下：

数据资源管理部研究总监，您好！

在本次整体厨房促销活动中，公司同意拿出4万元媒体推广费用，现已确定5种媒体以及它们的推广成本和效果（见表8-29）。此外，对于该活动宣传，公司还有如下要求：

- 至少进行20次电视广告播放。
- 至少有10万名潜在顾客被告知。
- 电视广告投入不超过3万元。

表8-29 各种媒体的宣传效果和约束条件

媒体	被告知的潜在顾客（人/次）	广告费用（元/次）	媒体最高使用次数（次）	咨询电话量（通/次）
日间电视	2000	1000	14	600
夜间电视	4000	2000	8	800
网络媒体	3000	400	40	500
平面媒体	5000	1000	5	400
户外广告	600	100	50	300

我们的分析需求是：在这5种媒体上各投放多少次，咨询电话量能够达到最大？

8.7.1 问题界定与方法选择

促销（Promotion）就是营销者向消费者传递有关本企业及产品的各种信息，说服或吸引消费者购买其产品，以达到扩大销售量的目的。

促销实质上是一种沟通活动，即营销者（信息提供者或发送者）发出用来刺激消费的各种信息，把信息传递给一个或更多的目标对象（即信息接收者，如听众、观众、读者、消费者或用户等），以影响其态度和行为。常用的促销手段有多种，如广告、人员推销、网络营销、营业推广和公共关系等。

为了达到良好的促销效果，企业往往会搭配使用多种媒体。如何有效地搭配各种媒体，使其在约束条件下达到传播效果最优，这就是媒体组合的问题。媒体组合的问题属于资源配置的范畴，而线性规划是解决资源配置的常用方法。

在本案例中，甲厨电公司市场部总监提出的在5种媒体上各投放多少次的需求，属于资源配置的问题，可以采用线性规划方法进行分析。

线性规划（Linear Programming，LP）是运筹学中研究较早、发展较快、应用广泛、方法较成熟的一个重要分支，它是辅助人们进行科学管理的一种数学方法，其广泛应用于军事作战、经济分析、经营管理和工程技术等方面，为合理利用有限的人力、物力、财力等资源做出最优决策，提供科学的依据。

8.7.2 资源配置三要素

在进行资源配置时，往往需要考虑三要素：目标函数、约束条件和决策变量。

例如，假设你目前在职，想要考研，你就要分配自己在考研各科上的备考时间。于是，你就会考虑上述三要素。

- 目标函数：你的目标函数很明确，就是考研成绩不能低于所报考学校相关专业的研究生录取分数线。当然，考研成绩越高越好。
- 约束条件：你会审视现有的条件——业余时间的充裕程度、考研各科的知识储备水平、考研方向与工作内容的相关性、家人与单位领导的支持度等，这四个条件影响和制约你的考研成绩，因此叫作约束条件。
- 决策变量：你要根据目标函数（要达到的考研成绩）和约束条件（影响考研成绩的现有条件）算出，每天要在考研各科上花费多少时间，才能在现有的约束条件下，实现目标函数的最优化。在考研各科上的时间花费就是决策变量。

同样，企业在进行资源配置时也需要考虑上述三要素。例如，某工厂存在下述生产资源配置问题：

该工厂用甲、乙两种原材料以及设备丙生产A、B两种商品，原材料甲、乙以及设备丙的限量分别为20千克、12千克、9台，已知每件商品的利润、所需设备台数以及原材料的消耗数据如表8-30所示，那么如何安排生产计划（商品A和商品B各生产多少）使该工厂所获利润最大？

表8-30　每件商品的利润、所需设备台数以及原材料的消耗数据

	商品A（单位：件）	商品B（单位：件）
原材料甲（单位：千克/件）	4	0
原材料乙（单位：千克/件）	0	4
利润（万元/件）	2	3
设备丙（台/件）	1	2

从上述材料中，我们可以找出该工厂资源配置的三要素。

- 决策变量：商品A和商品B各自的产量。
- 目标函数：利润最大。
- 约束条件：原材料甲的消耗量不高于20千克；原材料乙的消耗量不高于12千克；设备丙的使用台数不高于9台；商品A和商品B的产量为正整数。

8.7.3　线性规划的基本思想

为求解决策变量，需要将目标函数、约束条件表达为决策变量的函数式，若约束条件和目标函数都是线性的，即表示约束条件的数学式子都是线性等式或线性不等式，表示问题最优化指标的目标函数都昌线性函数，则该问题就是线性规划的问题。

例如，在前面某工厂生产资源配置的问题中，设商品A和商品B的产量分别为x_1和x_2，则有

- 决策变量：x_1和x_2。
- 目标函数（subject to，简称s.t.）：利润$L=2x_1+3x_2$最大化，记为$\max(L)=2x_1+3x_2$。
- 所满足的约束条件：原材料甲的限量，$4x_1 \leqslant 20$；原材料乙的限量，$4x_2 \leqslant 12$；设备丙的限量，$x_1+2x_2 \leqslant 9$；商品A和商品B的产量为正整数，$x_1 \geqslant 0$，$x_2 \geqslant 0$。

由于约束条件和目标函数都是线性的，因此这是线性规划问题。

显然，对于该工厂而言，可行的生产计划有很多，线性规划所要解决的问题是在多个可行的生产计划中找出一个利润最大的，即求一组变量x_1, x_2的值，使其满足约束条件，并使目标函数$L=2x_1+3x_2$的值最大（即利润最大）。

线性规划有很多算法，比如单纯形法、图解法、分解法等。随着计算机技术和统计软件的发展，可借助于LINGO、MATLAB、WinQSB、Excel等多种软件求解。

由于Excel普及性最广，因此这里用Excel对甲厨电公司市场部所面临的媒体组合问题进行线性规划求解。

8.7.4 媒体组合案例解析

根据线性规划的思想，利用Excel规划求解模块，对甲厨电公司的媒体组合问题分析步骤如下。

第一步：建立数据源

将表8-29所示数据录入Excel中，并增加“各媒体使用次数”列（见图8-83）。

	A	B	C	D	E	F
1	媒体	被告知的潜在顾客（人/次）	广告费用（元/次）	媒体最高使用次数（次）	咨询电话量（通/次）	各媒体使用次数
2	日间电视	2000	1000	14	600	
3	夜间电视	4000	2000	8	800	
4	网络媒体	3000	400	40	500	
5	平面媒体	5000	1000	5	400	
6	户外广告	600	100	50	300	

图8-83 建立数据源

第二步：写出资源配置三要素

设日间电视、夜间电视、网络媒体、平面媒体、户外广告的使用次数依次为x_1、x_2、x_3、x_4、x_5，咨询电话量为L，则5种媒体资源配置的三要素如下。

（1）决策变量：x_1、x_2、x_3、x_4、x_5。

（2）目标函数（s.t.）：咨询电话量$L=600x_1+800x_2+500x_3+400x_4+300x_5$最大化。

（3）所满足的约束条件：

- 电视广告费用不超过3万元，$1000x_1+2000x_2 \leqslant 30000$。

- 电视广告次数至少进行20次，$x_1+x_2 \geqslant 20$。
- 广告总费用不超过4万元，$1000x_1+2000x_2+400x_3+1000x_4+100x_5 \leqslant 40000$。
- 被告知人数至少10万元人：$2000x_1+4000x_2+3000x_3+5000x_4+600x_5 \geqslant 100000$。
- 各媒体使用次数不超过次数限量，$x_1 \leqslant 14$；$x_2 \leqslant 8$；$x_3 \leqslant 40$；$x_4 \leqslant 5$；$x_5 \leqslant 50$。
- 各媒体使用次数均为正整数。

第三步：在Excel中设置目标函数

根据前面的分析可知，目标函数为E2:E6与F2:F6区域两列数组对应元素的乘积之和，在C10单元格中输入“＝SUMPRODUCT(E2:E6,F2:F6)”（见图8-84）。

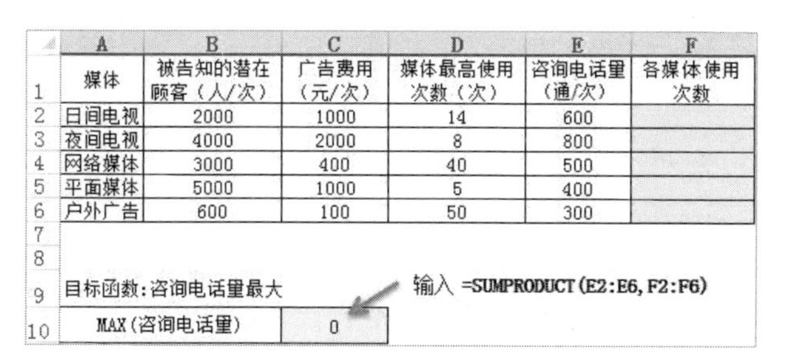

	A	B	C	D	E	F
1	媒体	被告知的潜在顾客（人/次）	广告费用（元/次）	媒体最高使用次数（次）	咨询电话量（通/次）	各媒体使用次数
2	日间电视	2000	1000	14	600	
3	夜间电视	4000	2000	8	800	
4	网络媒体	3000	400	40	500	
5	平面媒体	5000	1000	5	400	
6	户外广告	600	100	50	300	
7						
8						
9	目标函数:咨询电话量最大			输入 =SUMPRODUCT(E2:E6, F2:F6)		
10	MAX(咨询电话量)		0			

图 8-84　设置目标函数

第四步：在Excel中设置约束条件

将第二步所写的约束条件表达式设置在Excel中，如图8-85所示。

	A	B	C	D	E	F
1	媒体	被告知的潜在顾客（人/次）	广告费用（元/次）	媒体最高使用次数（次）	咨询电话量（通/次）	各媒体使用次数
2	日间电视	2000	1000	14	600	
3	夜间电视	4000	2000	8	800	
4	网络媒体	3000	400	40	500	
5	平面媒体	5000	1000	5	400	
6	户外广告	600	100	50	300	
7						
8				输入		
9	目标函数:咨询电话量最大			=SUMPRODUCT(E2:E6, F2:F6)		
10	MAX(咨询电话量)		0			
11						
12	约束条件:					
13		C列对应单元格的公式	约束对象	具体约束条件		
14	1电视广告花费	=SUMPRODUCT(C2:C3,F2:F3)	0	<=	30000	
15	2电视广告次数	=F2+F3	0	>=	20	
16	3广告总花费	=SUMPRODUCT(C2:C6,F2:F6)	0	<=	40000	
17	4被告知人数	=SUMPRODUCT(B2:B6,F2:F6)	0	>=	100000	
18	5各媒体使用次数	F2:F6的数值区域		<=	媒体最高使用次数D2:D6	
19	6各媒体使用次数	F2:F6的数值区域		正整数		

图 8-85　设置约束条件

第五步：加载Excel的规划求解模块

选择“文件”→“选项”→“加载项”→“转到”，勾选“规划求解加载项”，单击“确定”按钮。在“数据”菜单下就出现了“规划求解”模块（操作过程同“数据分析”模块的加载，见图8-20）。

第六步：在Excel规划求解模块中设置决策变量和目标函数

选择“数据”→“规划求解”，在打开的“规划求解参数”对话框中，具体设置如图8-86所示。

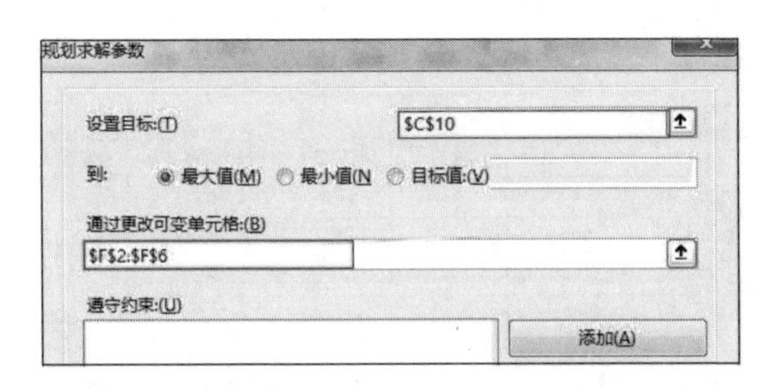

图8-86　在规划求解模块中设置决策变量和目标函数

第七步：在Excel规划求解模块中设置约束条件

在如图8-86所示的对话框中，单击“遵守约束”后的“添加”按钮，分别设置6个约束条件。

约束条件1：电视广告费用≤30000元的设置如图8-87所示，单击“添加”按钮。

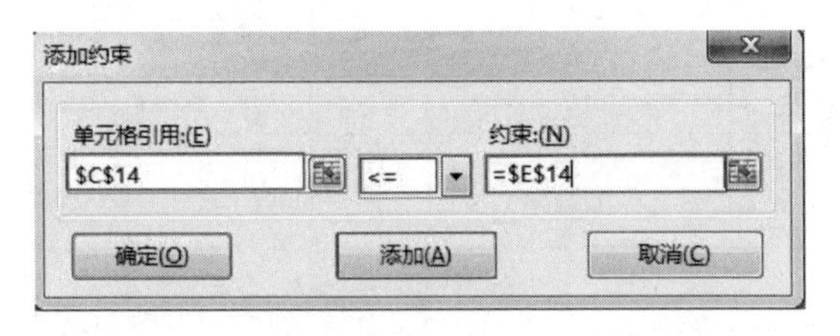

图8-87　在规划求解模块中设置约束条件1

约束条件2：电视广告次数≥20次的设置如图8-88所示，单击“添加”按钮。

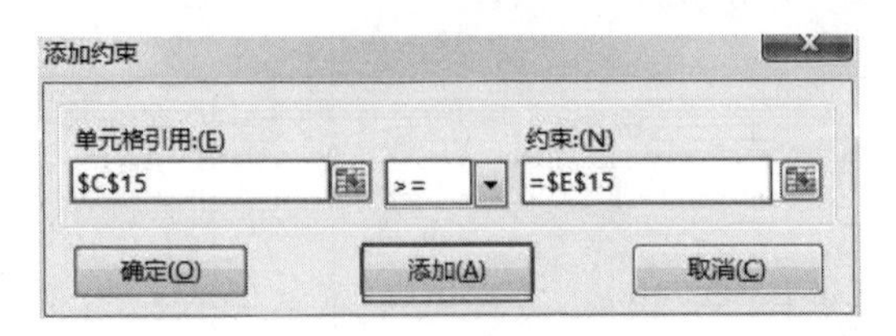

图8-88　在规划求解模块中设置约束条件2

约束条件3：广告总费用≤40000元的设置如图8-89所示，单击“添加”按钮。

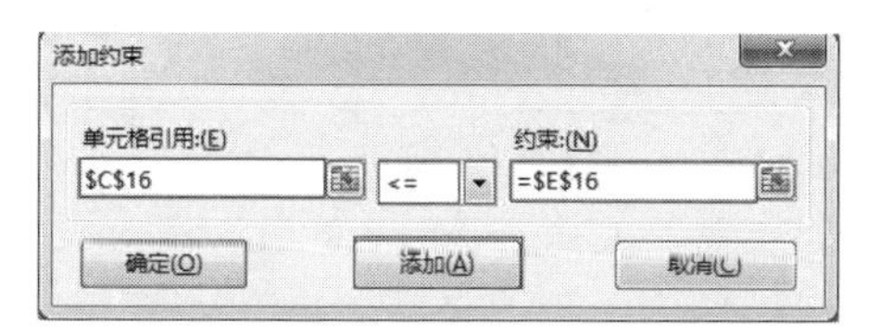

图 8-89　在规划求解模块中设置约束条件 3

约束条件4：被告知人数≥100000人的设置如图8-90所示，单击“添加”按钮。

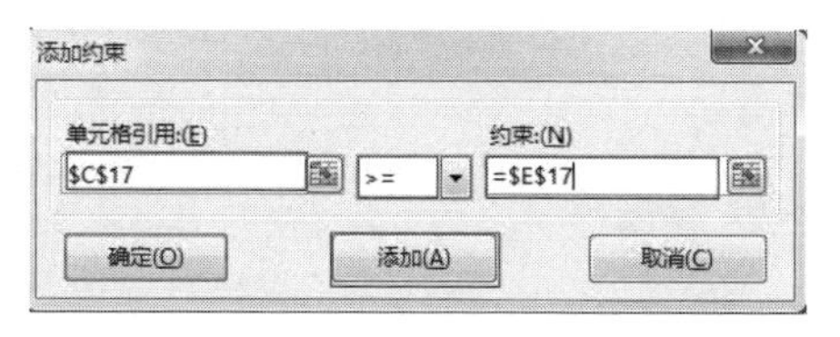

图 8-90　在规划求解模块中设置约束条件 4

约束条件5：各媒体使用次数不超过次数限量的设置如图8-91所示，单击“添加”按钮。

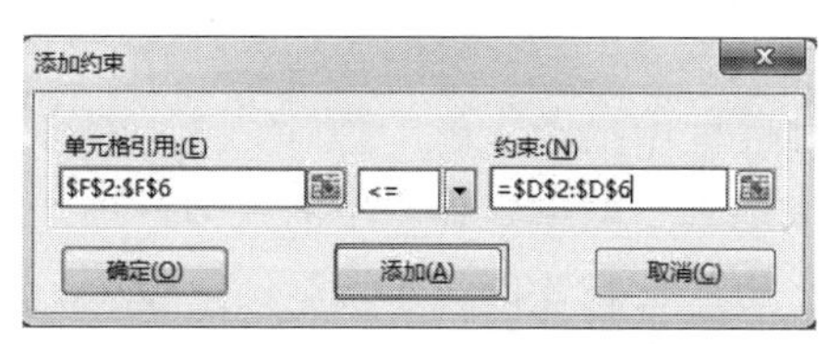

图 8-91　在规划求解模块中设置约束条件 5

约束条件6：各媒体使用次数为正整数的设置如图8-92和图8-93所示，单击“添加”按钮。

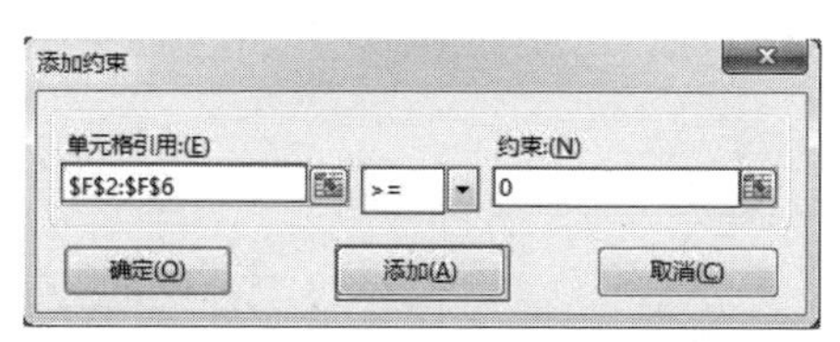

图 8-92　在规划求解模块中设置约束条件 6（正数）

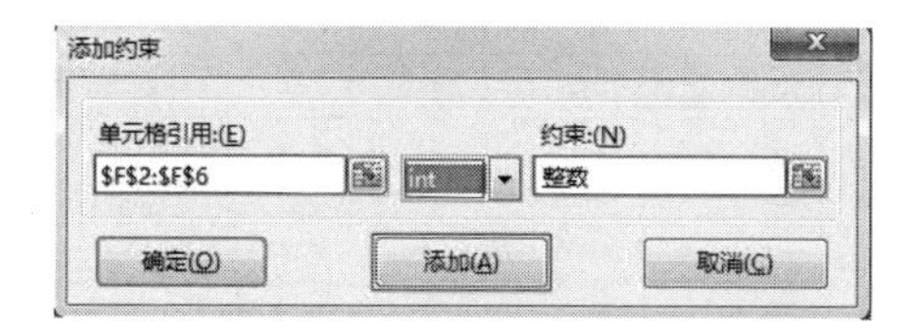

图 8-93　在规划求解模块中设置约束条件 6（整数）

完成上述设置后，在“遵守约束”框中就显示出6个约束条件的设置结果（见图8-94）。

规划求解参数

设置目标:(T) $C$10

到: ◉ 最大值(M) ○ 最小值(N) ○ 目标值:(V) 0

通过更改可变单元格:(B)

$F$2:$F$6

遵守约束:(U)

$C$14 <= $E$14
$C$15 >= $E$15
$C$16 <= $E$16
$C$17 >= $E$17
$F$2:$F$6 <= $D$2:$D$6
$F$2:$F$6 = 整数
$F$2:$F$6 >= 0

添加(A) 更改(C) 删除(D) 全部重置(R) 装入/保存(L)

☑ 使无约束变量为非负数(K)

选择求解方法:(E) 单纯线性规划 选项(P)

求解方法

为光滑非线性规划求解问题选择 GRG 非线性引擎。为线性规划求解问题选择单纯线性规划引擎，并为非光滑规划求解问题选择演化引擎。

帮助(H) 求解(S) 关闭(O)

图8-94 在规划求解模块中的全部约束条件设置

单击如图8-94所示对话框中的“求解”按钮，于是得到了最优媒体组合（见图8-95）：当日间电视、夜间电视、网络媒体、平面媒体、户外广告5种媒体的使用次数分别为14次、6次、23次、0次、48次时，咨询电话量最大，达到39100次。

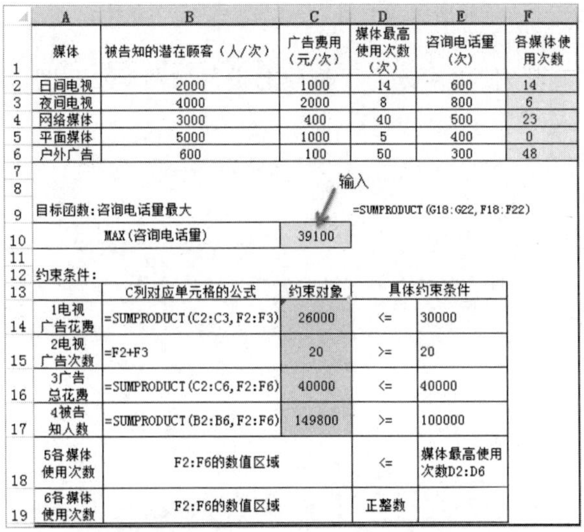

	A	B	C	D	E	F
1	媒体	被告知的潜在顾客（人/次）	广告费用（元/次）	媒体最高使用次数（次）	咨询电话量（次）	各媒体使用次数
2	日间电视	2000	1000	14	600	14
3	夜间电视	4000	2000	8	800	6
4	网络媒体	3000	400	40	500	23
5	平面媒体	5000	1000	5	400	0
6	户外广告	600	100	50	300	48
7						
8			输入			
9	目标函数：咨询电话量最大			=SUMPRODUCT(G18:G22,F18:F22)		
10	MAX(咨询电话量)		39100			
11						
12	约束条件：					
13		C列对应单元格的公式	约束对象	具体约束条件		
14	1电视广告花费	=SUMPRODUCT(C2:C3,F2:F3)	26000	<=	30000	
15	2电视广告次数	=F2+F3	20	>=	20	
16	3广告总花费	=SUMPRODUCT(C2:C6,F2:F6)	40000	<=	40000	
17	4被告知人数	=SUMPRODUCT(B2:B6,F2:F6)	149800	>=	100000	
18	5各媒体使用次数	F2:F6的数值区域		<=	媒体最高使用次数D2:D6	
19	6各媒体使用次数	F2:F6的数值区域		正整数		

图8-95 规划求解输出结果

8.8　本章结构图

本章结构图如图8-96所示。

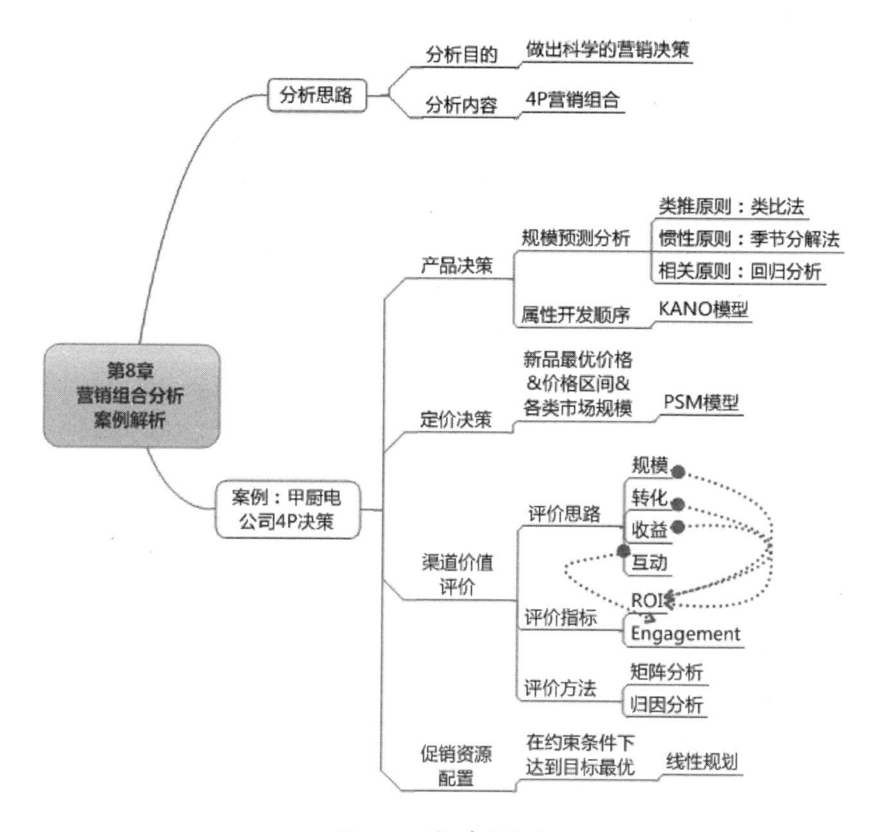

图8-96　第8章结构图